Jean-Martin Fortier

Le jardinier-maraîcher

Manuel d'agriculture biologique
sur petite surface

préface de **Laure Waridel**
illustrations de **Marie Bilodeau**

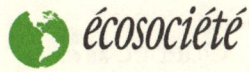

Coordination éditoriale : Barbara Caretta-Debays
Soutien à l'édition : Rosalie Lavoie
Illustrations : Marie Bilodeau
Graphisme : Louise-Andrée Lauzière
Photo de la couverture : Alex Chabot
Traduction : Jean-François Vincent

© Les Éditions Écosociété, 2012, pour la première édition

© Les Éditions Écosociété, 2015, pour la présente édition (revue et augmentée)

Dépôt légal : 3e trimestre 2015
ISBN 978-2-89719-204-4
Ce livre est disponible en format numérique.

Catalogage avant publication de Bibliothèque et Archives nationales du Québec et Bibliothèque et Archives Canada

Fortier, Jean-Martin, 1978-

    Le jardinier-maraîcher : manuel d'agriculture biologique sur petite surface

    (Guides pratiques)

    Comprend des références bibliographiques et un index.

    ISBN 978-2-89719-204-4

    1. Culture maraîchère. 2. Agriculture biologique. 3. Permaculture. I. Titre. II. Collection : Guides pratiques (Montréal, Québec).

SB321.F69 2015   635'.0484   C2015-941558-6

Nous remercions le Conseil des arts du Canada de l'aide accordée à notre programme de publication. Nous remercions le gouvernement du Québec de son soutien par l'entremise du Programme de crédits d'impôt pour l'édition de livres (gestion SODEC) et la SODEC pour son soutien financier.

Jean-Martin nous offre une rêve, mais très réel. Et rentable ! Il nous donne toute l'information nécessaire pour le réaliser et, en plus, il nous dit que c'est simple. Personne ne pensait que son livre, un ouvrage technique, pouvait remporter un tel succès.

– Thimoté Croteau, Les Jardins d'Inverness (Québec)

Le jardinier-maraîcher est un livre très technique, mais pratique. Ce que Jean-Martin a réussi à faire avec sa micro-ferme exige beaucoup de planification, de saines pratiques de gestion et une réflexion approfondie sur les nouvelles pratiques horticoles qu'il partage généreusement avec nous. Que ce soit pour la maison ou pour un jardin commercial, ce manuel risque d'être aussi utile… que la grelinette !

– Joseph Templier, agriculteur français chevronné et coauteur du
Guide de l'autoconstruction. Outils pour le maraîchage biologique

En France, Le jardinier-maraîcher *est rapidement devenu un ouvrage de référence pour l'agriculture à petite échelle. À la fois visionnaire et pratique, ce livre est d'une rare intelligence. En partageant sa façon de travailler la terre, qui vise l'abondance et la croissance, mais dans le respect des principes écologiques, Jean-Martin nous propose une nouvelle façon de nous connecter à la planète et nous le remercions pour ça.*

– Charles Hervé-Gruyer, professeur de permaculture et agriculteur
à la ferme du Bec Hellouin (France)

Jean-Martin célèbre les vertus de la ferme à petite échelle et détaille de façon experte l'utilité des outils appropriés à cette échelle, que ce soit la grelinette, le semoir, la binette, le pyrodésherbeur, les mini-tunnels et les tunnels, ainsi qu'une foule d'autres outils conçus spécifiquement pour ce type d'agriculture. Il reprend là où Eliot Coleman nous avait laissés, mettant en application plusieurs de ses principes fondamentaux, mais d'une façon si intelligente qu'elle procure aux fermiers débutants le cadre solide dont ils ont besoin pour démarrer leur entreprise et réussir eux-mêmes en tant que producteurs bio sur petite surface.

– Adam Lemieux, directeur des outils et fournitures
chez Johnny's Selected Seeds

Le livre de Jean-Martin est vraiment bien fait et devrait être d'une grande utilité aux agriculteurs, peu importe où ils exercent. Échanger des idées et de l'information est une activité très importante, car, quand on transmet ses idées, la personne qui nous suit peut les reprendre là où nous les avons laissées et les mener à un niveau supérieur.

– Eliot Coleman, pionnier de l'agriculture biologique et auteur de l'ouvrage
Des légumes en hiver. Produire en abondance, même sous la neige

Table des matières

Avant-propos à la nouvelle édition 8

Préface : *Après notre printemps érable, un printemps arable ?* 10

Remerciements 14

Avant-propos à la première édition 15

1. Small is beautiful 17
    Vivre avec moins d'un hectare, est-ce possible ? 18
    D'en vivre, mais surtout de bien en vivre 19

2. Réussir un jardin maraîcher 21
    La méthode « bio-intensive » 21
    Des investissements initiaux minimaux 23
    Des coûts de production minimaux. 27
    La vente directe 28
    La culture des légumes à valeur ajoutée 28
    L'apprentissage du métier 32

3. Trouver un bon site 33
    Le climat et le microclimat. 33
    L'accès au marché 35
    La surface cultivable 36
    La qualité du sol. 37
    La topographie. 39
    Le drainage 40
    L'accès à l'eau 42
    Les infrastructures 43
    Présence de pollueur, absence de polluant. 45

4. Établir ses jardins 47
    L'organisation des lieux de travail. 47
    La standardisation des espaces de cultures 47
    La localisation des serres et les tunnels 51
    La protection contre les chevreuils 51

L'implantation d'un brise-vent *52*

L'irrigation du site. *53*

5. *Le travail minime du sol et la machinerie alternative* **56**

Le travail en planches permanentes *57*

Le motoculteur commercial *60*

La grelinette *63*

Les bâches et la couverture du sol avant cultures *64*

L'avenir du travail minime du sol *64*

6. *La fertilisation organique* **66**

L'importance des analyses de sol *69*

Les exigences des cultures *69*

Les éléments de fertilité *70*

Un bon compost. *73*

Pourquoi utiliser des fertilisants naturels ? *75*

L'élaboration d'un plan de rotation. *77*

Les engrais verts et les cultures de couverture *83*

Comprendre l'écologie du sol *91*

7. *Les semis intérieurs* **93**

La culture de semis en multicellules *94*

L'importance du terreau. *94*

Le remplissage des multicellules *96*

La chambre à semis. *97*

La pépinière *98*

Le chauffage et la ventilation de la pépinière. *99*

L'arrosage *101*

Le repiquage. *102*

La transplantation aux jardins *102*

8. *Les semis en plein sol*. **108**

Les semoirs de précision *110*

La préparation du semis *111*

La prise de notes. *112*

9. *Le désherbage*. **116**

L'utilisation de binettes *117*

Le désherbage par occultation *119*

    Le faux-semis... *120*

    Le pyrodésherbage... *121*

    Les paillis.. *122*

    Une approche préventive... *124*

10. Les insectes nuisibles et les maladies................................ *126*

    Le dépistage.. *128*

    La prévention... *129*

    Le recours aux « biopesticides »...................................... *130*

11. *Le prolongement de la saison*....................................... ***133***

    Les couvertures flottantes et les mini-tunnels........................ *134*

    Les tunnels-chenilles... *137*

    Les tunnels permanents.. *138*

12. *La récolte et l'entreposage*.. ***140***

    L'efficacité dans la récolte.. *142*

    Les aides à la récolte.. *143*

    La chambre froide... *144*

13. *La planification de la production*.................................. ***146***

    Fixer des objectifs de production..................................... *146*

    Déterminer sa production.. *147*

    Quoi produire... *147*

    Combien et quand produire... *148*

    Établir un calendrier cultural.. *150*

    Faire un plan des jardins... *150*

    L'importance de la prise de notes..................................... *152*

Conclusion : *La politique agricole : le retour en avant*.............. ***155***

Annexes

    1. Notes culturales sur différents légumes............................ *158*

    2. Fournisseurs d'outils et de matériel............................... *192*

    3. Plan des jardins... *194*

    4. Glossaire.. *206*

Bibliographie commentée.. ***214***

Index... ***220***

À ceux et celles qui s'investissent pour faire des campagnes un endroit accueillant
pour les oiseaux, les grenouilles, les abeilles
et les vers de terre.

Et à ceux et celles qui, dans la ville, reconnaissent, apprécient et encouragent
une approche artisanale de l'agriculture.

Avant-propos à la nouvelle édition

J'AI RÉDIGÉ LA MAJEURE PARTIE du *Jardinier-maraîcher* en 2011. Depuis, beaucoup de choses ont évolué dans nos jardins et cette nouvelle édition me donne l'occasion de vous faire part de ces améliorations, en plus d'effectuer certaines corrections à l'édition originale. Le lecteur y trouvera, j'en suis convaincu, encore plus de trucs de maraîchage diversifié et plus d'informations sur les outils pour optimiser le travail sur petite surface. Fidèle à ma façon de faire, je vous parlerai de ce que nous avons testé durant plusieurs saisons et qui, je le sais, donnera des résultats probants aux jardiniers-maraîchers qui voudront s'inspirer de nos pratiques pour améliorer les leurs.

S'il y a eu un gros changement depuis la parution du *Jardinier-maraîcher*, c'est bien toute la visibilité que le livre m'a apportée. Plus qu'auparavant, j'ai voyagé pour présenter nos méthodes culturales et, la plupart du temps, j'ai pu en profiter pour faire des découvertes en visitant d'autres fermes. Je pense notamment aux binettes électriques découvertes sur la côte Ouest des États-Unis ou aux Jardins du Temple, en France ; ces exemples m'auront permis de constater qu'un système cultural en planches permanentes, ainsi que la plupart des méthodes culturales présentées dans *Le jardinier-maraîcher*, sont applicables sur une surface plus grande que l'hectare que nous cultivons.

Je suis souvent sollicité par des petits fabricants d'outils qui font parfois le détour pour venir me présenter leurs prototypes. Je pense notamment au jeune Jonathan Dysenger qui, à 18 ans, a conçu une récolteuse à mesclun électrique actionnée par la puissance d'une perceuse à batterie. C'est un outil fantastique qui nous aura fait économiser des milliers d'heures de travail aux jardins. Grelinette plus performante, dérouleuse à plastiques pour le motoculteur, nouveau semoir de précision, etc. : il existe présentement un engouement important pour la création d'outils conçus pour le maraîchage sur petite surface. Bien que ceux-ci ne soient pas tous d'égale utilité, certaines innovations apportent de réels bénéfices à ceux et celles qui les adoptent. Avec la recherche de bonnes pratiques culturales, l'utilisation d'outils plus performants demeure l'une des meilleures stratégies pour améliorer la productivité de ses cultures et, du coup, sa qualité de vie de jardinier maraîcher.

L'autre grand changement auquel Maude-Hélène et moi avons dû faire face est toute la publicité que *Le jardinier-maraîcher* a engendrée autour de nos activités. Il ne se passe pas une journée sans que nous recevions un courriel ou une visite de gens qui veulent en savoir davantage sur nos pratiques culturales. Malheureusement, il nous est impossible de répondre à tout le monde et encore moins d'accueillir convenablement tous les gens qui aimeraient faire un stage à notre ferme. Cela dit, nous sommes très sensibles à ces demandes et souvent émus par la soif d'apprendre le métier que plusieurs d'entre eux manifestent.

Finalement, sur une note plus personnelle, l'aventure du *Jardinier-maraîcher* m'aura permis de réfléchir sur le sens de mon métier sous un nouvel angle. Lorsque Maude-Hélène et moi étions poussés par le désir de trouver une voie professionnelle en harmonie avec nos valeurs, l'agriculture s'est avérée la réponse à notre quête d'un mode de vie équilibré, et je me sens privilégié d'avoir trouvé une vocation aussi épanouissante si tôt dans ma vie. Ce métier nous aura permis de nous établir à la campagne, d'y construire notre maison et d'élever nos enfants en communion avec le rythme des saisons. Mais dernièrement, je prends conscience que l'agriculture nous a mis en contact avec quelque chose de beaucoup plus grand que la ferme et qui va au-delà de la qualité de vie que nous nous sommes créée.

D'une part, notre métier nous permet de participer à la société sans toutefois être totalement absorbés par l'économie mondialisée si destructrice. De la graine à la plante, les légumes que nous vendons sont cultivés en utilisant des quantités minimes de carburants fossiles. Les outils que nous utilisons proviennent tous de petites entreprises et les intrants nécessaires à la croissance de nos cultures ne sont pas issus de procédés industriels. La vente directe permet d'éliminer les intermédiaires et, donc, d'établir une relation fructueuse avec nos clients. La profession de fermier de famille démontre qu'il est possible de « faire des affaires » à une échelle locale. Notre métier participe à la résilience de nos communautés.

Cette prise de conscience, conjuguée à l'engouement citoyen pour la « bonne bouffe » saine et artisanale, nous permet non seulement de contribuer à l'essor de notre communauté, mais également d'entretenir une relation privilégiée avec elle. De plus en plus de gens nous témoignent de l'estime qu'ils ont pour notre travail lorsqu'ils s'arrêtent nous voir au marché, et bon nombre de nos partenaires de l'Agriculture soutenue par la communauté (ASC) nous ont confié que nous faisions partie de leur prière de remerciements avant chaque repas… Pour toutes ces personnes, nos légumes sont plus que de simples produits de consommation, ils occupent une place spéciale dans leur vie. Les compliments et les encouragements que nous recevons constituent probablement la partie la plus satisfaisante de notre difficile métier.

Il est exaltant de constater que les agriculteurs et les consommateurs ne sont pas les seuls à prendre part à ce changement de paradigme. Les conférences que j'ai été invité à prononcer tant en Amérique qu'en Europe m'ont permis de rencontrer énormément de gens activement engagés à construire un monde meilleur, avec l'agriculture comme pierre angulaire. Des agronomes et des techniciens du bio, certes, mais également des militants, des organisateurs communautaires, des enseignants, des professionnels de la santé, des citoyens conscientisés et même plusieurs politiciens engagés. Par leur valeureux travail, ces gens contribuent à mettre fin à l'exploitation des agriculteurs et à conscientiser la population relativement à l'importance de connaître la provenance de ce qu'ils mangent.

Ces personnes ont toute ma gratitude, et je souhaite que leurs efforts incitent une foule de plus en plus nombreuse à venir grossir nos rangs. Cela dit, ce dont ce mouvement a besoin par-dessus tout, c'est non seulement de voir plus de gens valoriser le travail d'agriculteur, mais surtout de les voir en faire leur métier. Notre monde a besoin que les petites fermes à échelle humaine se multiplient.

Malheureusement, bon nombre de jeunes se détournent de la profession, non pas à cause du mode de vie rural, mais en raison des défis économiques que représente la gestion d'une exploitation agricole. Le démarrage d'une ferme maraîchère, même en bio, entraîne souvent l'achat de machinerie lourde et d'un grand terrain. Il faut également gérer des employés et acquérir, puis entretenir, des infrastructures coûteuses. Présenté de cette manière, l'achat ou le démarrage d'une telle entreprise semble impossible. Je connais ce sentiment parce que c'est ainsi que je me sentais lorsque j'ai commencé à m'intéresser à l'agriculture.

Mais ce n'est pas la seule façon de devenir maraîcher. On peut accéder à cette profession en remplaçant les infrastructures et les équipements coûteux par des habiletés différentes fondées sur des technologies appropriées et des pratiques horticoles nouvelles. J'espère que les expériences et les renseignements contenus dans ce livre aideront les aspirants agriculteurs à comprendre comment y parvenir.

Une des choses qui m'encouragent le plus est de voir le nombre de jeunes gens enthousiastes, éduqués et politisés qui souhaitent profondément apprendre l'art de produire de la nourriture de manière durable. Dans un avenir rapproché, cette communauté formera une masse critique puissante et, le jour venu, on ne pourra plus nous ignorer.

L'ère du pétrole bon marché tire à sa fin et cela ne fera qu'augmenter l'importance de l'agriculture écologique, artisanale et sociale ainsi que l'engouement qu'elle suscite. Ce jour est peut-être beaucoup plus proche qu'on ne le croit. L'agriculture locale a le pouvoir de transformer la société, et je suis de ceux qui pensent que cette transformation est en cours. Mais pour y arriver, il nous appartient à tous de réinventer le noble métier d'agriculteur.

Jean-Martin Fortier
Saint-Armand, Québec
Mars 2015

Préface
Après notre printemps érable, un printemps arable ?

> *On ne pourra faire disparaître la dictature économique qu'en s'organisant peu à peu pour ne plus en être dépendants. Il ne s'agit pas pour autant d'être autarciques, mais autonomes et ouverts à d'autres autonomies.*
>
> — Pierre Rabhi, *Manifeste pour la Terre et l'humanisme*, 2008.

Quelque chose est en train de se passer au Québec et sur la planète. Pas seulement parce que le climat change, que la biodiversité s'effrite et que les inégalités augmentent. Non. Quelque chose d'autre est en train de naître. Une force s'anime dans nos villes et nos campagnes. Des citoyens, toujours plus nombreux, réalisent que pour remédier aux défis de notre époque, il faut s'unir pour transformer l'économie. On ne peut laisser cette construction sociale carburer à une exploitation environnementale et sociale telle qu'elle menace la survie de notre espèce[1]. Le temps est venu d'entamer une transition qui mettra l'économie au service des citoyens dans le respect des écosystèmes. Rien de moins. Dans tous les milieux, des gens se lèvent et se soulèvent, donnant naissance à de nouvelles formes d'organisations citoyennes.

Pourquoi ?

Parce que fondamentalement, personne ne souhaite de désastres écologiques et humanitaires. Agir en cohérence avec le monde que l'on se souhaite, celui que l'on souhaite à nos enfants, est un antidote fantastique contre la panique individuelle et l'apathie sociale. Cet « agir » se manifeste de manières très diverses : grève étudiante, mouvement des Indignés, consommation responsable, création de coopératives, mise sur pied de comités pour le développement durable et la défense du bien commun, art et journalisme engagés, agro-écologie, simplicité volontaire, commerce équitable, investissement responsable, tourisme solidaire, implication syndicale, communautaire, politique, etc. Ces initiatives, en apparence disparates, naissent toutes d'un besoin de transformation du local au global. Elles sont une forme de résistance.

Chacune à leur manière, elles tissent des liens qui ont été rompus par un système économique qui nous met en lutte les uns contre les autres et contre les écosystèmes. L'histoire nous apprend pourtant que la coopération, davantage que la compétition, a permis aux humains de survivre et de trouver leur bonheur. Qui plus est, plusieurs études en psychologie ont démontré que l'engagement social et environnemental contribue au bonheur et à la santé mentale. Pourquoi s'en priver ?

S'il est un lieu où le potentiel d'engagement et de transformation est immense, c'est bien dans nos champs… jusque dans nos assiettes[2]. Il faut pour cela oser changer de paradigme, rompre avec les idées toutes faites qui circulent. En agriculture notamment ! Vous tenez entre vos mains un outil formidable pour y contribuer. *Le jardinier-maraîcher* a tout ce qu'il faut pour provoquer une petite révolution agricole au Québec. En multipliant les jardins maraîchers sur tout le territoire, un changement profond pourrait bien s'opérer dans les prochaines années. Pourquoi pas un printemps

---

[1] *Vivre au-dessus de nos moyens. Actifs naturels et bien-être humain*, Déclaration du Conseil de direction de l'évaluation des écosystèmes pour le Millénaire, Organisation des Nations unies, 2005, p. 5.

[2] Laure Waridel, *L'envers de l'assiette et quelques idées pour la remettre à l'endroit*, Montréal, Écosociété, 2011.

arable dans nos contrées dans la foulée du printemps érable né dans nos universités ?

Briser des mythes

Combien de fois ai-je entendu raconter que les cultures biologiques sont improductives ? Qu'il n'y a pas d'avenir pour les jeunes en agriculture à moins qu'ils n'héritent d'un patrimoine familial de centaines d'hectares ? Que nous nous trouvons au fond d'un cul-de-sac environnemental, social et économique ? Bref, que nous sommes coincés dans un modèle industriel sans issue, la bouche pleine d'OGM et de résidus de pesticides, complètement impuissants face aux géants de l'agroalimentaire qui contrôlent les marchés mondiaux.

Jean-Martin Fortier et Maude-Hélène Desroches nous prouvent le contraire. Non pas en utilisant des modèles théoriques et économiques abstraits ou un discours politique fleuri, mais grâce à 10 années de pratique qui donnent force à des alternatives concrètes. Ils sont un exemple vivant des transformations qui s'opèrent, d'un printemps arable naissant tout doucement pour une autre agriculture. Ils démontrent que nous avons le choix et les moyens de faire autrement.

Du Nouveau-Mexique au Québec en passant par Cuba, ils ont mis leurs mains dans la terre et leurs genoux sur le sol pour apprendre différentes techniques de maraîchage biologique, des plus productives aux plus rentables. Ils ont fait ce choix après avoir complété des études universitaires en développement durable, tous deux épris d'un idéalisme pragmatique, d'une envie de changer le monde à la mesure de ce qu'ils aiment et surtout, de ce qu'ils sont.

Aujourd'hui établis avec leurs deux enfants à Saint-Armand, en Montérégie, ils ont créé les Jardins de la Grelinette. Moins d'un hectare, sur une superficie totale de quatre, nourrit 150 familles grâce à l'Agriculture soutenue par la communauté (ASC). Ils distribuent aussi leurs légumes au marché fermier de Lac-Brome, à quelques restaurants des environs ainsi qu'à l'épicerie de Frelighsburg, le village voisin. Plus de 40 % de leur production est ainsi vendue à moins de 30 km de leurs champs et de leurs serres. Le reste est livré directement à leurs partenaires d'ASC à Montréal, soit à une heure de route.

Une agriculture soutenue par la communauté

Promue par Équiterre depuis une quinzaine d'années, l'ASC offre de nombreux avantages aux producteurs aussi bien qu'aux consommateurs, considérés comme partenaires de la ferme. Payant à l'avance une part de la récolte, ces « consomm'acteurs » permettent à leurs fermiers de famille d'éviter une large part de l'endettement du printemps. La récolte venue, ils reçoivent un panier de légumes bio, des plus frais, livré dans leur quartier. Ce rendez-vous a lieu une fois par semaine à une heure et à un lieu fixes, souvent dans la ruelle de l'un des citoyens ou à l'entrée d'un lieu de travail, lorsque les employés d'une entreprise décident d'organiser un point de chute.

Les partenaires ne choisissent pas le contenu exact de leur panier, bien qu'ils aient une idée à l'avance de ce qui sera semé et planté à la ferme bio qu'ils ont choisie. Consommateurs et producteurs partagent donc les risques et les bénéfices d'un mode de production où les intrants de synthèse sont proscrits. Plus la récolte est bonne, plus les paniers sont généreux. Advenant que l'été soit trop chaud pour les crucifères (brocolis, choux, choux-fleurs, etc.), il y aura plus de solanacées (poivrons, tomates, aubergines, etc.) dans le panier. Si les doryphores se sont attaqués aux pommes de terre, il faudra peut-être s'en passer. Une boîte d'échange permet à ceux qui le désirent de se départir des légumes qu'ils aiment moins, pour en choisir d'autres à la place.

L'ASC a aussi l'avantage de réduire le gaspillage lié à la standardisation. Vous aurez sans doute remarqué que dans les épiceries, les fruits et les légumes d'un même étalage sont tous pareils. Les carottes un peu croches, les pommes ayant une petite tache, les tomates trop grosses ou trop petites sont systématiquement éliminées avant leur arrivée sur les tablettes. Ces caractéristiques esthétiques ne nuisent pourtant en rien au goût ou à la valeur nutritive des aliments. L'Organisation des Nations unies pour l'agriculture et l'alimentation (FAO) estime qu'à l'échelle de la planète, au moins 30 % des aliments cultivés sont gaspillés pour diverses raisons[3]. Aux États-Unis, des études stipulent que ces pertes sont de l'ordre de 40 % à 50 %[4]. La mondialisation du système agroalimentaire et la standardisation qu'elle impose contribuent largement au fait que l'on doive produire plus pour rien !

Rentable et productive

Jean-Martin et Maude-Hélène sont jeunes et n'ont pas hérité d'un patrimoine agricole. Ils sont partis de rien, si ce n'est d'un grand capital de détermination et d'intelligence. Choisissant de miser sur la qualité plutôt que sur la quantité, ils ont mis sur pied une petite entreprise rentable et productive, qui est à leur service et non l'inverse. Ils ont choisi l'autonomie.

Contrairement à la majorité des producteurs agricoles du Québec, ils vivent entièrement d'une agriculture biologique, de proximité et à échelle humaine. Un modèle que l'on peut aussi qualifier d'équitable étant donné la nature des relations qu'ils entretiennent avec leurs partenaires. Jean-Martin et Maude-Hélène connaissent ceux qu'ils nourrissent et vice-versa. Leur entreprise s'est construite sur des liens de confiance, grâce à des gens soucieux de leur santé tout autant que du sort de la ferme qui les nourrit. Il s'agit d'une initiative économique « ancrée » dans la société, pour faire écho à l'historien de l'économie Karl Polanyi. Dans son livre phare *La grande transformation,* il nous permet de comprendre le processus ayant mené l'économie à l'état de déconnexion actuel, tant sur le plan social qu'environnemental. L'histoire des Jardins de la Grelinette et leur participation à l'ASC servent d'exemples pour parcourir le chemin inverse.

Alors que les marchés financiers bradent des « futures » aux plus offrants, créant de la richesse sur papier en spéculant et en affamant les pauvres, l'ASC est leur antithèse. Bien ancrée dans l'économie réelle, elle nourrit des gens ; tant ceux qui produisent que ceux qui consomment. Les producteurs et les consommateurs n'ont pas à se soumettre à la loi de l'offre et de la demande. Ils établissent leurs propres règles. On peut dire qu'ils se fabriquent un marché au lieu de se soumettre à ses règles. Cela évite l'externalisation des coûts environnementaux et sociaux, si commune aux pratiques économiques classiques et si dommageable au bien commun.

À mes yeux de sociologue, les Jardins de la Grelinette et tout particulièrement l'ASC incarnent cette économie post-capitaliste qui pointe à l'horizon. Née en réaction aux échecs du modèle dominant, elle répond directement aux besoins des gens dans le respect des écosystèmes. Il s'agit d'une économie sociale et écologique. Son capital premier est l'intelligence humaine qui fait appel à la coopération et aux forces de la nature, en les utilisant respectueusement plutôt qu'en les exploitant. Elle offre de forts rendements humains et environnementaux tout en ayant de nombreux avantages économiques.

L'année dernière, par exemple, les Jardins de la Grelinette sont parvenus à dégager une marge bénéficiaire supérieure à 45 %, soit plus du double de la moyenne des fermes québécoises et canadiennes, toutes tailles confondues. Ils ne reçoivent pourtant pas de subventions gouvernementales. L'agriculture est leur seule source de revenu.

Small is beautiful

Contrairement à la plupart des fermes québécoises, la Grelinette ne croule pas sous le poids des dettes, car les investissements nécessaires au modèle choisi sont minimes : peu de superficie, peu de machinerie et d'énergie fossile, aucun intrant chimique, etc. Ce sont leurs partenaires d'ASC qui financent la majorité des investissements du printemps, en payant à l'avance ce qu'ils recevront entre les mois de juin et de novembre. Aucune banque ne la tient en otage.

---

[3] *Global Food Losses and Food Waste,* Organisation des Nations unies pour l'agriculture et l'alimentation (FAO), 2011.

[4] Timothy W. Jones, « The Corner of Food Loss », *Biocycle,* vol. 46, n° 7, 2005, p. 25.

C'est bien l'une des clés du succès des Jardins de la Grelinette, partagé sans ambages par Jean-Martin.

À l'inverse des Monsanto et Syngenta de ce monde, qui brevètent tout ce qu'ils peuvent (et même ce qui appartient à tous!), c'est dans la transparence la plus totale que Jean-Martin nous livre ses trucs de production pour que d'autres puissent en profiter. Ses recommandations judicieuses sont destinées à ceux et celles qui veulent vivre d'une agriculture écologique en devenant des jardiniers-maraîchers à temps plein. De tels projets peuvent très bien se réaliser en ville ou en banlieue étant donné le peu de surface nécessaire à de tels jardins.

Véritable manuel d'accompagnement, ce livre nous apprend, étape par étape, comment choisir l'emplacement d'un site idéal, faire une bonne planification financière, établir ses jardins, choisir ses outils, démarrer ses semis, etc. On saisit l'importance du désherbage, du dépistage et de la prévention des maladies. On comprend l'importance du travail assidu et d'une organisation rigoureuse. Jean-Martin explique ses choix, certains qu'il souhaiterait être plus écologiques mais qu'il ne parvient pas toujours à faire. Il est intègre, mais pas intégriste.

Les pages qui suivent permettent de saisir à quel point l'agriculture biologique exige de bien comprendre la complexité des interactions nécessaires à la vie dans les sols. On cherche à imiter la nature, et non à la combattre. Il faut donc créer des écosystèmes productifs à court et à long termes, tout en maintenant un équilibre entre ce qui est pris et ce qui est rendu à la terre. La chimie doit être remplacée par la biologie, ce qui nécessite des connaissances bien plus complexes que l'application de produits miracles prescrits par l'industrie. Dans ces pages, Jean-Martin nous explique pourquoi on ne peut se contenter de remplacer un pesticide chimique par un biopesticide, ou un engrais chimique par un engrais naturel. Il nous permet de saisir, preuves à l'appui, à quel point l'agriculture biologique est aussi exigeante qu'elle peut être productive.

Ce livre est si convaincant et si bien expliqué qu'après sa lecture, je me suis même demandé si je ne changeais pas de vocation! Non pas que la vie de jardinier-maraîcher biologique semble facile, loin de là, mais parce qu'elle a un sens. Ce métier permet un mode de vie sain et écologique, favorise la complicité avec la nature et contribue très concrètement à l'émergence d'une économie écologique et sociale, si nécessaire pour la suite du monde.

Je souhaite que ce manuel aboutisse entre les mains de tous les étudiants et les étudiantes en agriculture et en agronomie ainsi qu'entre celles des fonctionnaires des ministères de l'Agriculture à Québec, à Ottawa et ailleurs dans le monde. L'expérience de la Grelinette fait non seulement la preuve qu'une autre agriculture est possible, mais qu'elle est en marche.

Le temps est venu d'être complice de ce printemps arable.

Laure Waridel
Printemps 2012

Remerciements

J'AIMERAIS REMERCIER Isabelle Joncas, d'Équiterre, André Carrier, du ministère de l'Agriculture et de l'Alimentation du Québec (MAPAQ), ainsi que Roméo Bouchard et Sophie Guimont pour leur contribution respective à ce projet. Votre regard et vos commentaires sur le manuscrit m'ont grandement aidé à clarifier mon propos. Pour la révision technique de l'ouvrage, j'aimerais remercier Daniel Brisebois, François Handfield, Frédéric Duhamel et Yan Gordon, qui sont tous des maraîchers que j'estime. Merci également à Diane Lamothe et Emmanuelle Walter pour la révision linguistique et le travail d'édition sur mes textes. Un gros merci à Ghislain Jutras, professeur d'agriculture biologique au Cégep de Victoriaville, pour sa contribution au glossaire et à plusieurs autres endroits de l'ouvrage. Finalement, j'offre mes remerciements à Laure Waridel pour avoir accepté si volontiers d'en écrire la préface.

Je veux également souligner l'appui de la Financière agricole du Québec, de la MRC et le CLD Brome-Missisquoi, ainsi que celui de la fondation ontarienne Carott Cache pour la production du livre.

Merci à Marie Bilodeau pour son grand talent et à toute l'équipe d'Écosociété, particulièrement à Barbara Caretta-Debays qui a cru dès le début en ce livre. C'est vous qui avez mené mon travail à un niveau supérieur de qualité et je vous en suis reconnaissant.

En terminant, j'aimerais remercier deux personnes pour leur contribution à la personne que je suis devenue. Mon père, qui m'aura enseigné très jeune à faire des plans d'action et à être bien organisé. C'est bien là le meilleur outil de mon coffre. Et Maude-Hélène Desroches, ma partenaire de travail, ma meilleure amie et mon amoureuse.

Avant-propos à la première édition

En 2000, après mes études universitaires à l'École de l'environnement de l'Université McGill, à Montréal, j'ai entrepris un séjour à l'étranger de deux années qui, en fin de compte, m'aura initié au métier de jardinier-maraîcher. Durant les 10 années qui ont suivi, mon seul travail rémunéré a été de faire pousser des légumes biologiques et de les vendre directement à des consommateurs solidaires et désireux de se nourrir localement.

Après avoir jardiné comme salarié et à mon compte sur une terre louée, je me suis établi de façon définitive sur un site de quatre hectares localisé à Saint-Armand, dans le sud du Québec, en 2005. J'ai appliqué le savoir-faire que j'avais acquis en maraîchage diversifié et en permaculture pour faire de notre micro-ferme un lieu de très haute productivité maraîchère sur une surface de moins d'un hectare.

Depuis mes débuts en agriculture, je partage mes aventures de jardinage avec ma conjointe Maude-Hélène Desroches. L'existence et le succès des Jardins de la Grelinette sont autant le fruit de son travail que du mien, car nous nous y sommes entièrement investis tous les deux. En conséquence, bien que *Le jardinier-maraîcher* reflète mes propres opinions et suggestions, le « nous » est utilisé tout au long de ce manuel pour décrire les pratiques et techniques horticoles utilisées dans notre ferme. Pour ceux et celles que cela intéresse, notre histoire de jardinage est racontée sur le site web de notre ferme.

Compte tenu du temps que requiert l'élaboration d'un tel projet, la rédaction de ce manuel ne fut pas une mince affaire. Je tiens à souligner que cette aventure a été rendue possible grâce au soutien de ma famille et à la collaboration de nos employés à la ferme. L'hiver québécois y est aussi pour quelque chose…

L'idée de rédiger ce manuel est motivée principalement par mon désir de voir s'établir davantage de jeunes en maraîchage biologique et de contribuer à les outiller dans leurs démarches. Par expérience personnelle, je sais que l'un des besoins les plus importants d'un jardinier novice est d'avoir à portée de main un exposé clair sur la façon de procéder à chaque étape de la saison agricole.

Ce projet est aussi motivé par la conviction qu'un manuel pratique de culture maraîchère ne peut être convenablement rédigé que par un ou des maraîchers expérimentés. Dans ce métier, il y a beaucoup à apprendre afin d'acquérir la compétence qui fait le succès d'une saison agricole, et le maraîcher d'expérience est le mieux placé pour expliquer sa méthode de travail. C'est de cela qu'il est question dans ce manuel.

Chapitre par chapitre, j'ai voulu expliquer les pratiques horticoles utilisées à ma ferme avec le plus de détails possible, car j'ai toujours cru qu'un modèle à suivre est important lorsqu'on a peu ou pas d'expérience dans un domaine. Par conséquent, il est important de comprendre que ce document n'est pas une référence « scientifique et agronomique », mais plutôt une source de conseils pratiques pour ceux et celles qui se lancent en maraîchage.

L'un des principes ayant guidé l'élaboration de ce manuel est de partager ce que je connais concrètement et d'expliquer les pratiques horticoles que j'ai moi-même expérimentées durant plusieurs saisons aux Jardins de la Grelinette. L'information présentée ici a le mérite d'être précise et éprouvée. En revanche, l'éventail des méthodes utilisées par d'autres maraîchers biologiques n'y est pas exposé. Il existe plusieurs ouvrages qui traitent de maraîchage biologique et j'invite les lecteurs à consulter d'autres sources, dont celles mentionnées en annexe de ce livre, si tel est leur besoin.

Finalement, il est également important de souligner que les pratiques décrites dans ce manuel, et mises en œuvre dans notre ferme, ne sont pas figées, statiques. Les visites d'exploitations agricoles à l'étranger, les échanges entre producteurs et la lecture de différentes publications nous font parfois découvrir des méthodes plus efficaces et de meilleurs outils. Notre système de production est en constante évolution et nos techniques de travail sont appelées à s'améliorer.

Cela étant dit, je suis convaincu que la personne désireuse de s'établir en maraîchage biologique trouvera dans ce manuel de nombreuses ressources pour l'aider dans son projet. C'est à souhaiter car, finalement, mon espoir est que ce manuel contribue de façon positive à l'essor d'une nouvelle vague de jeunes agriculteurs, inspirés par l'aventure extraordinaire d'avoir une ferme, d'habiter en région et de nourrir les communautés avec des aliments sains.

Small is beautiful

> *Nous voyons donc une petite révolution en marche un peu partout. Il nous paraît clair que germent aujourd'hui des exemples de faire autrement, des preuves de résistance terrienne axée sur la proximité et marquée par les préoccupations environnementales et les rapports citoyens.*
>
> – Hélène Raymond et Jacques Mathé, *Une agriculture qui goûte autrement. Histoires de productions locales, de l'Amérique du Nord à l'Europe*, 2011

PARTOUT DANS LE MONDE, une prise de conscience s'est faite au sujet des méfaits sérieux de l'agriculture industrielle : pesticides, OGM, cancers, industrie agroalimentaire, etc. Cette conscientisation s'est traduite par un engouement pour une agriculture biologique, saine et locale. La renaissance des marchés fermiers et l'arrivée de différentes formules de mise en marché solidaire, comme l'Agriculture soutenue par la communauté (ASC, ou CSA en anglais) au Québec, ou l'Association pour le maintien d'une agriculture paysanne (AMAP) en France, répondent au besoin qu'ont les gens de renouer avec ceux qui les nourrissent, en plus de remédier à certains problèmes de qualité.

Au Québec, ces idées se sont surtout développées grâce au concept de « fermier de famille », brillamment développé par Équiterre, un organisme qui chapeaute aujourd'hui l'un des plus importants regroupements de producteurs biologiques et de citoyens solidaires d'une agriculture écologique. Grâce aux différentes formules de mise en marché, il existe aujourd'hui un créneau florissant pour la petite agriculture et l'opportunité est réelle pour de nombreux jeunes (et moins jeunes) de s'établir à la campagne et de faire de l'agriculture leur gagne-pain.

Ma conjointe et moi avons commencé notre carrière d'agriculteurs sur un très petit jardin maraîcher en vendant des légumes destinés à des marchés fermiers et à un projet d'ASC. Nous avions loué un petit terrain d'environ 1000 m² où nous avons établi un campement temporaire pendant l'été. Il nous a fallu bien peu d'investissements en termes d'outils et d'équipement pour démarrer. Le fait d'être en location nous a également permis de limiter les dépenses, de sorte que notre opération couvrait ses frais en laissant assez d'argent pour investir, passer l'hiver et voyager un peu. À cette époque, nous étions bien heureux de simplement jardiner, et d'en vivre !

Puis est venu un temps où le besoin de nous établir est devenu impératif. Nous ressentions un besoin de sécurité, un désir de bâtir notre maison et de nous enraciner dans notre petite communauté. Ce nouveau départ impliquait que nos jardins génèrent un revenu suffisant pour couvrir les remboursements de la terre, les besoins de la famille et la construction de notre maison familiale.

Plutôt que d'aller vers la mécanisation de nos opérations culturales et de suivre la route d'un maraîchage plus traditionnel, nous pensions qu'il était possible, voire préférable, d'intensifier notre production et de continuer à travailler de manière plus ou moins manuelle. Notre credo était de faire mieux plutôt que de faire plus. Avec cette idée en tête, nous nous sommes mis à la recherche de techniques horticoles et d'outils susceptibles de rendre plus efficace et rentable la culture maraîchère sur petite surface.

Finalement, nos recherches et nos trouvailles, issues de nombreuses expériences, nous ont permis de développer une micro-ferme maraîchère productive et rentable. Nos jardins nourrissent hebdomadairement plus de 200 familles et génèrent suffisamment de revenus pour bien faire vivre notre ménage. Notre stratégie initiale, qui consistait à nous établir avec un système à « basse technologie », nous a permis de limiter les investissements liés au démarrage, de sorte qu'après seulement quelques années d'exploitation, notre entreprise était déjà rentable. Nos charges sont toujours demeurées peu élevées si bien qu'à ce jour, aucune pression financière ne nous étouffe. Comme à nos débuts, notre activité principale est de jardiner, et malgré tous les développements entourant la ferme, notre mode de vie est toujours celui que nous avions choisi au départ. La ferme est à notre service, et non le contraire.

En cours de route, nous avons pris la liberté de nous désigner comme « jardiniers-maraîchers » avec l'idée de mettre de l'avant notre choix de travailler avec des outils manuels. Contrairement aux maraîchers contemporains, nous ne cultivons pas des champs, mais des jardins, et ce, en utilisant très peu de carburants fossiles. L'ensemble de nos activités – la haute productivité sur une petite surface, l'utilisation de méthodes de production intensives, le recours à des techniques de prolongement de la saison et la vente directe dans les marchés publics – s'inscrit dans la tradition maraîchère française, bien que nos pratiques aient également été influencées par celles de nos voisins américains. La plus grande de nos influences est celle de l'Américain Eliot Coleman, que nous avons rencontré à différentes occasions, et de son livre, *The New Organic Grower*, qui nous a servi de guide à nos débuts. C'est cet ouvrage qui nous aura permis d'entrevoir qu'il était possible de rentabiliser moins d'un hectare en culture. À ce jour, M. Coleman demeure la référence en termes d'expérience et d'innovation en maraîchage diversifié sur petite surface. Nous lui devons beaucoup.

Bien entendu, la grande majorité des agriculteurs établis pense que le jardinage sans tracteur est un travail trop éprouvant et laborieux, que nous sommes jeunes et que, inévitablement, la mécanisation des opérations viendra faciliter nos travaux. Je ne partage pas leur avis. Les techniques de travail de sol décrites dans ce manuel réduisent le temps et l'énergie nécessaires à sa préparation. L'intensification des cultures diminue de beaucoup la charge de désherbage, et les outils utilisés dans nos jardins, bien que manuels, sont très sophistiqués et conçus pour améliorer l'efficacité et l'ergonomie du travail. Tout compte fait, mis à part les récoltes qui demeurent le gros de notre ouvrage, notre labeur est très productif et efficace. Le travail manuel est plaisant, rentable et tout à fait en accord avec un mode de vie sain où le chant des oiseaux remplace la plupart du temps le bruit des moteurs.

Cela étant dit, je n'avancerais pas que la mécanisation des opérations culturales est à proscrire. D'ailleurs, les meilleures fermes maraîchères que j'ai visitées, à l'exception de celle de M. Coleman, étaient souvent très mécanisées. Mon point de vue est plutôt le suivant : l'utilisation d'un tracteur maraîcher et autres outils de sarclage et de travail de sol mécaniques ne mène pas nécessairement à des pratiques horticoles plus rentables. La non-mécanisation ou l'utilisation de machinerie alternative, comme un motoculteur commercial, comporte différents avantages à considérer, surtout dans un contexte de démarrage.

Vivre avec moins d'un hectare, est-ce possible ?

La plupart des intervenants du milieu agricole sont évidemment sceptiques face à la possibilité de rentabiliser une micro-ferme maraîchère ou, comme nous l'appelons, un jardin maraîcher. Et possiblement, ils se dresseront en obstacle pour certains d'entre vous désireux de démarrer un projet semblable au nôtre. Il ne faut pas trop s'en faire, car les mentalités changent au fur et à mesure que la micro-agriculture, aux États-Unis, au Japon et ailleurs dans le monde, démontre le potentiel impressionnant d'une production artisanale opérant en circuits courts. Au Québec, les Jardins de la Grelinette ont fait cette démonstration et plusieurs intervenants initialement sceptiques en ont pris note. Durant notre première année d'opération, la ferme a généré 20 000 $ en ventes, avec une surface cultivable d'un quart d'hectare. L'année suivante, nos ventes ont plus que doublé, passant à 55 000 $, en cultivant toujours sur la même surface. À notre troisième année d'exploitation, nous avons investi dans de nouveaux outils et nous nous sommes établis sur le site actuel de nos jardins, à Saint-Armand. En augmentant notre surface de culture à trois quarts d'hectare, nos ventes ont atteint 80 000 $, puis 100 000 $ à notre quatrième saison. C'est à ce moment que notre micro-ferme a atteint un niveau de production et une réussite financière que la plupart des intervenants en agriculture croyaient impossibles. Lorsque nous avons rendu public notre chiffre d'affaires, par le biais d'un concours agricole, notre entreprise a reçu un prix important soulignant l'excellence de ses rendements économiques.

Durant plus d'une décennie, ma conjointe et moi n'avions pas d'autre revenu que celui que nous procurait notre jardin maraîcher de moins d'un hectare. Je connais de nombreux autres petits producteurs qui réussissent également à tirer un revenu confortable de leur petite exploitation en culture intensive. Le modèle est rentable, les preuves sont faites. En vérité, il est même réaliste de penser pouvoir en tirer un revenu assez généreux. Un jardin maraîcher bien établi, doté d'un plan de production bien rodé et bénéficiant de bons points de vente, peut générer annuellement entre 60 000 $ et 120 000 $ de ventes sur moins d'un hectare cultivé de légumes divers, et ce, avec une marge bénéficiaire supérieure à 40 %. Un revenu net favorablement comparable à plusieurs autres secteurs d'activités agricoles.

D'en vivre, mais surtout de bien en vivre

L'idée que se fait la majorité des gens au sujet de notre métier est que nous sommes des acharnés, travaillant sept jours par semaine, sans répit, pour finalement gagner difficilement notre vie. Une image probablement inspirée par la réalité d'une grande partie des agriculteurs conventionnels pris dans l'étau de l'agriculture moderne. Il est vrai que le métier de maraîcher est parfois difficile. Beau temps mauvais temps, nous subissons les aléas d'un climat compliqué à prévoir. Les belles récoltes et les bonnes saisons ne sont jamais garanties et il faut posséder une bonne de dose de courage et de dévouement, surtout durant les premières années d'établissement, alors que la clientèle et les infrastructures sont encore à bâtir.

Néanmoins, c'est un métier extraordinaire qui se caractérise moins par la quantité d'heures passées au travail et le salaire que par la qualité de vie qu'il procure. Peu de gens peuvent l'imaginer, mais en dépit de l'intensité de notre travail, il reste beaucoup de temps pour faire autre chose. Notre saison débute lentement en mars pour se terminer en décembre. C'est tout de même neuf mois de travail pour trois mois de temps libre. L'hiver devient un moment précieux pour se reposer, voyager et faire n'importe quelle autre activité. J'aime beaucoup rappeler à ceux qui nous imaginent faire un métier de crève-la-faim que notre travail nous permet de vivre à la campagne, de concilier travail et famille dans un environnement naturel et de garantir notre sécurité d'emploi, comparativement aux emplois dans une grande société où les mises à pied sont imprévisibles et fréquentes. C'est un avantage considérable.

Pour avoir passé beaucoup de temps à la rédaction de ce manuel, je peux également dire à quiconque est inquiet des capacités physiques requises par le métier que jardiner à plein temps est moins « dur » pour la santé et le corps que de rester assis devant un écran d'ordinateur plusieurs

> *Notre travail quotidien dans les jardins est en communion avec le rythme des saisons et en accord avec le mode de vie que nous avons choisi. Le travail du jardinier-maraîcher est difficile, mais il est également satisfaisant et agréable.*

heures par jour. En disant cela, j'espère en rassurer certains. En effet, ce n'est pas une question d'âge, mais plutôt de volonté. Avec ou sans bagage agricole, quiconque de sérieux et motivé peut apprendre ce métier traditionnel à la portée de tous. Il s'agit d'y investir son temps et son enthousiasme.

Depuis que notre ferme accueille des stagiaires désireux de s'établir en agriculture, j'ai observé que la grande majorité de ceux qui tendent vers ce métier semble vouloir le faire pour une raison bien fondamentale. Tout en voulant être leur propre patron et profiter du grand air le plus souvent possible, nombre d'entre eux sont attirés par l'idée de donner un sens à leur travail. Je comprends qu'ils fassent ce choix, car être fermier de famille est un métier très valorisant. Notre labeur aux jardins est régulièrement récompensé par toutes ces familles qui mangent nos légumes et nous remercient personnellement chaque semaine. Pour ceux et celles qui désirent vivre autrement, tout en cherchant un mode de vie alternatif, je pense qu'il est important de préciser qu'il est non seulement possible d'en vivre, mais aussi de bien en vivre.

Réussir un jardin maraîcher

*Savoir obtenir de la terre le meilleur rendement sans dépense excessive,
par le choix judicieux des cultures et à l'aide de travaux appropriés,
tel est le but du jardinier-maraîcher.*

– J. G. Moreau et J. J. Daverne,
Manuel pratique de la culture maraîchère de Paris, 1845

Depuis quelques années, et en raison de la popularité qu'a connue notre entreprise dans différents médias agricoles, beaucoup d'intervenants du milieu viennent visiter nos jardins et nous rencontrer. Pour ces gens, habitués au dogme agricole conventionnel, une petite ferme ne peut survivre dans un contexte d'économie d'échelle. Les Jardins de la Grelinette sont à leurs yeux une curiosité. Malgré leur ouverture d'esprit, c'est toujours difficile de leur faire comprendre que nous n'avons aucun projet d'investissement majeur au programme et que nos orientations d'affaires visent à rester petit et à continuer à travailler avec des outils manuels. Ces rencontres sont cordiales, mais souvent peu convaincantes. Une intervenante du milieu bancaire est même repartie en disant, bien persuadée, que « nous n'étions pas réellement en affaires et que notre ferme n'en était pas une » !

Ce n'est peut-être pas si évident de saisir la logique de nos choix si on ne connaît pas les obstacles qui se dressent sur la route des agriculteurs en cours d'installation. Avoir recours à des petites parcelles moins chères à l'achat et restreindre les besoins d'investissement nécessaires au démarrage étaient pour nous une question de capacité financière. Lorsque nous étions dans la jeune vingtaine, nos ressources financières étaient limitées et nous étions fortement décidés à réduire notre endettement au minimum. À court et moyen termes, et même encore aujourd'hui, notre décision de démarrer une ferme sans grand apport de capital tout en produisant de grandes quantités de légumes pour la vente directe s'est révélée une stratégie payante. Notre jardin maraîcher est la preuve qu'il est possible d'engranger de bons profits sans faire de grandes dépenses.

Quelle que soit la taille de la ferme, il importe d'abord et avant tout de bien choisir le mode de production agricole et de bien en mesurer les implications. Dans un contexte de démarrage, il m'apparaît évident que commencer « petit » comporte son lot d'avantages, mais il existe plusieurs autres bonnes raisons de maintenir une production sur une petite surface. Voici donc certains facteurs qui, à mon avis, sont au cœur de la réussite de notre ferme.

La méthode « bio-intensive »

Le terme « bio-intensive » fait communément référence à une méthode horticole qui cherche à maximiser le rendement d'une surface en culture avec le souci de conserver, voire d'améliorer, la qualité des sols. Prenant racine dans l'expérience des maraîchers français du XIXe siècle et dans la biodynamie créée par Rudolph Steiner, elle fut mise au point en Californie du Nord à partir des années 1960. Aujourd'hui, il existe toute une littérature et différentes

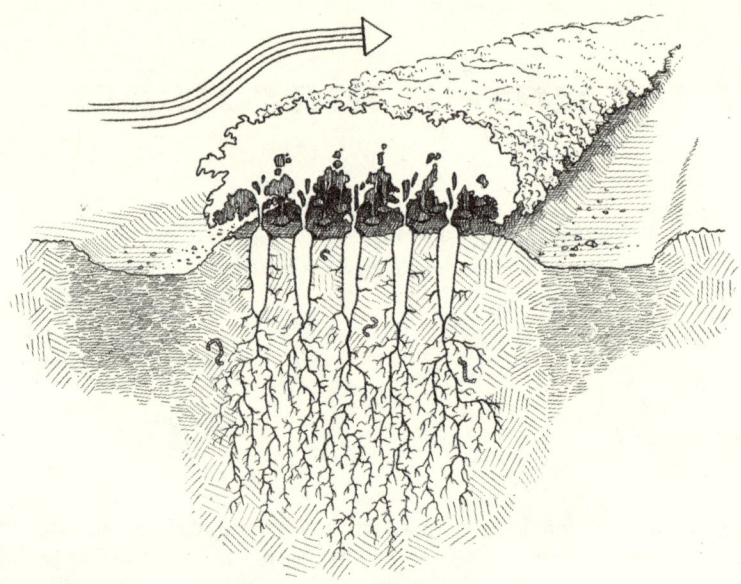

L'espacement serré des cultures a pour effet de créer un microclimat qui leur est bénéfique. La canopée des jeunes plants, qui se touchent lorsqu'ils sont arrivés à maturité, améliore la résistance des plants aux vents, diminue l'évapotranspiration de la surface du sol et crée un ombrage empêchant la prolifération des mauvaises herbes.

> *Dans certains milieux, « bio-intensive » fait référence à une gamme de pratiques et de techniques très précises. Certaines personnes ont même essayé de breveter cette approche. Je préfère généralement l'expression « biologiquement intensive », et c'est celle que j'utiliserai le plus souvent dans le présent ouvrage, mais les deux font référence aux mêmes principes.*

écoles de pensée s'y rattachant. Bien que davantage associées à la culture potagère ou nourricière, certaines techniques de cette approche peuvent être transposées à l'échelle commerciale. C'est ce que nous avons fait en élaborant le système cultural de nos jardins.

De fait, notre espace cultivable n'est pas aménagé en traditionnels rangs, propres à la culture mécanisée, mais plutôt en plates-bandes surélevées que nous appelons « planches ». Ces planches sont permanentes et ont été enrichies au départ d'une grande quantité de matière organique afin d'obtenir rapidement un sol riche et vivant. Nous avons littéralement *construit* notre sol de cette manière. Depuis, elles sont ameublies sans retournement à l'aide d'une grelinette et continuellement amendées de compost. Différents outils et techniques nous permettent de ne travailler que la surface du sol afin de conserver sa structure la plus intacte possible. Cette façon de cultiver a pour but de favoriser un terreau meuble et fertile permettant aux racines des légumes de s'étendre en profondeur plutôt qu'en périphérie. Ce faisant, il devient possible de planifier un espacement très serré des cultures sans qu'elles se gênent au niveau racinaire.

L'objectif devient alors d'implanter les cultures de manière à ce que l'extrémité de leurs feuilles se touche lorsque la plante est aux trois quarts de sa croissance. À maturité, le feuillage couvre alors complètement la zone de croissance, ce qui permet de conserver davantage l'humidité du sol tout en empêchant les mauvaises herbes de s'établir, créant ainsi un véritable « paillis » vivant. En plus d'accroître considérablement la productivité au mètre carré, cette stratégie comporte deux avantages importants : elle diminue considérablement la charge de travail consacré au désherbage et elle augmente l'efficacité de nombreuses tâches quotidiennes de maraîchage. J'expliquerai ces bénéfices en détail tout au long du manuel.

Les espacements utilisés dans le maraîchage mécanisé sont déterminés par la dimension du tracteur et de la machinerie. Comme nous utilisons des outils manuels pour le désherbage, nous n'avons pas cette contrainte.

Nos jardins possèdent une bonne structure du sol, et sont riches en micro-organismes et en nutriments. C'est pourquoi nous pouvons intensifier l'espacement des cultures. Arriver à ces mesures a pris quelques années d'essais et d'erreurs, mais nous y sommes parvenus. Nous avons également cherché à repousser encore davantage les limites de notre espace en utilisant le maximum de successions ; autrement dit, nous avons déterminé pour chacune de nos cultures le temps qu'elle passera au champ et planifié un semis pour la remplacer par une autre dès qu'une planche est récoltée. En fixant cette variable à l'aide d'un calendrier de production, nous réussissons à obtenir plusieurs récoltes successives chaque année sur un même espace.

Somme toute, la plupart de ces idées ne sont pas si différentes de ce que vise l'agriculture biologique. Dans les deux cas, l'objectif est de créer un sol riche, ameubli et fertile, mais le fait d'éviter le travail du sol et l'ajout d'importantes doses de matière organique pour y arriver est moins commun. Encore ici, ce ne sont pas des idées nouvelles et nous ne prétendons pas les avoir inventées. Si nous avons un mérite, c'est d'avoir trouvé les bons réglages qui font de nos jardins un système hautement productif dans un climat nordique tel que le celui du Québec, tout en favorisant une approche de mise en valeur du sol.

Des investissements initiaux minimaux

Démarrer un projet agricole implique assurément l'achat d'outils et d'équipement, mais en débutant sur une petite surface cultivée intensivement, il est

Recouvrir d'une couverture flottante une culture cinq fois plus densément plantée exige cinq fois moins de temps de travail et cinq fois moins d'argent investi dans l'achat de matériel. C'est également valable pour l'irrigation, les paillis et le désherbage.

> *Les méthodes bio-intensives nous ont permis de tripler (peut-être même quadrupler) le rendement de nos espaces en culture et de nous établir sur une petite parcelle avec les avantages que cela implique, notamment la non-mécanisation des opérations culturales.*

possible de diminuer grandement la part du capital initial que l'on doit investir. Voici donc une liste des investissements que je juge nécessaires pour opérer de façon optimale un jardin maraîcher de moins d'un hectare. Les montants (en dollars canadiens) sont approximatifs et reflètent l'achat du matériel et d'outils neufs qui devraient avoir une durée de vie considérable.

Le total est de 39 000 $. Cela peut sembler beaucoup d'argent pour quelqu'un qui veut démarrer une micro-ferme. Cependant, pour bien juger l'ampleur de ce montant, il est nécessaire de prendre quelques éléments en considération.

Premièrement, un emprunt bancaire de 39 000 $ étalé sur 5 ans à 8 % d'intérêt équivaut à un investissement annuel d'environ 9 500 $, ce qui représente une dépense plus qu'acceptable lorsqu'on la compare aux revenus potentiels d'un jardin maraîcher. Bien entendu, cette somme n'est pas la seule dépense d'entreprise. Elle n'inclut pas certains incontournables comme un véhicule de livraison, les frais de location de terrain ou d'hypothèque et tous les autres frais variables (intrants, frais d'administration, fournitures, etc.). Malgré tout, l'investissement de départ demeure relativement faible, surtout lorsqu'on le compare au coût de l'équipement nécessaire au maraîchage mécanisé.

Deuxièmement, en plus de pouvoir se procurer certains de ces articles à l'état usagé, ces achats peuvent se faire graduellement. Nous avons eu la chance de trouver des tunnels usagés que nous avons payés une fraction du prix de leur valeur à neuf. Certains outils, comme la herse rotative et le pyrodésherbeur, n'ont été intégrés dans notre système de production qu'après quelques années. Lors de nos deux premières saisons de production, nous avions pris des engagements pour 30 et 50 paniers ASC. Les récoltes se faisaient le matin même des livraisons, ce qui nous évitait la réfrigération des légumes. Une chambre froide est devenue un incontournable lorsque nous sommes passés à 100 paniers et qu'il nous fallait une journée entière pour tout récolter.

Cela étant dit, si certains des outils de cette liste ne sont pas indispensables au démarrage de l'entreprise, ils rendent le travail tellement plus efficace que leur contribution les rentabilise rapidement. C'est d'ailleurs cette observation qui nous a toujours poussés à essayer de nouveaux outils. À nos débuts, des cultures qui se prêtent mal à la transplantation – comme les carottes, les radis et le mesclun – étaient semées à la main. Un travail tout de même

ACHATS POUR DÉMARRER UN JARDIN MARAÎCHER

1 serre (8 X 30 m)	11 000 $
Motoculteur commercial et accessoires	8 000 $
2 tunnels (5 X 30 m)	7 000 $
Chambre froide	4 000 $
Système d'irrigation complet	3 000 $
Fournaise	1 150 $
Pyrodésherbeur	600 $
Équipement à semis	600 $
Binettes et binettes sur roue	600 $
Bâche noire à ensilage	500 $
Grelinettes	200 $
Semoirs	300 $
Râteaux, pelles, bêches, brouettes, etc.	200 $
Chariots de récolte	350 $
Couvertures flottantes et arceaux	600 $
Pulvérisateur	100 $
Paniers de récolte, balances, divers	300 $
Clôture électrique	500 $
Total	**39 000 $**

Les avantages de la formule ASC

DES VENTES GARANTIES. Le grand avantage, avec la formule ASC, est que la production est prépayée en début de saison, avant même qu'une graine ne soit plantée dans le sol. La formule permet donc de planifier son budget avec une certaine exactitude. Pour la solidité d'un plan d'affaires, il n'y a rien de mieux.

UN PLAN DE PRODUCTION SIMPLIFIÉ. L'inscription préalable des partenaires permet une planification de la production en fonction des ventes réalisées. Une fois le nombre de clients déterminé, le contenu du panier (décidé par le fermier au fil de ses récoltes) peut être planifié de façon assez exacte. Cela s'avère d'autant plus important pour des fermes ayant peu d'antécédents culturaux sur lesquels s'appuyer.

UN PARTAGE DES RISQUES. L'ASC a pour prémisse un partage des risques inhérents à l'agriculture entre un fermier de famille et ses partenaires qui, lors de leur inscription, signent une attestation les invitant à être indulgents en cas de grêle, de sécheresse ou autre catastrophe possible en maraîchage. Autrement dit, si la saison est bonne, les partenaires recevront plus que prévu, mais, si la saison est mauvaise, ils recevront moins. D'après mon expérience, ce concept doit être développé encore et encore, mais, pour l'heure, il agit un peu comme une assurance récolte, ce qui est non négligeable.

UNE FIDÉLISATION DE SA CLIENTÈLE. L'ASC permet non seulement de fidéliser sa clientèle, mais aussi de créer un réel lien d'attachement entre les gens et sa ferme. Aux Jardins de la Grelinette, certains de nos partenaires reçoivent des légumes depuis plusieurs années, nous connaissent, ont visité les jardins et nous apprécient beaucoup. En réalité, et comme son nom l'indique, l'ASC a le pouvoir de bâtir une communauté.

LA FORCE D'UN RÉSEAU. L'ASC devient encore plus avantageuse lorsqu'un organisme tiers est impliqué dans la coordination de la formule. C'est le cas au Québec, où Équiterre s'occupe de trouver les partenaires et d'administrer les points de chute pour les fermes membres, tout en promouvant la formule avec des campagnes de publicité. Équiterre offre aussi aux fermes qui démarrent des formations sur la planification de la production, un lien avec une ferme d'expérience dans le cadre d'un projet de mentorat, en plus d'organiser des visites chez d'autres producteurs. Bref, des services appropriés et fort utiles à un jardinier-maraîcher qui débute dans le métier.

Le site web d'Équiterre donne plus de détails sur le réseau des fermiers de famille ainsi que sur les différents outils et avantages disponibles pour les fermes membres de ce réseau.

assez long. Lorsque nous avons adopté les semoirs décrits dans ce manuel, nous avons pu semer des planches de deux à trois fois plus longues en cinq fois moins de temps. Compte tenu des surcharges de travail implicites aux premières années d'établissement, l'optimisation des opérations doit être une priorité et, à mon avis, l'achat de bon matériel ne doit pas trop tarder.

Dans la plupart des pays, il existe différentes formes d'aide gouvernementale à la relève qui peuvent financer une partie de l'achat de l'équipement lors d'un établissement agricole. Nous avons eu la chance de recevoir une aide financière lorsque nous avons démarré les Jardins de la Grelinette. Avec de tels appuis, les chances de réussite d'un projet de maraîchage sur petite surface sont grandement améliorées. Mais, avec ou sans subventions, une chose demeure : démarrer un projet d'affaires avec de faibles investissements initiaux diminue les risques financiers et permet la rentabilité de l'entreprise à court terme. C'est une formule d'affaires gagnante.

Des coûts de production minimaux

Revenus - dépenses = bénéfices. C'est une équation simple qu'il faut garder en tête. Il est évident que les gens ne s'établissent pas en agriculture pour devenir riches. Pourtant, il ne faut pas négliger la rentabilité d'un projet agricole, car finalement, c'est ce qui en assure la pérennité. Une bonne rentabilité permet de ne pas être constamment préoccupé par des soucis financiers, d'épargner pour sa retraite et d'éviter d'avoir recours à un revenu hors ferme durant l'hiver. L'idée d'une micro-ferme répond souvent à une idéologie ou une quête de sens, mais un jardin maraîcher est avant tout une entreprise et il est important d'en faire une bonne affaire.

Dans le milieu agricole, la manière couramment proposée pour améliorer les revenus d'entreprise consiste à augmenter son chiffre d'affaires et à produire davantage afin de rentabiliser son équipement. Dans un jardin maraîcher, il importe de regarder ces choses d'un autre œil. En effet, malgré tous les moyens utilisés pour maximiser les espaces en culture, le rendement est limité par le modèle de production. Donc, pour revenir à l'équation de départ, si les revenus sont restreints, un bon profit implique de faibles dépenses. C'est cette logique qu'un jardinier-maraîcher doit respecter ; il faut faire tourner sa ferme avec de faibles coûts d'exploitation.

Afin d'y parvenir, diminuer les coûts d'investissement nécessaires au démarrage est un très bon premier pas. Se passer de mécanisation et des frais propres à la machinerie (achat, carburant, entretien, etc.) en est un autre. Mais le plus grand pas est de limiter sa dépendance à la main-d'œuvre externe, ce qui représente généralement 50 % des coûts de production d'une ferme maraîchère diversifiée*. Dans un jardin maraîcher, la majorité du travail est accomplie par les propriétaires exploitants, aidés d'un ou deux travailleurs saisonniers, et ce, en fonction de la surface et du nombre de serres en culture. Les principaux frais d'exploitation se réduisent donc à l'achat d'intrants (amendements, semences, produits phytosanitaires, etc.), qui sont généralement faibles.

Au cours des 20 dernières années, Lynn Byczynski, l'éditrice de la revue américaine *Growing for Market*, a eu la chance de rencontrer plusieurs jardiniers-maraîchers travaillant sur petite surface. Dans son livre, *Market Farming Success*, elle discute des revenus potentiels de ce modèle de ferme et indique que la marge bénéficiaire nette de la plupart de ces agriculteurs se situe aux alentours de 50 %. Cela veut dire que, sur un revenu total de 80 000 $ en ventes, environ la moitié est allouée aux frais d'exploitation, incluant la main-d'œuvre externe et les frais fixes. Elle précise que ces pourcentages, quoique circonstanciels, sont tout de même assez communs, peu importe le chiffre d'affaires. Ces ratios, semblables à ceux de notre entreprise, sont éclairants sur la rentabilité d'un jardin maraîcher.

* *En 2005, Équiterre a produit une étude sur les coûts de production de différentes fermes fonctionnant avec la formule ASC. C'est un document fort utile à l'élaboration d'un plan d'affaires.*

Ils démontrent que l'on peut produire beaucoup, à peu de frais.

La vente directe

La vente directe de produits locaux est au cœur de la renaissance de l'agriculture à échelle humaine. Et c'est grâce à cette formule qu'un producteur peut récupérer la partie du profit habituellement versée aux distributeurs et aux grossistes lors de la commercialisation. La plupart des épiceries ou marchés en alimentation prennent une marge de profit variant entre 35 % et 50 % des ventes. Afin de payer le distributeur, qui prend en charge le transport et la manutention, il faudra soustraire un autre 15 % à 25 % de ce montant. Ainsi, pour une salade vendue 2,00 $, le producteur évoluant dans le circuit de distribution conventionnel récupère finalement environ 0,65 $. S'il ne participe pas à la mise en marché, il perd donc un tiers de la valeur de son produit. C'est considérable. En comparaison, un jardinier-maraîcher qui fait de la vente directe récupère la totalité du montant sur la vente. D'une certaine façon, on peut conclure que ce dernier doit donc produire trois fois moins pour atteindre le même revenu.

Dans un autre ordre d'idées, les bienfaits de la vente directe sont aussi importants pour les citoyens-consommateurs qui, dans un contexte de mondialisation de l'agroalimentaire, peuvent de nouveau avoir confiance dans les produits qu'ils consomment. Il existe différentes formes de vente directe, appelées « circuits courts » depuis quelques années : l'Agriculture soutenue par la communauté (ASC), les marchés fermiers, les marchés de solidarité et les kiosques à la ferme en sont quelques exemples. Pour le jardinier-maraîcher, ces marchés sont un créneau sur lequel il peut s'appuyer pour espérer s'établir en agriculture et prospérer à long terme. La nature de son travail répond au besoin qu'éprouve un nombre grandissant de gens de soutenir une agriculture locale, de manger frais et de renouer avec l'agriculteur.

Cependant, une question se pose. Certaines formules de circuits courts sont-elles plus avantageuses que d'autres pour un jardin maraîcher ? Difficile d'y répondre, car chacune des formules présente ses avantages et ses inconvénients, et chaque ferme peut avoir des besoins différents. Peut-être alors vaut-il mieux miser sur plus d'une formule. Cela dit, l'ASC est depuis toujours la forme de mise en marché privilégiée aux Jardins la Grelinette, en raison des ventes garanties et du fait qu'elle simplifie notre plan de production. J'estime que l'ASC comporte plusieurs avantages qui en font une formule de mise en marché toute désignée pour aider une ferme en démarrage.

Mais quelles que soient la ou les formules choisies, l'essentiel est de fidéliser ses clients et de créer un lien d'interdépendance avec eux. Sur ce plan, la meilleure garantie de succès est de miser sur la qualité de sa production. Il ne faut jamais négliger l'importance de la présentation, notamment en lavant ses légumes, en identifiant correctement ses produits par un logo distinctif, ou encore mieux, en faisant soi-même de la représentation dans les kiosques et les points de chute. Il faut favoriser l'essor des circuits courts en essayant d'être accueillant, ouvert, voire pédagogue avec les gens qui s'intéressent, peut-être pour la première fois de leur vie, à la provenance de ce qu'ils mangent. Voilà pourquoi il nous a toujours semblé important d'être présents au marché et aux points de livraison. Les producteurs ne doivent jamais perdre de vue que le maraîchage sur petite surface est rendu possible parce qu'il existe une mobilisation des consommateurs en faveur des petits producteurs.

La culture des légumes à valeur ajoutée

En 2012, un sac de 2,2 kilos de carottes biologiques se détaillait à environ 6 $ en épicerie, alors que les mêmes carottes vendues en bottes étaient offertes à 5,50 $ le kilo. Ainsi, la valeur de la carotte a plus que

Les circuits courts constituent une véritable reprise en main citoyenne de l'économie agricole. Compte tenu de l'importance de l'alimentation pour notre santé et pour l'environnement, ce mouvement est appelé à prendre de l'ampleur.

doublé tout simplement parce que ses fanes témoignent de sa fraîcheur. C'est de cela qu'il est question lorsque je parle de « valeur ajoutée » : investir ses énergies dans les légumes qui rapportent davantage. Cependant, pour y arriver, il faut d'abord déterminer quelles sont les cultures les plus rentables. Il existe différents ouvrages sur le maraîchage diversifié qui explorent ces idées. Le livre *Crop Planning for Organic Vegetable Growers*, écrit par Dan Brisebois et Fred Thériault, deux jeunes producteurs du Québec, en est un que je recommande fortement.

À notre ferme, nous avons fait l'exercice de quantifier la valeur de notre production en mesurant non seulement les ventes totales de chaque légume, mais également l'espace et le temps pour leur culture. L'espace, car il est limité et nous cherchons à l'optimiser, et le temps, dans le but de planifier une succession de cultures sur une même surface. Le tableau figurant à la page 30 illustre le résultat de nos mesures. Avec ces références, nous pouvons par exemple constater que cultiver des concombres en serre est quatre fois plus payant que de faire pousser des navets. Ou encore qu'une planche de laitue rapporte autant que les poireaux, mais en deux fois moins de temps. Un tel outil permet de distinguer clairement les cultures les plus avantageuses dans nos jardins.

CALCUL DE LA RENTABILITÉ DES LÉGUMES CULTIVÉS
AUX JARDINS DE LA GRELINETTE

Légume	Total des ventes	Prix	Nombre de planches par saison*	Espace aux jardins	Revenu par planche	Nombre de jours aux jardins	Rang (vente)	Rang (revenu/planche)	Rentabilité**
Tomate de serre	35 250 $	6,05 $/kg	4	3 %	8 800 $	180	1	1	élevée
Mesclun	15 750 $	13,20 $/kg	35	18 %	450 $	45	2	19	élevée
Laitue	9 000 $	2 $/U	18	9 %	500 $	50	3	15	élevée
Concombre de serre	8 280 $	2 $/U	6	2 %	1 380 $	90	4	2	élevée
Ail	6 600 $	1,50 $/U	8	4 %	825 $	90	5	5	élevée
Carottes en botte	6 515 $	2,50 $/U	14	7 %	465 $	85	6	18	moyenne
Oignon	6 075 $	3,30 $/kg	9	4 %	675 $	110	7	10	moyenne
Poivron	4 400 $	8,80 $/kg	8	4 %	550 $	120	8	13	moyenne
Brocoli	3 900 $	2,50 $/U	13	7 %	300 $	65	9	28	faible
Pois mange-tout	3 840 $	13,20 $/kg	8	4 %	480 $	85	10	16	moyenne
Courgette	3 690 $	3,30 $/kg	6	3 %	615 $	70	11	11	moyenne
Oignon vert	3 360 $	2 $/U	4	2 %	840 $	50	12	4	élevée
Haricot	3 280 $	8,25 $/kg	8	4 %	410 $	70	13	24	faible
Épinard	3 000 $	13,20 $/kg	5	3 %	600 $	50	14	12	moyenne
Betteraves en botte	2 900 $	2,50 $/U	7	4 %	415 $	70	15	23	moyenne
Navet	2 100 $	2,50 $/U	4	2 %	525 $	50	16	14	moyenne
Radis d'été	2 000 $	1,50 $/U	5	3 %	450 $	45	17	20	moyenne
Tomate cerise	1 930 $	11 $/kg	2	1 %	965 $	120	18	3	élevée
Cerise de terre	1 650 $	13,20 $/kg	2	1 %	825 $	120	19	6	moyenne
Bette à carde	1 600 $	2 $/U	2	1 %	800 $	90	20	7	moyenne
Kale	1 600 $	2 $/U	2	1 %	800 $	90	22	8	moyenne
Chou-fleur	1 600 $	3 $/U	4	2 %	400 $	80	21	25	faible
Basilic	1 400 $	44 $/kg	2	1 %	700 $	120	23	9	moyenne
Aubergine	1 350 $	6,60 $/kg	3	2 %	450 $	120	24	21	faible
Melon	1 225 $	8,80 $/kg	5	3 %	245 $	85	25	29	faible
Poireau	1 200 $	4 $/U	3	2 %	400 $	150	26	26	faible
Chou-rave	940 $	1,25 $/U	2	1 %	470 $	55	27	17	moyenne
Poireau d'été	840 $	3 $/U	2	1 %	420 $	135	28	22	moyenne
Roquette en botte	800 $	2 $/U	2	1 %	400 $	45	29	27	moyenne
TOTAL	136 025 $		193	100 %					

* Les planches du jardin ont toutes 30 m de longueur.
** La rentabilité est basée sur un coefficient qui tient compte des ventes totales, du rendement par planche et du nombre de jours aux jardins.

N. B. : Les chiffres de ce tableau sont basés sur des mesures effectuées pendant plusieurs saisons et représentent nos objectifs de production annuelle. Bien entendu, ces rendements ont été calculés en tenant compte de la segmentation de nos marchés (65 % en ASC et 35 % au marché) ainsi que du mesclun que nous vendons dans une large mesure aux commerces de détail. Ils donnent une bonne indication des légumes les plus profitables à faire pousser… et de ceux qui le sont moins.

Tout en priorisant les cultures les plus rentables, il existe d'autres moyens de maximiser le potentiel d'une petite surface en culture. Cela vaut la peine d'être imaginatif dans ses stratégies pour parvenir à demander de bons prix. Comme dans n'importe quelle autre entreprise, il est ici question de « marketing » ; il faut développer des avantages compétitifs sur les légumes d'épicerie issus de l'industrie agroalimentaire (dont les prix sont parfois très bas) ou ceux des autres maraîchers présents au même point de vente (qui offrent des produits d'excellente qualité). L'encadré ci-bas énumère quelques-unes des stratégies que nous avons adoptées aux Jardins de la Grelinette. Ces stratégies ne sont ni très originales ni garantes à elles seules de succès, mais elles font la différence pour notre entreprise.

Nos stratégies pour demander de bons prix

- Nous misons sur la qualité et la fraîcheur de nos légumes. C'est notre marque de commerce.
- Nous favorisons les légumes-racines qui peuvent se vendre avec leurs feuillages, preuve de leur fraîcheur.
- Nous évitons les légumes de conservation (pommes de terre, panais, courges d'hiver, rutabagas, etc.) qui, pour la plupart, restent longtemps aux jardins et ne peuvent se vendre comme étant frais. Nous avons développé une expertise dans deux cultures que nous jugions les plus lucratives : le mesclun et la tomate de serre, que nous distribuons dans des restaurants et une épicerie locale, en plus de nos circuits courts.
- Nous adoptons les cultivars (variétés différentes d'un même légume) les plus savoureux, car nous souhaitons faire découvrir différents goûts à nos clients et à nos partenaires.
- Nous essayons régulièrement des cultivars différents ou inusités afin de soutenir l'intérêt de ces mêmes clients et partenaires.
- Nous complétons notre production avec des légumes achetés chez des producteurs spécialisés dans les cultures que nous avons choisi de ne pas produire.
- Nous cherchons à « forcer » nos cultures pour être les premiers à les offrir dans les marchés et kiosques au printemps.
- Nos prix fluctuent au minimum, et nous expliquons à nos clients et à nos partenaires l'effet néfaste du dumping qui provoque la chute des prix en épicerie.
- Nos légumes sont toujours rincés de leur terre et bien présentés.
- Nous garantissons en tout temps la satisfaction sur nos produits, sans discussion.
- Nous avons pris soin de trouver un joli logo identifiant clairement nos légumes. À l'épicerie locale, les clients ne jurent que par nos produits qu'ils reconnaissent facilement. Ils savent qu'ils encouragent ainsi une ferme du coin.

Comme les prix varient en fonction de la qualité, réussir à produire des légumes de qualité constitue le plus grand défi d'un jardinier novice. Mais une fois ce but atteint, le fait de prioriser certaines cultures et de trouver des façons créatives de différencier ses produits augmentera significativement la rentabilité du jardin maraîcher.

L'apprentissage du métier

Si vous lisez ce manuel, il y a de fortes chances que le métier de jardinier-maraîcher vous intéresse. Que ce soit pour vivre à la campagne, travailler au rythme des saisons ou avoir un mode de vie plus écologique, c'est un travail qui peut en effet être séduisant. Cela dit, cultiver plus d'une quarantaine de légumes exige des compétences et une discipline de travail peu comparables avec d'autres métiers. Une bonne formation est de mise.

Le meilleur conseil que je peux offrir à une personne désireuse de s'établir en maraîchage diversifié est d'aller travailler dans d'autres fermes pour quelques saisons; en plus d'acquérir de l'expérience, vous pourrez échanger votre force de travail contre le précieux savoir-faire d'un producteur chevronné, peu importe la taille de l'exploitation. Vous pourrez ainsi prendre conscience des joies et des difficultés inhérentes au métier. Vivre l'expérience d'une saison entière et absorber, souvent inconsciemment, tout ce qu'un maraîcher fait de bien (et de moins bien) sont des leçons qu'aucune formation ni aucun livre ne peut remplacer. Dans ce contexte, le choix d'un bon maraîcher disposé à vous transmettre son bagage de connaissances est très important. En fin de compte, c'est à lui que vous confiez le mandat de vous initier au métier. À mon avis, il faut s'engager pour au moins une saison afin de savoir si on est fait pour ce travail et ce mode de vie.

Cela dit, rien ne vaut sa propre expérience. C'est pourquoi, après une ou deux saisons passées à la ferme d'un autre, il ne faut pas avoir peur de se lancer et de démarrer son propre projet. La formule de maraîchage sur petite surface permet un démarrage en douceur. Vous pourrez commencer sans beaucoup d'investissement financier et agrandir vos jardins à mesure que vous acquérrez de l'assurance et des compétences. Démarrer un petit projet de 30 paniers en ASC n'est pas si difficile, compte tenu du fait que la plupart des clients peuvent être des amis ou des connaissances. Il est également possible de vendre ses légumes dans un marché public à proximité. Le jardinage à temps partiel nécessite un engagement moins contraignant et peut constituer une avenue intéressante. Il ne faudrait pas oublier qu'il y a 60 ans, la majorité des gens faisaient pousser leurs légumes et que certains vendaient leurs surplus dans les marchés. D'ailleurs, contrairement à ce que plusieurs peuvent imaginer, c'est un métier qui comporte son lot d'aventures et de belles rencontres. Au risque de me répéter, c'est un métier à la portée de quiconque est prêt à investir de son temps pour l'apprendre.

Trouver un bon site

La vérité, c'est que les lots sans défauts sont joliment rares ; mais la vérité est aussi qu'il n'existe peut-être pas un seul lot, parmi ceux qui sont en vente, qui ne puisse, avec un travail intelligent, faire vivre confortablement une nombreuse famille... Une terre vaut surtout ce que vaut celui qui la travaille.

– Auteur inconnu, *Le Livre du Colon,* 1902

TROUVER LE BON SITE pour démarrer votre jardin maraîcher est l'étape la plus importante de votre projet, car plusieurs facteurs intrinsèques à ce choix viendront ensuite influencer la production et le quotidien des opérations. La fertilité du sol, le climat, l'orientation, la clientèle potentielle et les infrastructures sont tous des éléments à considérer avant d'investir dans un terrain. Tous les sites que vous visiterez auront des attributs différents et, comme le site idéal n'existe pas, il est très important de comprendre et de prioriser ces attributs. Choisir un site pour les mauvaises raisons peut compliquer sérieusement le travail d'un jardinier-maraîcher. Par exemple, il est fréquent de tomber sous le charme d'un endroit bucolique avec une superbe vue, mais peu favorable à la culture, ou encore d'acheter une ferme à prix modique sans trop réaliser les implications d'être situé à trois heures de route d'un marché potentiel. Prioriser la beauté et le prix d'un site avant les attributs propres au maraîchage est un piège qu'il faut éviter. Bien entendu, différents facteurs non reliés à l'agriculture viennent influencer le processus : l'accès ou non à une terre familiale, la volonté de vivre dans sa région natale, à proximité de la famille ou près d'un village dynamique, etc. Néanmoins, au-delà de ces considérations personnelles, la recherche des meilleures conditions de croissance et d'opération doit être une priorité.

La meilleure manière de développer une bonne compréhension du potentiel d'un site est de l'évaluer à l'aide d'une grille comme celle présentée à la page suivante. C'est un exercice qui en vaut la peine. Il permet d'ajouter du rationnel dans un choix hautement émotif. Il faut également prendre le temps de visiter plusieurs sites avant d'arrêter son choix et, surtout, éviter de s'emballer trop vite. La visite des terrains peut se faire pendant que vous travaillez pour une autre ferme, voire lorsque votre jardin maraîcher n'en est qu'à l'étape de projet lointain. Le temps passé à prospecter des terrains n'est pas perdu, car il vous aidera à former votre jugement à l'égard des sites.

Le climat et le microclimat

Malgré toutes les stratégies utilisées pour forcer les cultures au printemps et prolonger la saison à l'automne (couvertures flottantes, tunnels, etc.), il ne faut pas oublier que c'est le climat régional d'un site qui demeure le facteur déterminant de la croissance des cultures. Le nombre de jours sans gel et la température moyenne détermineront la longueur des saisons et le potentiel de production. La recherche des meilleures conditions climatiques pour son jardin est donc primordiale.

Au Québec, il existe différentes cartes agroclimatiques qui délimitent le territoire en fonction du climat et de son influence sur les cultures. De

Grille d'évaluation d'un site

- Déterminer la zone climatique de la région du site : est-ce bien dans une zone 1 ou 2 ? Bien évaluer les implications d'une production maraîchère en zone 3 ou 4 *(voir la carte de la page 35)*.

- Déterminer les dates des gelées tardives au printemps et hâtives à l'automne.

- Calculer le nombre de jours sans gel de la région où se trouve le site (couramment 150 jours au sud de Montréal) afin de déterminer la longueur de votre saison d'ASC.

- Déterminer la date potentielle du début des cultures de primeur et celle des premiers marchés.

- Existe-t-il une bonne clientèle pour des produits bio-locaux dans la région du site (restaurants, paniers bio, marchés fermiers, etc.) ? Ce marché est-il déjà saturé par d'autres petits producteurs ou est-ce le contraire ?

- Combien de kilomètres séparent votre marché principal du site ? Estimez le temps nécessaire en déplacements chaque semaine.

- La superficie de la parcelle est-elle adéquate pour les besoins d'un jardin maraîcher ? Une trop petite parcelle vous limitera, une trop grande peut s'avérer être un mauvais investissement de votre temps et de votre argent.

- À quel type de sol avez-vous affaire ? Argileux, sablonneux ou limoneux ?

- Déterminer l'orientation et la pente du site : sont-elles favorables ?

- Déterminer si le site contient des baissières et s'assurer qu'elles pourront être corrigées au besoin.

- Déterminer si la hauteur de la nappe phréatique est un problème pour l'égouttement du sol et si un drainage souterrain est nécessaire. Dans un tel cas, estimer les coûts.

- Le site possède-t-il une réserve d'eau adéquate et non polluée pour l'irrigation de vos jardins ?

- Si l'excavation d'une réserve d'eau est nécessaire, prévoir l'obtention des permis et autorisations. Planifier les coûts et les implications d'un tel aménagement avec un entrepreneur de la région.

- Si le site contient une bâtisse utilisable : est-elle facilement aménageable ? Bien localisée ? Est-ce un bon investissement en comparaison avec une construction adaptée à vos besoins ?

- Le site possède-t-il une entrée électrique, une source d'eau potable et un bon chemin carrossable ?

- Le site est-il adjacent à des cultures conventionnelles ? Si oui, quelles seront les mesures prises pour éviter la contamination de vos jardins ?

- Y a-t-il lieu d'imaginer la présence de polluants dans les sols du site ? Est-ce une simple intuition ou c'est plutôt une petite enquête qui vous le suggère ?

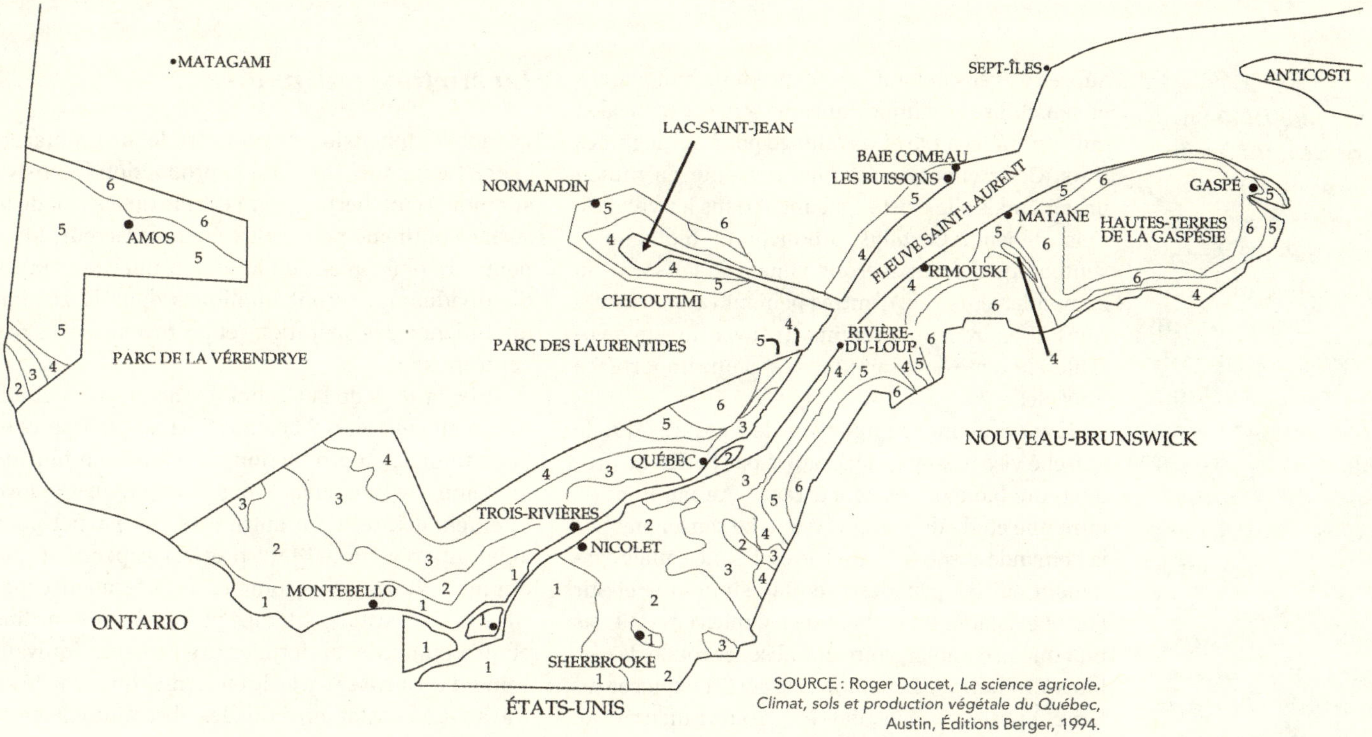

SOURCE : Roger Doucet, *La science agricole. Climat, sols et production végétale du Québec*, Austin, Éditions Berger, 1994.

Un coup d'œil sur la carte de zonage bioclimatique du Québec (où 1 correspond à la zone la plus chaude et 6, à la plus froide) nous permet de constater que les zones 2 ne se trouvent pas toutes dans le sud de la province, contrairement à ce que l'on pourrait croire. On trouve des microclimats où les conditions climatiques sont favorables à la culture des légumes sur l'île d'Orléans, dans certaines parties de la Beauce et même en Abitibi-Témiscamingue, pourtant bien dans le nord de la province ! Notez qu'il ne faut pas confondre cette carte avec celle des zones de rusticité.

façon générale, ce sont les cartes des unités thermiques maïs (UTM) ou des zones de rusticité qui sont utilisées pour indiquer les régions où un jardinier-maraîcher sera en mesure de mieux réussir. Il existe une autre carte qui tient compte d'observations phénologiques pour dresser un portrait des endroits les plus propices à la culture : il s'agit de la carte de zonage bioclimatique, présentée ci-dessus. Ce type de carte permet de découvrir les territoires avantagés par différentes conditions comme la nature des sols, la présence de montagnes, de cours d'eau importants ou encore d'un relief particulier. En somme, elle désigne les différents microclimats qui ont une incidence sur la croissance des plantes. Ces cartes sont d'un grand secours lorsque vient le temps de prospecter des terrains dans des zones favorables à l'agriculture.

L'accès au marché

Le choix de la région où s'établir doit être effectué en gardant à l'esprit que le métier de jardinier-maraîcher ne consiste pas uniquement à produire des légumes, mais aussi à les vendre. De façon générale, une belle production trouve preneurs

CHAPITRE 3 : TROUVER UN BON SITE

Dans le meilleur des mondes, un jardin maraîcher serait intégré aux opérations d'une ferme familiale traditionnelle. Le site inclurait un verger permaculturel, des pâturages pour l'élevage d'animaux et, pourquoi pas, une forêt nourricière. Tendre vers l'autarcie est un noble vœu, mais à moins de s'établir en communauté ou avec ses parents, il ne faut pas sous-estimer les implications d'une telle entreprise. Démarrer un jardin maraîcher et en retirer un revenu décent est en lui-même un projet exigeant. À vouloir trop en faire, on manque souvent de temps pour bien faire chaque chose. Même si la tentation est grande, mieux vaut peut-être se concentrer sur le maraîchage et faire avant tout de ses jardins une belle réussite.

auprès de gens favorables aux produits biologiques et sensibilisés à l'importance de « manger local », qui sont prêts à payer davantage pour des légumes frais. Cette clientèle est plus présente en milieu urbain, mais elle existe également dans les villages. Cela dépend. Certains producteurs biologiques sentent qu'ils n'arriveront jamais à satisfaire la demande, alors que d'autres peinent (avec frustration) à vendre leurs produits. Trouver un site favorable à la vente de ses produits est d'une importance cruciale.

Il est également important de s'assurer que le marché visé n'est pas déjà saturé par l'offre de producteurs biologiques concurrents. Au moment de faire une étude de marché, il faut se renseigner sur la demande et son potentiel de croissance, mais également sur les prix des produits similaires et sur l'offre existante en matière de légumes (y a-t-il des manques à combler, voire une absence totale de certains produits?). Le temps consacré à explorer les lieux, à poser des questions et à trouver un créneau pour ses produits est un investissement rentable.

Autre aspect important : la proximité de la ferme et du marché. Contrairement à votre travail au jardin, la livraison de vos légumes ne requiert aucune expertise ou attention particulière. Le temps passé sur la route vous empêche d'accomplir l'ouvrage d'entretien nécessaire aux belles récoltes. Cette considération est également importante si vous comptez vendre dans un marché public, car partir à 4 heures du matin pour arriver tôt à son kiosque peut contribuer à vous rendre irritable et épuisé en fin de saison. Pour ces bonnes raisons, localiser son jardin le plus près possible de son marché principal, quitte à payer plus pour le terrain, est une sage décision.

Les Jardins de la Grelinette sont situés à une heure de route de Montréal, mais 40 % de notre production est écoulée auprès d'une épicerie, de restaurateurs et d'un marché fermier de la région. Ces ventes, qui nous permettent de limiter notre temps hors de la ferme, contribuent à nous faire connaître et apprécier des gens de notre communauté.

La surface cultivable

De quelle dimension devrait être le jardin maraîcher? Ce manuel traite de la production intensive sur moins d'un hectare, car j'estime qu'il s'agit de la surface optimale pour cultiver sans tracteur. Mais pour être plus précis, il faut déterminer le nombre d'individus qui seront impliqués dans la gestion quotidienne des opérations et les revenus visés par l'entreprise.

Aux Jardins de la Grelinette, nous avons établi que, pour cultiver 0,8 hectare (incluant une serre et deux tunnels en production intensive), en plus de ma femme et moi, nous avons besoin d'un employé à temps plein et d'un autre à temps partiel pour aider aux récoltes. Il faut préciser cependant que durant la saison, nous sommes deux fermiers expérimentés à travailler à temps plein dans nos jardins et qu'à mon avis, un fermier expérimenté équivaut à plus d'un ouvrier agricole en termes de capacité de travail. Ce constat ainsi que les observations effectuées au cours de visites de plusieurs autres jardins maraîchers me font conclure qu'un demi-hectare de légumes diversifiés représente beaucoup de travail pour une personne seule. Pour y arriver, il faudra inévitablement engager de la main-d'œuvre. Cette aide peut être apportée par des stagiaires ou des *woofers* (de l'anglais *World-Wide Opportunities on Organic Farms*), mais il faudra à ce moment-là prévoir des installations pour les accueillir.

On peut également se référer au nombre de paniers par hectare pour déterminer la surface à cultiver. C'est cette unité de mesure qui est communément utilisée par les producteurs de l'ASC pour décrire la taille de leur exploitation. J'ai dit précédemment que notre jardin maraîcher approvisionne plus de 200 familles. Mon expérience en maraîchage sur petite surface me permet aussi de déterminer que le ratio panier-hectare pour une saison de production de 20 semaines varie entre 30 à 70 paniers par 1/4 d'hectare en production. Cette variation est tributaire de l'expérience du producteur, du degré de planification des cultures et de la qualité des systèmes de production. Bien que ces ratios soient approximatifs, ils donnent tout de même une bonne idée des espaces requis pour exploiter un jardin maraîcher.

À mon avis, il est parfois préférable de limiter la taille de son terrain. Les gens rêvent souvent de posséder un grand domaine, mais je ne partage pas leur enthousiasme. Pour avoir du succès, un jardinier-maraîcher devra consacrer beaucoup d'énergie et d'attention à son entreprise. Une grande terre peut paraître de prime abord une bonne affaire : des producteurs expérimentés feront valoir qu'elle permet plus facilement de laisser des parcelles en jachère. Bien que la validité de cette pratique soit incontestable, elle va toutefois de pair avec des labours et des travaux du sol en profondeur qui ne peuvent être effectués sans tracteur. Et l'achat d'une telle machinerie pourrait vous pousser à vouloir cultiver de manière extensive, ce qui vous ferait perdre tous les avantages de la production non mécanisée. Le coût d'achat de ces hectares supplémentaires peut également s'avérer un fardeau financier lourd à assumer.

Je ne cherche pas à désenchanter les gens ni à faire valoir que posséder 10 hectares est une mauvaise chose. Je souligne simplement que plus un terrain est vaste, plus il est difficile de l'entretenir avec soin. Si le maraîchage manuel permet de s'établir sur une petite surface, je pense que les avantages du modèle se perdent si l'on cherche à cultiver plus de quelques hectares en légumes diversifiés.

La qualité du sol

En maraîchage biologique, le rendement d'une production dépend en grande partie de la qualité du sol qui nourrit les cultures. La terre idéale est meuble, bien drainée et contient les éléments indispensables à la croissance des légumes. Bien qu'à peu près n'importe quel sol puisse devenir fertile avec un bon plan de fertilisation et l'ajout d'amendement (*voir chapitre 6*), sa qualité initiale détermine le temps et les efforts nécessaires pour y parvenir. Pour cette raison, il est important de caractériser la nature du sol auquel vous aurez affaire. Ceci s'avère d'autant plus important si vous cherchez à démarrer un jardin maraîcher en sachant d'avance que vous déménagerez d'ici quelques saisons et qu'investir à long terme pour en améliorer la structure vous intéresse moins.

La qualité du sol dépend principalement de sa nature (argile, sable, limon) et de son pourcentage

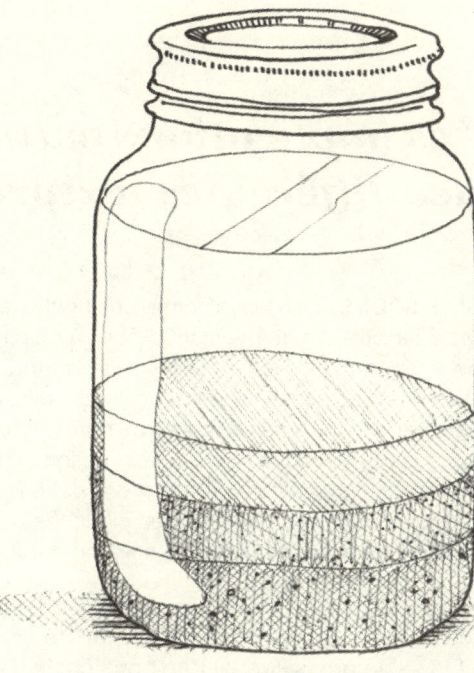

10% À 30% D'ARGILE
30% À 50% DE LIMON
25% À 50% DE SABLE

Les sols ne sont généralement pas purement argileux ou sableux, mais plutôt constitués d'un mélange de particules de tailles différentes (argile, limon, sable, gravier…). Afin de déterminer les proportions du mélange de votre sol, placez-en 5 cm à l'intérieur d'un pot Masson et remplissez-le d'eau. Ajoutez une cuillerée à café de détergent pour lave-vaisselle (le détergent agit comme un surfactant qui sépare les différentes particules du sol), agitez bien et laissez reposer une journée. La stratification des couches indiquera quelle est la caractéristique dominante du sol.

CHAPITRE 3 : TROUVER UN BON SITE

Les implications culturales des différentes textures de sol

SI LE SOL EST... collant et forme une boule de texture plastique à la manipulation, s'il est dur, croûteux, fendillé et généralement difficile à fourcher, c'est un... **sol lourd argileux**. Ce type de sol est généralement plus difficile à travailler, surtout au printemps, car il est lent à se drainer et à sécher. Bien que plus riches en éléments fertilisants, ce sont des sols qui se compactent facilement et qui sont parfois mal aérés. Vous devrez prévoir de la perlite, du sable grossier ou du gravillon à mettre dans les trous lors d'une transplantation. Prévoir aussi un passage de grelinette avant chaque semis afin d'aérer le sol. Planifier des buttes plus élevées pour favoriser le drainage et l'évacuation des précipitations. Travailler ses planches à l'automne en vue des premiers semis du printemps, mais veiller à ne pas laisser le sol à nu durant l'hiver.

Il est possible d'améliorer la constitution d'une terre argileuse en y incorporant de façon répétée une très grande quantité de matière organique et minérale. En plus du compost, la tourbe et le sable grossier sont des bons choix d'amendements. Le résultat peut prendre quelques années et exiger un investissement, mais si l'on est aux prises avec un sol très lourd, cela en vaut sûrement la peine.

SI LE SOL EST... granuleux et friable, ne tient pas en boule lorsque mouillé, s'il se creuse facilement et contient beaucoup de cailloux ou de gravier, c'est un... **sol léger sablonneux**. Ces sols sont en général bien aérés, perméables et ne présentent aucun problème de drainage. Difficilement compactables, ils sont idéaux pour le sarclage mécanique, à condition qu'ils ne soient pas trop graveleux. Ce sont cependant des sols secs qui se lessivent facilement et qui sont généralement peu fertiles. Vous devrez planifier rapidement l'irrigation pour le site entier, car quelques jours sans pluie peuvent entraîner la mort des jeunes plantules. Pour éviter le lessivage, prévoir un plan de fertilisation qui fractionne les amendements. Élaborer un programme d'engrais verts visant l'incorporation des résidus de culture, en plus du compost, afin d'augmenter la matière organique du sol.

SI LE SOL EST... farineux et forme une boule qui se défait facilement, c'est un... **sol franc appelé « loam »**. Les loams ont des proportions presque équivalentes de sable, de limon et d'argile, et réunissent habituellement les qualités idéales d'un sol, soit une bonne rétention d'eau et d'éléments fertilisants ainsi qu'un drainage et une aération convenables. Les loams sableux sont reconnus pour avoir le meilleur potentiel pour la culture maraîchère. Vous devrez veiller au maintien de la fertilité du sol avec un plan de fertilisation adéquat et conserver une bonne structure de sol avec un travail minime.

en matières organiques. On peut améliorer ces dernières et favoriser leur multiplication, mais la nature du sol influencera grandement les pratiques culturales et en fixera les contraintes. Il existe différentes techniques permettant de déterminer soi-même la nature d'un sol (*voir ci-dessous*) sans devoir recourir à un test en laboratoire. Mais au moment de choisir un site (ou de trancher entre plusieurs), je vous recommande de contacter votre conseiller agricole local afin de procéder à un échantillonnage et à une analyse de sol en bonne et due forme. Les résultats vous fourniront des données additionnelles sur le type de sol, mais également sur les matières organiques qu'il contient, son pH et son équilibre chimique. Ces renseignements devront de toute façon être obtenus à un moment ou à un autre.

Avant de nous installer sur le site actuel de nos jardins, j'ai eu l'occasion de jardiner dans un sable plutôt pauvre et, plus tard, dans une terre lourde et argileuse. Ces expériences m'ont permis d'apprécier les nombreux avantages d'un loam riche en matière organique comme celui que nous avons aux Jardins de la Grelinette. Démarrer avec le meilleur sol possible est un choix judicieux.

La topographie

Contrairement à ce que l'on pourrait imaginer, une parcelle propice à la culture maraîchère n'a pas à être plate. Comme le relief du site influence le drainage, le réchauffement et la ventilation d'un jardin, une légère pente représente au contraire un atout précieux. L'idéal à cet égard est de rechercher un site possédant une pente faible et constante, sans dépression et orientée vers le sud.

Une pente douce (de moins de 5 % afin de limiter les problèmes d'érosion) et des planches surélevées favorisent l'égouttement de surface des pluies printanières en dehors de la zone de culture. C'est également valable pour les fortes pluies estivales, qui peuvent avoir des effets dévastateurs dans le jardin. Malheureusement, les changements climatiques provoquent une augmentation de la fréquence des crues subites. Conséquemment, il faut prévoir des façons de les contrer.

L'orientation de la pente détermine également la quantité de lumière directe que le site recevra. L'orientation franc sud ou sud-est permettra au site de bénéficier davantage du soleil matinal et, donc, de se réchauffer plus rapidement. Une terre qui sèche rapidement permet d'obtenir des récoltes plus hâtives au printemps et donne à un jardinier-maraîcher un avantage compétitif en matière de primeurs. Afin d'éviter le scénario inverse, il faut s'assurer de ne pas choisir un site en forme de cuvette ou orienté vers le nord.

L'inclinaison de la pente et la localisation du site joueront aussi un rôle majeur quant à la circulation de l'air dans le jardin. En effet, l'air froid étant plus lourd que l'air chaud, il tend à circuler vers le bas, créant ainsi une ventilation naturelle qui élimine l'air

---

Un mot sur le dressement des planches

Lors de l'établissement d'un jardin maraîcher, l'orientation des planches permanentes doit être déterminée de façon à permettre la canalisation des eaux de surface. Creuser ses planches en contre-pente constitue une erreur qui, en cas de pluie diluvienne, pourrait coûter des années de travail à un jardinier-maraîcher qui cherche à bâtir son sol.

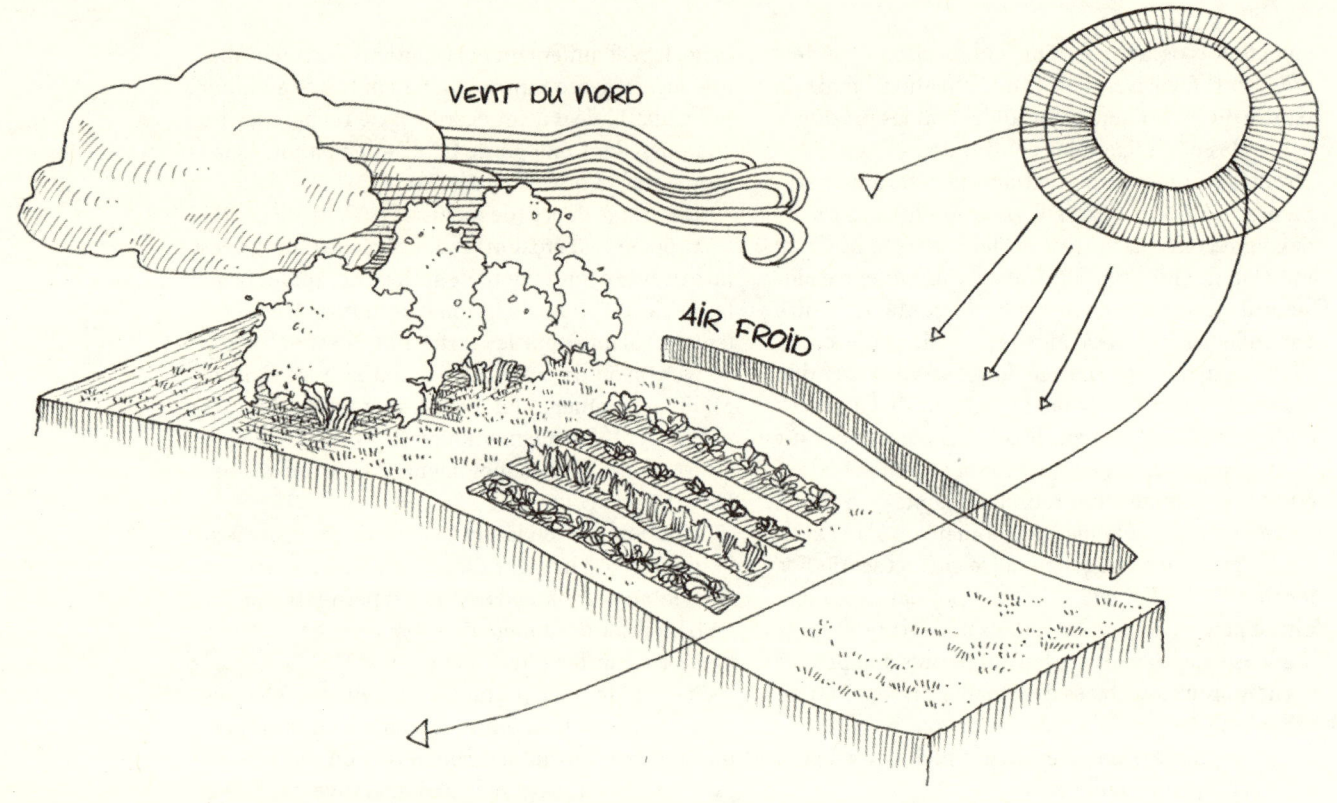

Une légère pente orientée vers le sud ou le sud-est favorisera le réchauffement accéléré des jardins au printemps par l'action des rayons du soleil qui atteignent plus directement la surface du sol.

stagnant favorable au développement de maladies fongiques dans plusieurs cultures. Cette convection joue aussi un rôle déterminant dans les gelées hâtives. Pour cette raison, un jardin ne devrait pas être localisé au bas d'une pente ou d'une colline ou dans le creux d'une vallée, car il subirait les premiers gels bien plus tôt qu'un jardin situé en amont d'une pente.

Le drainage

Au Québec, la fonte des neiges et les pluies abondantes ayant cours au printemps provoquent inévitablement des surplus d'eau qu'il faut gérer. Un mauvais égouttement du sol peut vite devenir problématique pour la croissance des cultures, voire empêcher l'accès au jardin au moment où des travaux importants doivent être faits. On peut atténuer cet inconvénient en cultivant sur des planches surélevées, mais le drainage adéquat du site demeure incontournable. Encore ici, l'idéal est un site qui bénéficie d'une légère pente. En localisant les jardins en amont de celle-ci, l'eau de ruissellement peut être rapidement évacuée en creusant de simples rigoles qui l'acheminent vers des fossés ou une réserve d'eau.

À l'inverse, il faut éviter qu'un site contienne une dépression majeure où l'eau pourrait s'accumuler. Si des baissières sont présentes, vous devrez déterminer s'il est possible de les corriger et à quels coûts. Cela dit, certains sites auront une topographie variée et il n'est pas toujours facile de distinguer le sens des pentes à l'œil nu. L'idéal est d'arpenter le terrain pendant une pluie abondante et d'observer comment s'effectue la circulation des surplus d'eau. Un retour sur le site quelques jours après la pluie permettra de remarquer, et de marquer, s'il y a lieu, les endroits où l'eau stagne toujours.

Tous les endroits où l'eau tend à s'accumuler devront faire l'objet d'une attention particulière. La solution idéale consiste à éviter de cultiver à ces endroits. On peut également corriger la topographie du terrain en comblant les dépressions à l'aide de machinerie lourde, mais cela peut entraîner des frais élevés et endommager le sol. On peut également envisager la construction d'un puits de roches relié à un réseau de drains. Ils sont assez simples à mettre en place et pourraient bien régler le problème.

Il se peut également que l'accumulation d'eau soit le résultat d'une nappe phréatique demeurant trop élevée une bonne partie de la saison. Dans un tel cas, l'installation de drains agricoles sera nécessaire. Afin de savoir si le site requiert d'être drainé souterrainement, on peut creuser quelques trous dans les endroits qui semblent plus humides et évaluer la hauteur de l'eau par rapport au niveau du sol. Le drainage souterrain est recommandé lorsque le niveau de la nappe d'eau se situe à moins d'un mètre de la surface du sol en début ou en fin de saison.

Quant à l'installation de drains agricoles, il faut savoir que ce n'est pas une opération évidente.

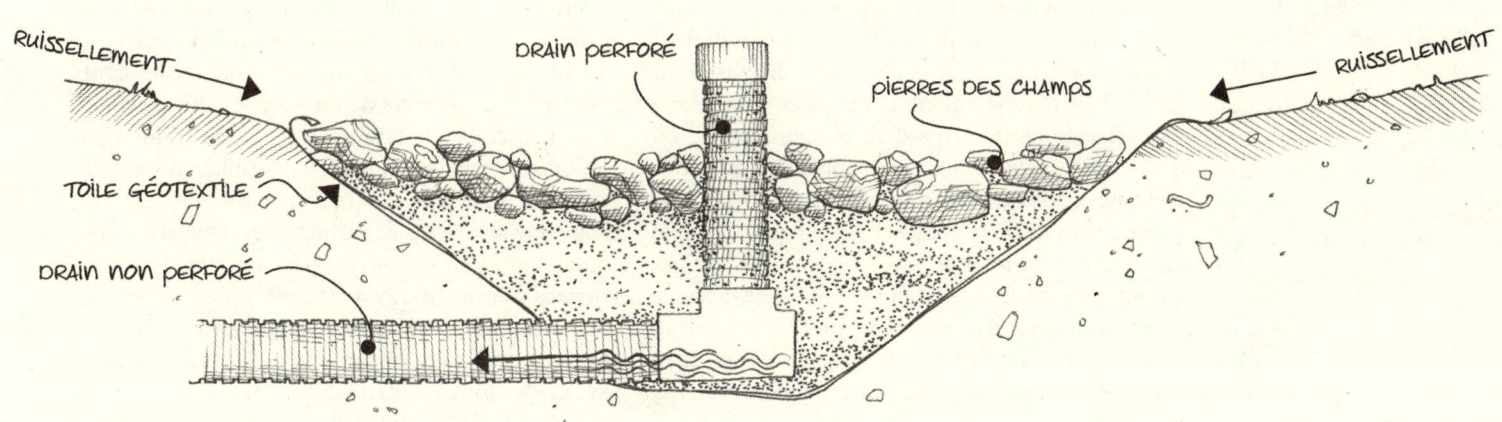

Le type de « drain » le plus communément employé est un tuyau de plastique ondulé et perforé de petits trous pour permettre à l'eau de s'y infiltrer. Règle générale, ils sont installés de 60 à 120 centimètres sous la surface du sol de manière à ce que l'eau puisse s'écouler en suivant une pente descendante vers un fossé.

Des calculs de pente doivent être réalisés pour l'espacement et la profondeur des drains. Je vous recommande donc de faire appel à une entreprise spécialisée. Débourser pour des drains agricoles incorrectement installés serait une grave erreur, compte tenu des implications à recreuser dans un jardin où la biologie et la structure du sol ont pris plusieurs saisons à se constituer.

L'accès à l'eau

La production intensive de légumes dépend fortement d'un apport adéquat en eau. Dans le nord-est américain, l'apport en eau de pluie durant la haute saison est imprévisible et souvent insuffisant. Pour réussir son jardin maraîcher, il faut donc pouvoir compter sur un système d'irrigation afin que l'eau soit disponible en permanence pour les besoins de la germination des semis en plein sol et des transplants. L'irrigation est également essentielle pour irriguer les cultures lors des périodes de sécheresse. Un site potentiel devra donc vous assurer un approvisionnement suffisant en eau pour vos opérations.

Un bon puits est peut-être adéquat pour un petit jardin, mais lorsque plus d'un demi-hectare doit être irrigué régulièrement, la présence d'un réservoir d'eau sous la forme d'un étang, d'un lac ou d'une rivière s'avère nécessaire. Si le site que vous considérez possède déjà un étang, vous devrez évaluer sa capacité de recharge et son volume d'eau en fonction de l'estimation de vos besoins d'irrigation. Et comme faire cet exercice n'est pas chose facile, je vous recommande de contacter un fournisseur en équipement d'irrigation et de lui proposer de faire cette analyse en échange de l'achat de votre matériel chez lui.

Si le site ne possède aucun étang ou lac, vous devrez inévitablement faire creuser un réservoir d'eau. Sans être compliqué, un tel projet doit tenir compte de plusieurs considérations. Vous devrez tout d'abord obtenir un permis d'excavation de la part des autorités compétentes. Au Québec, la permission est généralement accordée, à moins que les travaux ne touchent à une source d'eau existante (un ruisseau, par exemple). Si le terrain est loué, je vous recommande par contre d'obtenir une lettre d'attestation des propriétaires vous autorisant à procéder aux travaux. L'excavation générera une grande quantité de terre, et il se peut que le propriétaire n'en ait pas conscience. Ces détails devraient être clarifiés afin qu'il n'y ait aucune ambiguïté entre vous à ce sujet.

Évidemment, il est important de bien planifier les coûts d'une telle entreprise, car ils détermineront la taille du futur réservoir. Les dépenses reliées à l'excavation même sont relativement peu élevées. L'embauche d'un entrepreneur compétent peut s'avérer un choix judicieux, à condition que ce dernier ait de l'expérience dans ce genre de travaux. Je vous recommande de visiter ses derniers chantiers et d'engager celui qui dispose de la plus grande pelle mécanique. Cet entrepreneur vous aidera à évaluer la capacité de rétention du trou et à décider de la marche à suivre dans le cas où les couches du sous-sol seraient trop perméables. Enfin, vous devrez également déterminer ce que vous ferez de la terre d'excavation, car son transport à l'extérieur du site pourrait facilement faire doubler les coûts du projet. Ce surplus de terre offre peut-être l'occasion de corriger certaines imperfections topographiques du site ou d'aménager des plateaux surélevés pour les serres et/ou futurs bâtiments. Si cette terre doit se rendre au jardin, assurez-vous d'exiger que l'opérateur de pelle sépare les couches supérieures durant l'excavation pour n'y apporter que du sol arable. Si les travaux se font au printemps, il se peut que vous deviez attendre plusieurs mois avant de pouvoir étendre la terre qui sera trop mouillée pour la travailler.

Une fois le réservoir d'eau creusé, il ne reste plus qu'à l'aménager avec des plantes aquatiques et, pourquoi pas, un marais filtrant pour transformer le trou d'eau en étang de baignade. C'est un beau projet qui, avec le temps et un aménagement minimal des berges, peut devenir une oasis de biodiversité

> *L'ouvrage de Robert Lapalme* Comment créer un lac ou un étang *est un livre qui peut vous guider dans l'aménagement d'un lac ou d'un étang dit naturel, c'est-à-dire sans toile de fond. Ce guide vous renseignera également sur la façon d'analyser le potentiel de votre terrain.*

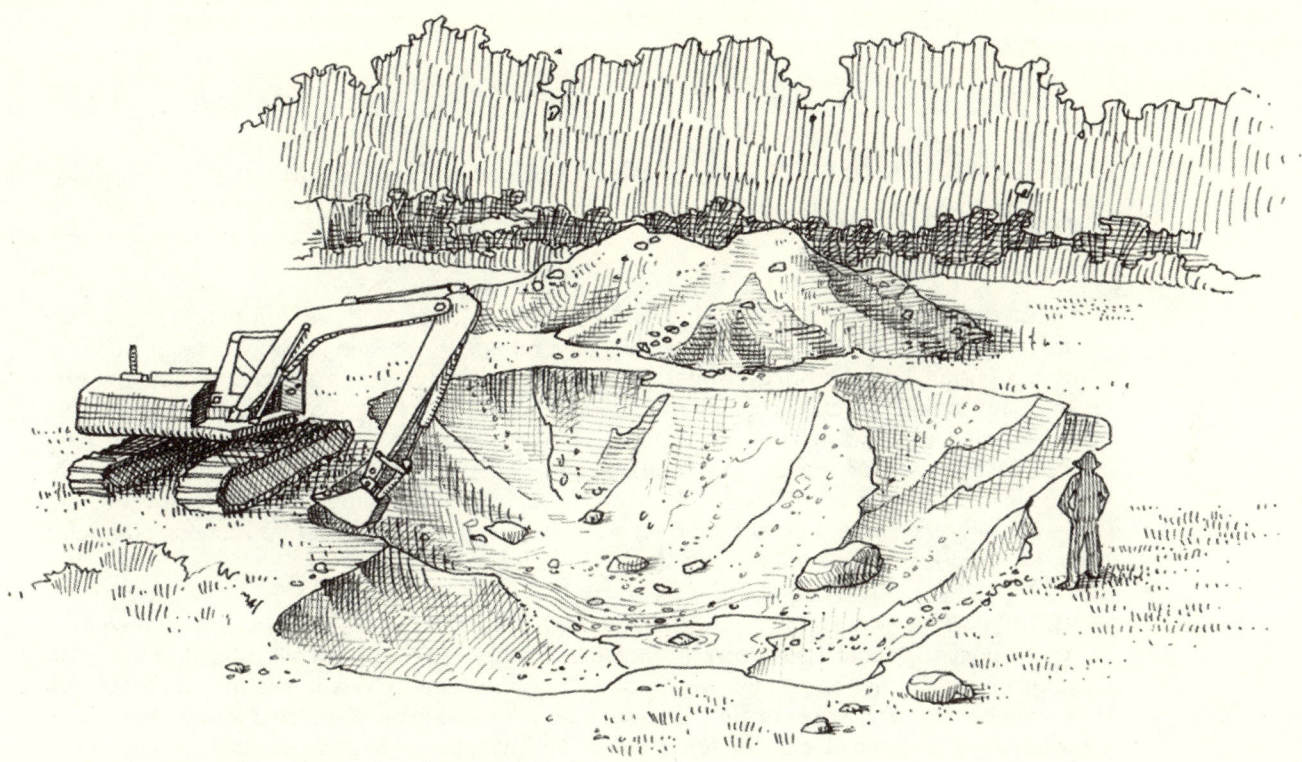

En 2009, nous avons retenu les services d'un excavateur équipé d'une grande pelle mécanique. Les travaux d'excavation de l'étang et d'aménagement des lieux ont nécessité 18 heures de travail à environ 125 $ de l'heure.

appréciée des oiseaux et… du jardinier-maraîcher ! Par temps chaud, il peut être en effet très agréable de s'y rafraîchir en compagnie des libellules et des grenouilles.

Les infrastructures

Mis à part les espaces jardins, le maraîchage sur petite surface nécessite la présence d'un bâtiment servant au conditionnement des légumes et au rangement du matériel. Le bâtiment aura besoin d'électricité, d'eau potable et d'un certain degré d'isolation. Lors de vos recherches pour un site idéal, plusieurs scénarios concernant les infrastructures sont possibles, chacun d'eux impliquant une planification différente. Ces infrastructures pourraient nécessiter des investissements considérables. Ainsi, il faut garder à l'esprit que leur conception aura des répercussions sur les activités quotidiennes pendant des années. Mieux vaut donc planifier ces investissements avec le plus grand soin.

Indépendamment de la présence d'infrastructures, le site potentiel devra être doté d'une voie d'accès carrossable reliant la route et votre salle de conditionnement. Ce chemin devra être accessible à tout moment de la saison, même par grande pluie. S'enliser avant une livraison est hors de question. S'il n'existe aucun chemin carrossable, vous devrez vous informer sur les permis requis, car les normes

Les bâtiments : différents scénarios à considérer

UN BÂTIMENT EST PRÉSENT SUR LE SITE. Un site qui possède déjà un bâtiment agricole approvisionné en eau et en électricité peut s'avérer une très bonne affaire, car cela vous permettra une installation rapide et peu dispendieuse. Les vieilles étables sont souvent des endroits idéaux. Par contre, ce même bâtiment peut s'avérer un handicap lorsque qu'il est mal localisé, c'est-à-dire à un endroit trop éloigné de vos jardins. Au cours d'une journée, d'un mois ou d'une année (sans dire à l'échelle d'une vie !), les déplacements entre la station de lavage et les jardins sont tellement fréquents que cette situation peut contribuer à vous faire perdre un temps énorme. Face à un tel scénario, vous devriez peut-être reconsidérer votre choix, surtout si le bâtiment représente un déboursé important.

AUCUN BÂTIMENT N'EST EN PLACE, MAIS VOUS ÊTES PROPRIÉTAIRE DU SITE. Lorsque le site ne possède aucun bâtiment, mais que c'est un établissement définitif, une stratégie intelligente est d'installer en premier lieu un abri temporaire avant d'éventuellement entreprendre la construction d'une nouvelle bâtisse adaptée à vos besoins. Ce scénario est idéal, car il vous laisse le temps de clarifier vos besoins et de planifier un espace multifonctionnel, c'est-à-dire un seul bâtiment pouvant combler plusieurs besoins : logements temporaires pour les futur.e.s employé.e.s, kiosque de vente, salle de germination, station de lavage, etc. Avant de vous lancer dans un tel projet, vous devriez visiter les installations d'autres maraîchers et vous inspirer de leur ingéniosité. Je vous recommande également de prioriser les aspects pratiques d'une construction avant toute autre considération esthétique ou philosophique. Planifier une structure simple, construite avec des techniques éprouvées et des matériaux localement disponibles est la meilleure façon d'éviter plusieurs surprises désagréables en matière de coûts et de délais.

AUCUN BÂTIMENT N'EST EN PLACE ET LE SITE EST TEMPORAIRE. Si le site ne possède aucune bâtisse et que vous êtes en location, on peut imaginer différents abris temporaires : une simple remise, une tente prospecteur, une yourte ou encore une petite serre recouverte de plastique blanc. Ces solutions sont peu dispendieuses et offrent l'avantage que le matériel peut être déménagé avec vous. Mais s'il n'y a ni électricité ni eau potable pour boire et laver les légumes, vous devriez songer à changer de site. L'eau potable peut toujours être acheminée via une réserve d'eau et différents systèmes de filtration, mais par temps de gel, cette situation demeure peu pratique. Bien que ce genre d'installation soit par nature précaire, surtout en raison de nos étés courts, avec un peu de créativité et l'esprit d'aventure, il est tout à fait possible de bien s'organiser sur un tel site. Nous avons nous-mêmes démarré nos premiers jardins dans un tel contexte.

Nous avons eu la chance (et l'audace) de nous établir sur les lieux d'une ancienne lapinière. Un gros bâtiment comme il en existe des centaines partout sur le territoire agricole du Québec. Une partie du clapier s'est rapidement transformée en entrepôt multifonctionnel et l'autre est devenue notre maison, après deux hivers de rénovations.

municipales pour l'aménagement d'un simple chemin d'accès peuvent se traduire en coûts énormes. Il faut prendre le temps d'analyser ces données avant de considérer un tel site.

Présence de pollueur, absence de polluant

Nous nous imaginons tous cultiver dans un environnement sain. Malheureusement, la pollution agricole est omniprésente dans les campagnes et rien n'interdit l'application de pesticides de synthèse aux limites de vos jardins. La triste histoire des jardins communautaires de Montréal, fermés à cause de la découverte de métaux lourds, doit servir de leçon. Bien qu'un site en campagne n'ait vraisemblablement pas un passé industriel, il existe d'autres sources de contamination possibles. L'utilisation intensive d'arséniate de plomb comme insecticide dans les vergers était une pratique recommandée jusque dans les années 1970. Le site d'un ancien verger peut donc toujours être contaminé par ce produit non biodégradable et cancérigène. Déterminer l'historique d'un site n'est pas chose aisée. En cas de doute, il faut procéder à une analyse des sols afin de détecter la présence de polluants chimiques. Mieux vaut prévenir que guérir.

De plus, il faut savoir qu'une terre cultivée de manière conventionnelle depuis longtemps, particulièrement quand il s'agit de maïs ou de soya, risque d'être épuisée en raison du compactage des sols (sous l'effet des pneus de tracteur), de l'absence de rotation ainsi que de l'usage excessif de fertilisants, de pesticides et d'herbicides de synthèse. Dans ce cas, en plus de récupérer un sol possiblement mal en

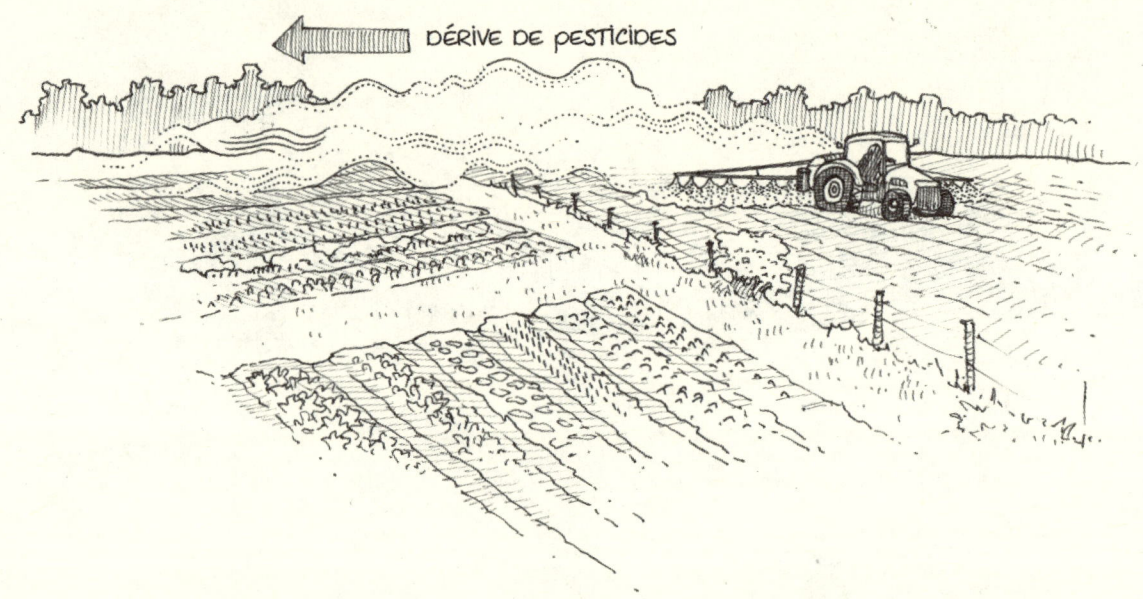

Le glyphosate est particulièrement fatal pour la plupart des légumes. Malheureusement, c'est aussi l'herbicide le plus couramment utilisé dans différentes cultures conventionnelles au Québec.

point, vous devrez prendre en considération le fait que la certification biologique ne vous sera délivrée que trois années après votre établissement.

Si le site que vous convoitez borde une exploitation agricole conventionnelle, il y a lieu d'être inquiet. Dans le sud du Québec, où les exploitations biologiques et conventionnelles cohabitent, les pratiques agricoles conventionnelles (enrobage ou modification génétique des semences afin d'inclure des fongicides, fertilisation chimique ou désherbage au glyphosate) pourraient représenter un danger pour l'eau et l'air des fermes environnantes. Mais pire encore, aucune réglementation n'interdit l'épandage de ces produits chimiques de synthèse près des fermes ou des jardins biologiques. La destruction malencontreuse d'une récolte par la dérive d'un herbicide ou d'un pesticide provenant d'une exploitation voisine pourrait s'avérer catastrophique pour la réputation de n'importe quel agriculteur biologique.

Si le site convoité est adjacent à des terres cultivées conventionnellement, il serait donc sage que vous preniez certaines précautions. La certification biologique exigera d'ailleurs une zone tampon de 8 mètres entre vos jardins et le champ voisin ou encore l'aménagement d'un brise-vent séparateur. Face à un tel scénario, je vous recommande de rencontrer l'agriculteur voisin afin de lui annoncer votre intention de cultiver biologiquement. Lui expliquer votre insécurité face à des problèmes de dérive sur vos jardins (en étant respectueux et courtois) pourrait faire en sorte que ce dernier prenne plus de précautions au moment de ses arrosages. Dans le meilleur des mondes, une entente pourrait être négociée pour qu'il respecte lui aussi une zone tampon, moyennant rémunération de votre part. Cette solution pourrait être très souhaitable, surtout si votre espace de jardin est restreint.

Établir ses jardins

> *Il y a des règles sur le placement, d'autres sur l'orientation, d'autres sur les interactions... Il y a tout un ensemble de principes qui régissent le pourquoi et le comment nous plaçons ainsi les éléments ensemble, et pourquoi ça marche.*
>
> – Bill Mollison, *Introduction à la permaculture,* 1991

L'AMÉNAGEMENT DE SON SITE est l'occasion d'organiser les différents espaces d'un jardin maraîcher afin de favoriser un travail efficace dans chacune de ses opérations quotidiennes. Mais pour y parvenir, il faut d'abord avoir une vue d'ensemble de tous les éléments immobiliers (entrepôt, réserves d'eau, serres, etc.) formant un jardin maraîcher et réaliser un bon plan d'aménagement, bien mûri.

L'organisation des lieux de travail

Les travaux aux champs impliquent un va-et-vient constant entre les différentes infrastructures et les jardins. Faire un pipi, oublier un outil ou aller chercher un bac de récoltes manquant est une situation très fréquente au cours d'une même journée. Si chacun de ces déplacements représente une pause de travail, disons de 15 minutes, imaginez le temps perdu à la fin d'une journée, d'une semaine, d'une saison... Pour cette raison, il est important de bien planifier la circulation sur le site et de localiser les endroits les plus fréquentés quotidiennement (la station de lavage, la chambre froide, le hangar à outils et les toilettes) le plus près possible des jardins. Idéalement, tous ces lieux devraient être regroupés sous le toit d'un même bâtiment qui, lui, serait localisé au centre de vos jardins. Bien qu'un tel aménagement des parcelles ne soit pas toujours possible, il faut tout de même veiller à ne pas trop s'en éloigner.

Une fois l'emplacement de l'infrastructure déterminé, l'étape suivante consiste à en planifier les espaces intérieurs. Une attention particulière doit être accordée au lieu de manutention, car laver, manipuler et entreposer les légumes représente une partie importante du travail. Que cet endroit soit à l'intérieur d'un bâtiment ou sous un appentis à aire ouverte, vous devriez l'aménager de façon à ce qu'il soit plaisant et fonctionnel. Je vous recommande fortement de visiter d'autres fermes maraîchères, indépendamment de la taille et du type de production, afin d'étudier de quelle manière les lieux de travail ont été organisés. C'est une excellente manière de puiser des idées sur la meilleure façon d'aménager votre espace de travail. En règle générale, une bonne installation n'est pas tributaire de la taille de l'exploitation ; elle est efficace à petite ou à grande échelle.

La standardisation des espaces de cultures

Afin de simplifier la gestion de leurs nombreuses cultures, la plupart des maraîchers expérimentés vont segmenter leurs champs en plusieurs parcelles

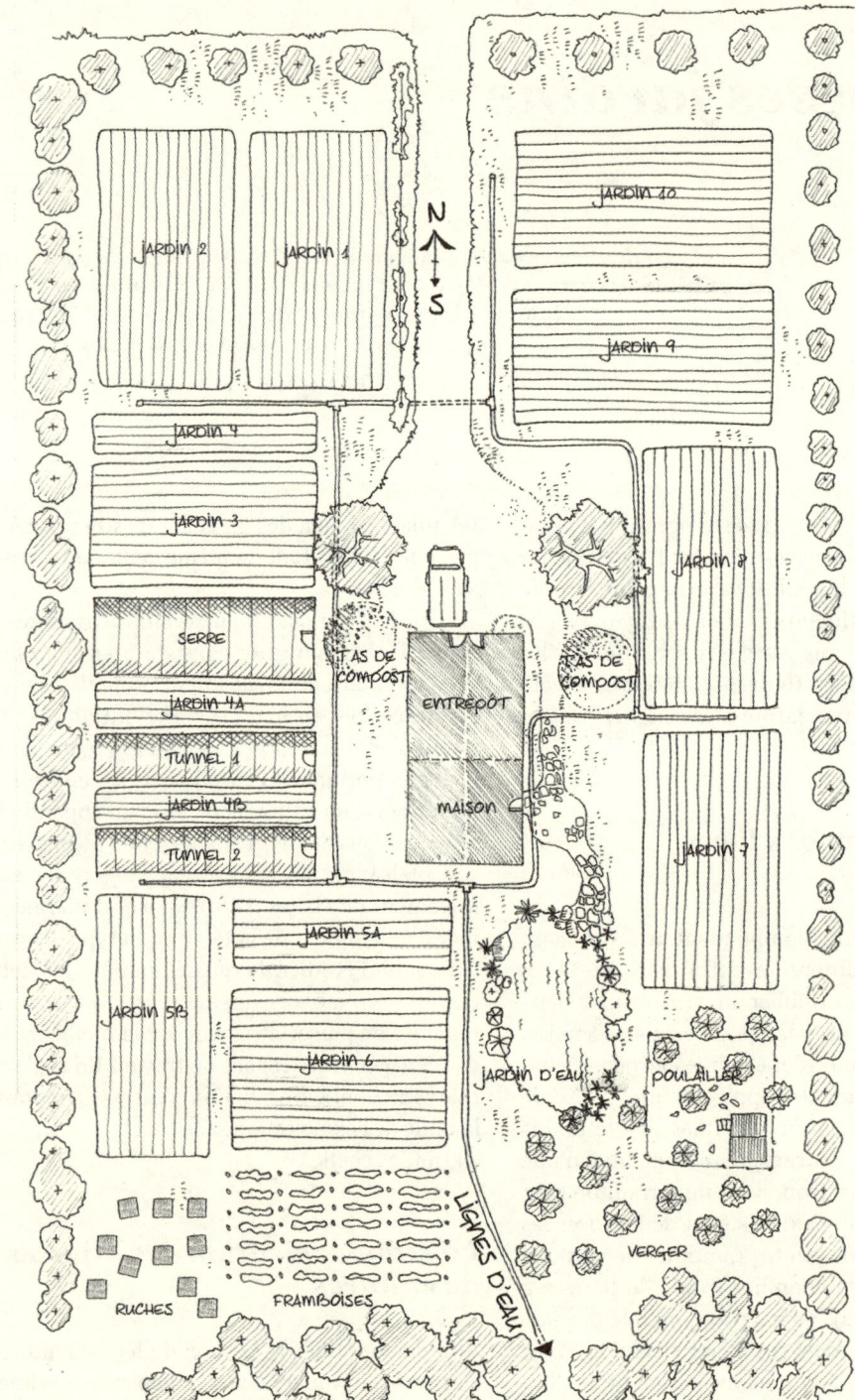

Sur notre site, les parcelles sont presque toutes équidistantes d'un bâtiment multifonctionnel qui abrite les principaux lieux de travail intérieur. Cet aménagement diminue la perte de productivité due à la circulation.

L'entrepôt : quelques conseils pour l'aménagement d'une station de lavage

🐞 Une station de lavage simple et économique consiste à installer deux baignoires côte à côte, chacune d'elle munie d'un pistolet d'arrosage de jardin. Il faut prévoir une bonne pression d'eau et un drainage (évacuation) adéquat afin de permettre l'utilisation simultanée des deux baignoires. La hauteur standard d'une surface de travail est d'environ 90 cm (36 po), mais il vaut mieux installer les deux baignoires à des hauteurs différentes de façon à accommoder les ouvriers de différentes tailles. Si votre station de lavage est à l'intérieur, il faut prévoir les dégâts d'eau en recouvrant les murs d'un matériel imperméable non propice aux moisissures. L'eau de lavage doit être potable et l'évacuation de celle-ci devrait se faire de manière écologique.

🐞 Planifiez un espace de manutention suffisamment grand pour y inclure une grande table servant à l'ensachage des légumes, un endroit permettant de travailler avec les balances à peser et possiblement un autre pour l'assemblage de vos paniers et de vos livraisons. Une bonne étagère pour entreposer vos sacs, rubans élastiques, matériel de marché, etc., est également à prévoir. Des tables amovibles sont aussi fort utiles pour déplacer les travaux de manutention à l'extérieur par beau temps.

🐞 Prévoyez un lavabo pour le nettoyage des mains. Les normes de salubrité du ministère de l'Agriculture du Québec prescrivent la présence d'eau chaude.

🐞 Prévoyez un éclairage suffisant ainsi que des fenêtres pour éviter d'en faire un endroit sombre et fermé. Le plancher devrait être lisse, hydrofuge et facilement nettoyable. L'idéal est une dalle de ciment nivelée à un drain d'évacuation.

🐞 Prévoyez l'achat de caisses de récolte qui s'empilent et s'emboîtent facilement pour diminuer leur espace de rangement.

🐞 Voyez à ce que le chargement du camion puisse se faire sans soulever les caisses de légumes. Un quai de chargement à la hauteur de la boîte du camion est une option, construire une rampe de chargement portative en est une autre. Dans tous les cas, vous devriez fonctionner avec un diable et des caisses qui se superposent facilement.

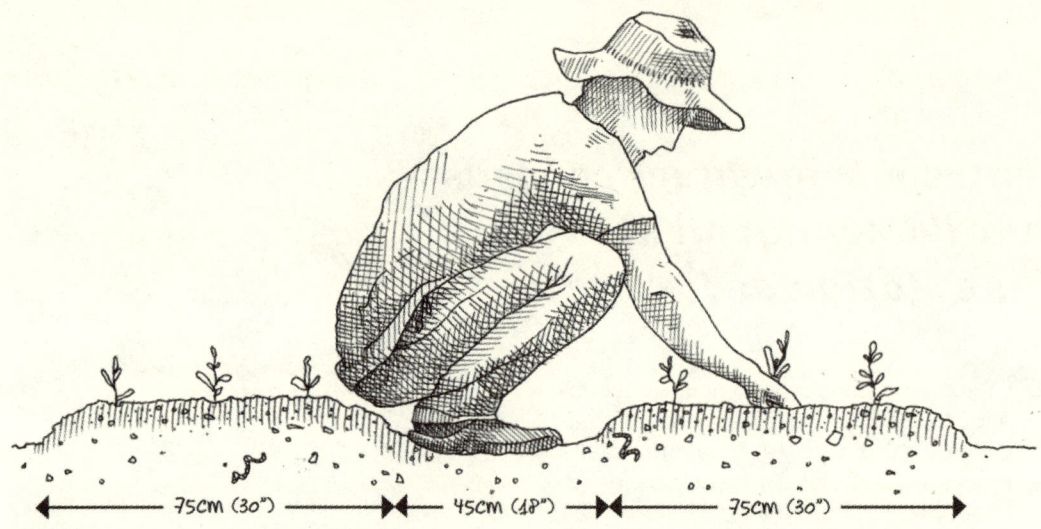

Les allées de nos jardins laissent suffisamment d'espace pour le passage des brouettes et pour ne pas endommager la culture voisine lorsque nous sommes accroupis. L'orientation des planches est ajustée en fonction des pentes naturelles de notre site afin de favoriser le drainage de surface.

de même dimension. Cette subdivision facilite différents aspects de la gestion des cultures comme l'achat de semences, le dosage des amendements, le calcul de production et de rendements ainsi que la rotation des cultures. Bref, une grosse partie de la planification.

Heureusement pour nous, avant de nous établir de façon définitive à Saint-Armand, nous avions été initiés à l'importance de standardiser les espaces de culture et nous avons organisé notre site en conséquence. Dans nos jardins, toutes les planches ont une largeur de 120 centimètres (environ 48 pouces) centre à centre, sauf celles dans notre serre à tomates. Les plates-bandes ont une largeur de 75 centimètres (environ 30 pouces) et les allées pour circuler, une largeur de 45 centimètres (environ 18 pouces). Cet aménagement nous permet d'enjamber aisément une planche sans la piétiner, tout en assurant le passage aisé des brouettes. De plus en plus de jardiniers-maraîchers utilisent des plates-bandes d'une largeur de 75 centimètres, de sorte qu'aujourd'hui plusieurs outils et équipements sont standardisés à cette largeur. Si vous envisagez de cultiver sans tracteur, ce sont les dimensions que vous devriez adopter.

Quant à la longueur de nos planches, elles font toutes 30 mètres (environ 100 pieds). Cette mesure est adaptée à notre échelle de production et n'est pas un standard. Dans un autre jardin maraîcher, les planches pourraient être de 10, 15 mètres ou de n'importe quelle autre longueur. L'idée à retenir est qu'elles devraient toutes être de la même dimension afin de permettre l'uniformisation des bâches, lignes d'irrigation, couvertures flottantes et autres outils d'équipement. Le matériel est alors polyvalent et, de ce fait, nécessaire en moins grande quantité. Quiconque a déjà passé du temps à chercher une couverture flottante de la bonne dimension peut facilement comprendre à quel point cette stratégie est pertinente. Dans notre planification annuelle, cette uniformisation des longueurs nous aura également permis d'utiliser la planche comme unité de mesure, en remplacement des traditionnels rendements à l'hectare qui ne tenaient pas compte de nos espacements intensifs. Ainsi, nous pouvons calculer les doses d'amendements fertilisants à apporter aux jardins non pas en termes de tonne/hectare, mais plutôt de brouette/planche.

Finalement, nous avons regroupé nos planches en parcelles de même dimension que nous appelons indifféremment « jardin » ou « parcelle ». Ainsi, nos jardins sont divisés en 10 parcelles de 20 mètres X 34 mètres pour former des jardins de 16 planches regroupées par légumes de même famille ou besoins similaires de fertilisation (*voir le chapitre 6 sur la fertilisation organique*). La longueur d'un jardin est égale à celle de nos planches (30 mètres), additionnée d'un espace d'allée de 2 mètres à chaque extrémité pour laisser de la place au passage du chariot de récolte. Un total, donc, de 34 mètres. Encore une fois, cette subdivision est ajustée à nos besoins et pourrait différer d'un jardin maraîcher à l'autre. Tout compte fait, c'est leur uniformité qui rend le modèle si intéressant.

La localisation des serres et des tunnels

Dans un jardin maraîcher, l'utilisation de tunnels et d'au moins une serre est indispensable pour prolonger sa saison de production. Nous différencions les tunnels des serres par le fait que ceux-ci ne sont habituellement pas chauffés (ou chauffés minimalement), n'ont qu'un plastique et ne nécessitent pas d'entrée électrique. La serre sera utilisée comme pépinière au printemps tandis que les tunnels serviront à prolonger les saisons. Au cours de l'été, les deux sont utilisés pour abriter et favoriser des cultures de chaleur payantes comme la tomate, les poivrons et les concombres. L'emplacement des serres et des tunnels devrait être déterminé en tenant compte des considérations suivantes.

Comme ils doivent être visités plusieurs fois par jour au printemps et à l'automne pour contrôler la ventilation, il vaut mieux implanter les serres et les tunnels près des autres installations régulièrement fréquentées. Dans le cas d'une serre chauffée, il faut aussi prévoir un accès carrossable pour l'alimentation en carburant.

Une orientation nord-sud est plus avantageuse du point de vue de la répartition de la lumière durant la saison de production. Par contre, une orientation est-ouest permet de capter un maximum de rayonnement solaire durant les mois de septembre à mars, alors que le soleil est plus bas. Dans une optique de prolongement de la saison avec des tunnels, c'est l'orientation idéale.

Lorsque plusieurs structures sont érigées parallèlement, il faut éviter qu'une structure ne crée de l'ombre sur une autre durant les journées plus courtes. Pour éliminer ce problème, il faut prévoir un espacement égal à la largeur de la structure entre les deux. Cet espacement est aussi nécessaire pour accueillir la neige soufflée lors du déneigement des serres et des tunnels.

La protection contre les chevreuils

La présence de chevreuils (cerfs de Virginie) dans l'entourage d'un jardin doit être considérée comme une menace importante. Ces derniers peuvent manger l'équivalent de plusieurs milliers de dollars en une seule nuit et mettre en péril une partie de votre production. Si les chevreuils (ou d'autres ravageurs du genre) représentent une menace dans votre région, la meilleure manière de s'en protéger est encore d'encercler ses jardins d'une clôture métallique de 2 mètres de hauteur. C'est une solution durable qui a fait ses preuves, mais qui est aussi dispendieuse.

Dans un contexte de démarrage ou de location de terrain, une clôture électrique est une meilleure option. À la fois mobile et non permanente, cette solution est aussi plus économique. Différents maraîchers m'ont également vanté les mérites d'un treillis en polypropylène conçu expressément pour contrôler les chevreuils. D'après ce que j'en sais, cette clôture résiste aux rayons ultraviolets et est facile à installer (et à déplacer, au besoin) compte tenu de sa légèreté. Je me questionne par contre sur la durabilité d'un tel produit en ce qui a trait aux accumulations de neige. C'est à étudier.

Finalement, il existe une autre solution qui ne nous a jamais fait défaut : notre bon chien de ferme. Comme il n'est pas attaché et dort à l'extérieur, il garde les chevreuils à distance de nos jardins – même s'il n'est pas rare d'en apercevoir jusqu'à une vingtaine dans le champ voisin. Bien entendu, les aboiements nocturnes nous causent par moments un désagrément, mais c'est une solution qui nous procure un formidable compagnon et nécessite un investissement minime : une niche et de la moulée.

L'implantation d'un brise-vent

L'un des facteurs climatiques pouvant influencer de manière très négative le rendement des cultures est la présence d'un vent qui souffle sans cesse sur les jardins. Tout en causant un stress direct à la plante, la présence d'un tel vent contribue à réduire la température et le bilan hydrique du sol. Étant donné que les vents dominants proviennent presque toujours d'une même direction, il faut voir à réduire ces impacts négatifs en planifiant l'implantation d'un brise-vent sur son site.

Un brise-vent peut être de type végétal (haie, arbustes et arbres) ou artificiel (palissade, filet synthétique). Les brise-vent synthétiques ont l'avantage de pouvoir être érigés rapidement sans occuper beaucoup d'espace. En contrepartie, ils ne font que 2 mètres de hauteur et doivent souvent être remplacés après quelques saisons d'utilisation. Les brise-vent naturels sont beaucoup plus longs à implanter, mais ont l'avantage d'être plus esthétiques, économiques et surtout plus hauts. Ils permettent également d'augmenter considérablement la biodiversité d'un site. Le choix de différentes essences d'arbres et arbustes appréciées des oiseaux

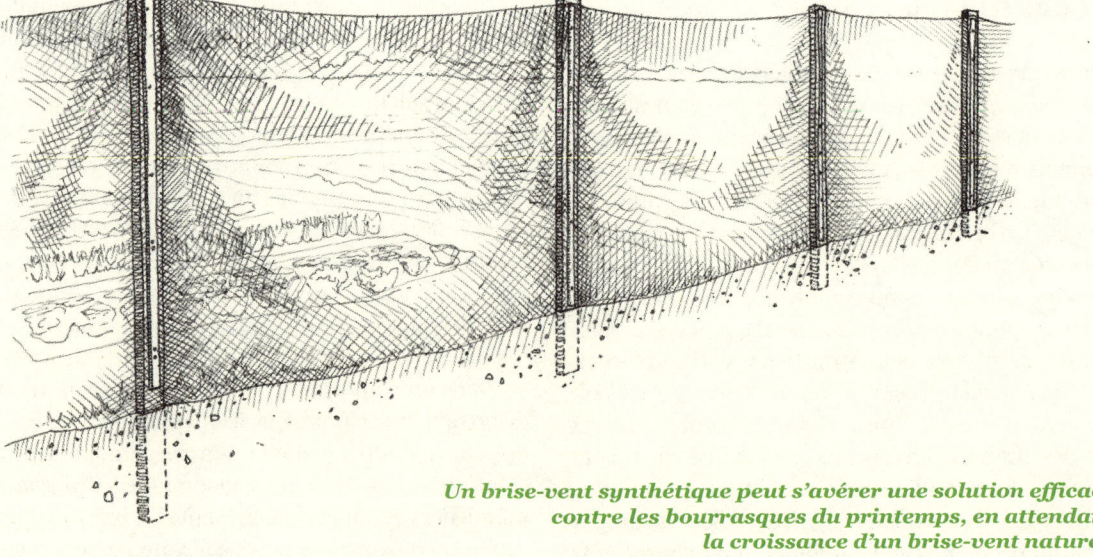

Un brise-vent synthétique peut s'avérer une solution efficace contre les bourrasques du printemps, en attendant la croissance d'un brise-vent naturel.

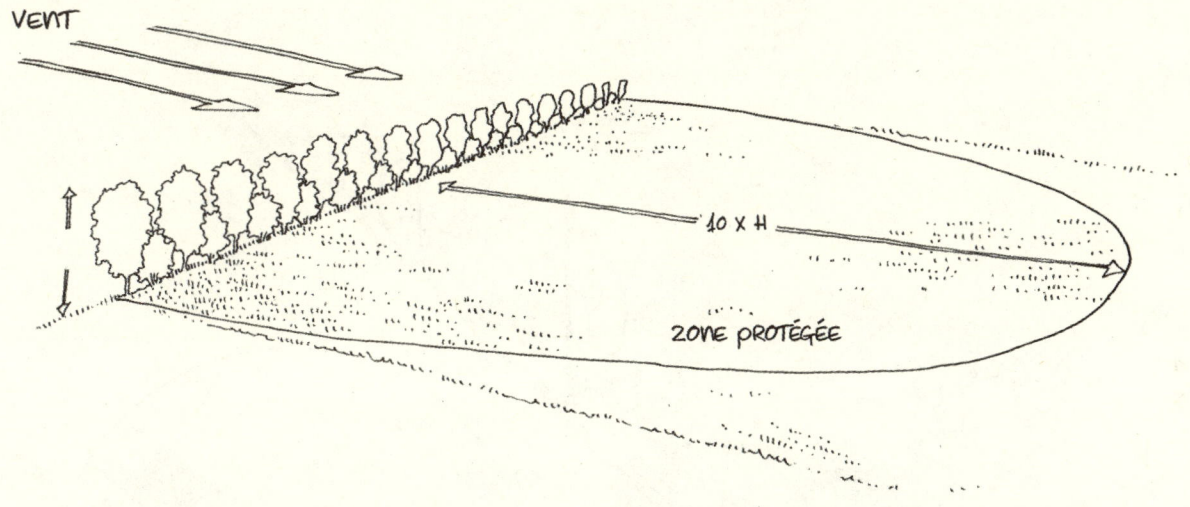

Un brise-vent peut freiner la vitesse du vent sur une distance équivalant à 10 fois sa hauteur environ, créant ainsi une zone protégée aux conditions climatiques améliorées.

insectivores peut permettre de réduire le nombre d'insectes ravageurs, tout comme une végétalisation sélective des bordures du brise-vent peut attirer certains insectes bénéfiques. Bien que difficile à mesurer, la présence d'un tel aménagement est assurément favorable à l'équilibre écologique d'un jardin maraîcher.

Choisir entre un brise-vent naturel ou artificiel peut s'avérer difficile. L'idéal est peut-être d'implanter les deux solutions côte à côte afin de bénéficier de leurs avantages respectifs. Sur un site venteux, le rendement optimal des cultures peut rapidement rentabiliser un tel investissement.

L'irrigation du site

Pour les besoins d'un jardin maraîcher, un système d'irrigation est incontournable. Comme les pluies sont inconstantes, le calendrier des semis peu flexible et la production calculée de façon très précise, on ne peut pas se permettre d'obtenir une mauvaise germination ou une baisse de rendement en raison d'un manque d'eau. L'irrigation est surtout utilisée pour assurer la poussée uniforme des semis en plein sol et, après la transplantation, lorsque les plantules sont fragiles et susceptibles de faner rapidement. L'irrigation peut servir pour les cultures qui nécessitent un apport constant en eau, mais aussi, évidemment, lors des sécheresses. Un bon système d'irrigation devrait être flexible et adapté à vos besoins.

À notre ferme, nous avons décidé d'utiliser un système par aspersion pour l'irrigation des jardins. Le goutte-à-goutte constitue une autre option. Il utilise l'eau de manière très efficace, car cette dernière est dirigée lentement et directement à la base de la racine de la plante. Par contre, nous sommes d'avis que cette méthode exige beaucoup de travail étant donné qu'il faut retirer les tuyaux avant chaque binage, ce qui constitue un inconvénient majeur. Nous limitons donc l'utilisation du goutte-à-goutte à la serre, aux tunnels et aux cultures sous paillis de plastique, où l'eau est nécessaire.

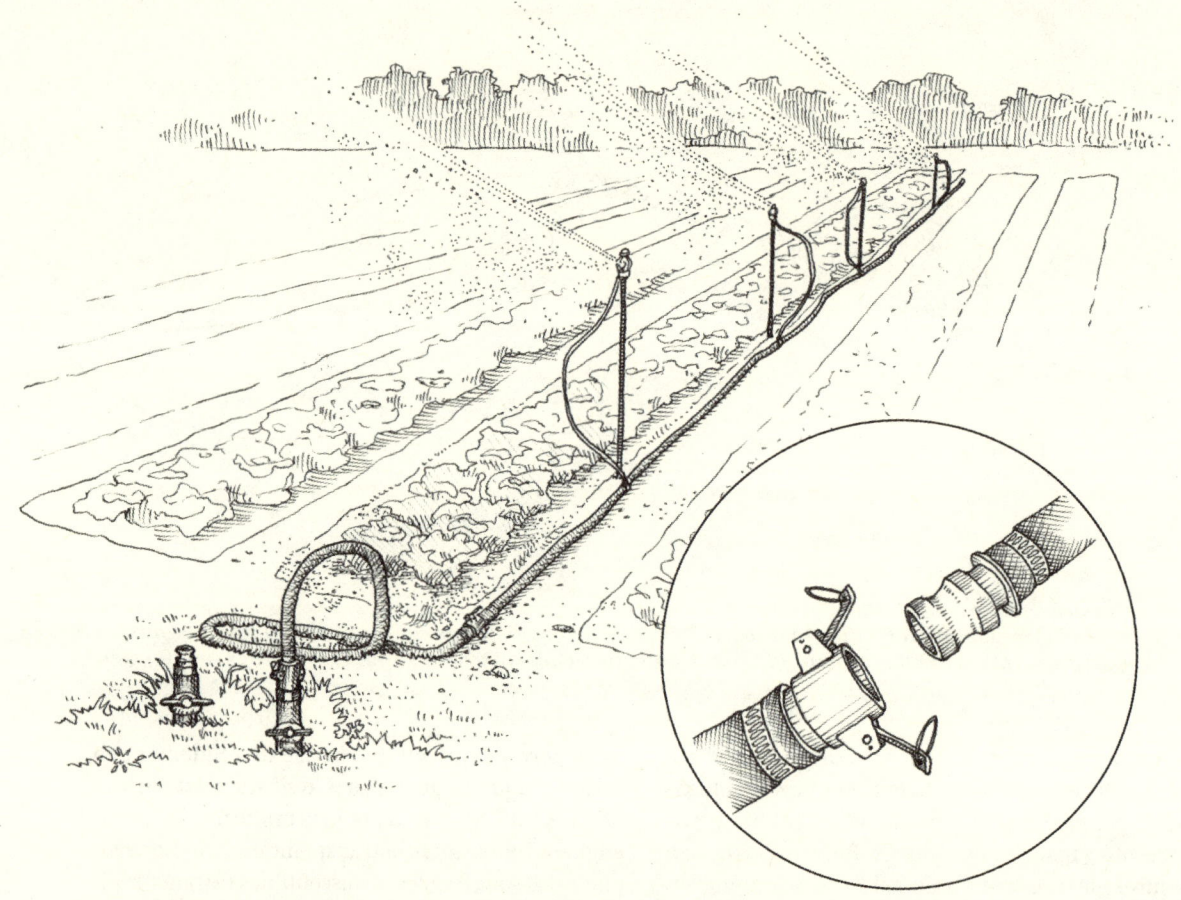

Un tuyau flexible et des raccords « Camlock » nous permettent de déplacer une ligne d'irrigation dans n'importe quelle allée de nos jardins. Le déplacement et l'installation d'une de ces lignes d'eau prennent, à deux personnes, moins de 10 minutes.

Nous avons ensuite fait des recherches pour trouver des gicleurs pouvant asperger des bandes étroites, car nos besoins sont souvent très précis, et nous avons opté pour une gamme de gicleurs à faible débit qui présentent l'avantage de ne nécessiter qu'une faible pression de pompe (environ 35 livres par pouce carré (psi)). Ces mini-gicleurs sont légers et leur buse en plastique est fixée sur une tige en acier inoxydable raccordée à un tuyau de polyéthylène (corlon). Un couplage rapide permet de les unir, de sorte qu'une ligne d'eau se démonte et s'installe rapidement lorsque nous la déplaçons d'un jardin à l'autre. Notre système a été conçu pour arroser une parcelle (16 planches de 30 mètres) avec deux lignes, chacune équipée de quatre gicleurs espacés aux 6 mètres. Les buses de nos gicleurs sont réglées de manière à asperger un rayon d'environ 10 mètres, ce qui nous permet d'irriguer huit planches à la fois.

Notre eau d'irrigation est tirée d'un étang et est acheminée dans une ligne d'eau principale de 5 centimètres de diamètre qui fait le tour de nos 10 jardins, lesquels ont deux clapets à bille pouvant alimenter des lignes de gicleurs. Tous nos raccords sont de type « Camlock » (semblables à ceux qu'utilisent les pompiers), ce qui nous permet de les connecter ou de les déconnecter rapidement. Afin de faciliter le déplacement de toutes nos lignes d'eau, nous avons installé un raccord identique à chacune de leurs extrémités. Un capuchon amovible nous permet donc de les déplacer sans avoir à les orienter dans un sens spécifique.

Avec l'aide d'un technicien, nous avons dimensionné la grosseur de la pompe et des tuyaux d'alimentation de façon à pouvoir arroser simultanément trois parcelles (six lignes d'eau). Comme chacune des six lignes d'eau comporte quatre gicleurs, nous nous en sommes procuré 24. En cas de sécheresse, tous nos jardins peuvent être irrigués dans un délai de deux jours. Nous nous sommes aussi munis de deux autres lignes d'eau équipées de gicleurs encore plus petits et pouvant asperger un rayon de quatre planches ou moins (5 mètres). Une de ces lignes (30 mètres) comprend 24 mini-gicleurs qui distribuent une grande quantité d'eau de façon uniforme en peu de temps. Pour réussir à conserver la surface d'une planche humide durant une journée ensoleillée, ces mini-gicleurs sont utilisés trois ou quatre fois par jour à raison de 10 minutes par arrosage.

En ce qui concerne l'alimentation en eau, il est bon de savoir qu'une pompe est conçue pour pousser et non tirer l'eau. Il est donc avantageux de l'installer le plus près possible de la réserve d'eau. Dans nos jardins, afin d'éviter d'avoir à nous rendre continuellement à la réserve d'eau pour déclencher le système d'irrigation, nous avons opté pour une pompe électrique au lieu d'une pompe à essence, malgré les coûts considérables qu'implique l'acheminement du courant électrique sur une longue distance. Un interrupteur localisé dans le hangar à outils nous permet donc d'irriguer fréquemment nos jardins sans perdre de temps. J'insiste sur l'importance d'équiper la pompe d'un filtre à sédiment. Cela vous évitera de voir les buses de vos gicleurs

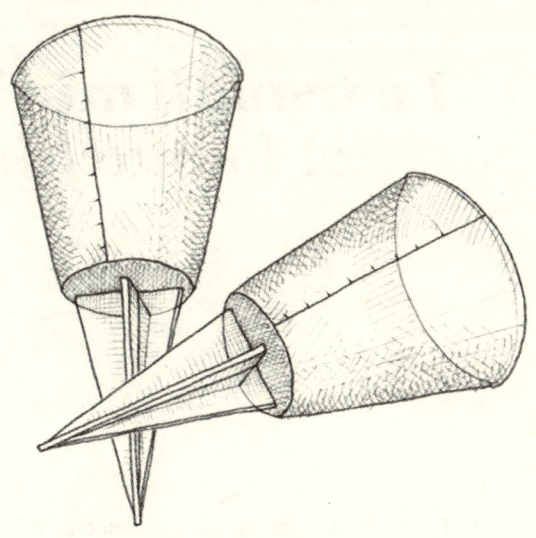

La plupart des cultures nécessitent environ 30 millimètres d'eau par semaine en moyenne. Les pluviomètres sont utiles pour évaluer la pluie tombée, mais aussi pour mesurer l'uniformité et le temps d'aspersion requis pour un arrosage complet.

bouchées par de petits débris, ce qui risquerait d'interrompre leur fonctionnement. Cela se produit généralement lorsque vous êtes persuadé que tout est en ordre et que vous irriguez de longues heures sans prêter attention… Il importe également de munir votre pompe d'une valve de rejet facile d'accès. Elle sera utile lorsque vous n'arroserez qu'avec seulement quelques lignes d'eau, le goutte-à-goutte ou un simple tuyau d'arrosage connecté au système : la valve empêchera alors la ligne principale d'exploser sous l'effet d'un surplus de pression.

Le travail minime du sol et la machinerie alternative

La terre, la bonne terre québécoise renferme en ses flancs des trésors de fertilité. Elle ne demande qu'à produire de belles et bonnes récoltes, mais encore faut-il que le cultivateur sache bien la traiter pour en obtenir tout ce qu'elle est susceptible de donner.

– Adélard Godbout, ministre de l'Agriculture du Québec, *Les champs*, 1933

LORSQUE NOUS AVONS DÉMARRÉ notre jardin maraîcher, le seul outil que nous avions était un rotoculteur, et qu'est-ce que nous l'avons utilisé ! À l'époque, ça nous paraissait la meilleure invention de tous les temps. Quelques passages permettaient d'éliminer les mauvaises herbes et les débris de culture, tout en préparant un lit de semence bien ameubli. Travaillé ainsi, le sol était tellement léger qu'on pouvait y enfoncer la main en entier. Toutefois, au fur et à mesure que nous gagnions en expérience et que nous en apprenions plus sur la biologie du sol, nous avons réalisé quelque chose au sujet du rotoculteur. Ce dernier était fort utile pour nous aider à préparer rapidement les planches, mais il n'aidait en rien à améliorer la santé du sol. À première vue, l'outil *semblait* faire tout ce qu'il fallait – décompacter le sol et améliorer le drainage –, mais en réalité, c'était le contraire. Au lieu de construire le sol, nous le détruisions lentement, mais sûrement.

Comme nous avions établi notre jardin maraîcher sur un terrain loué, nous ne nous en sommes pas préoccupés outre mesure. Nous étions davantage intéressés par son aspect pratique à court terme que par sa santé à long terme. Mais quand nous nous sommes installés de manière permanente, il est devenu évident que nous devions approfondir notre connaissance de la structure du sol et repenser nos méthodes de travail. C'est Eliot Coleman qui, le premier, nous a indiqué la bonne direction. Dans son livre *The New Organic Grower*, un de nos livres cultes à l'époque, Coleman décrit différentes techniques de travail du sol, mais il soulève également l'idée que la meilleure manière de cultiver serait peut-être de réduire le travail du sol au minimum, voire de l'éliminer complètement. Il fait toutefois valoir que le principal obstacle consisterait à préparer le sol aussi efficacement que le font les agriculteurs conventionnels. Nous comprenions ce qu'il voulait dire, car la culture intensive des légumes est très exigeante en termes de préparation du sol. La matière organique doit être incorporée pour maintenir sa fertilité, les lits de semence doivent être préparés afin de favoriser la germination, la terre doit être ameublie et aérée afin d'acclimater les jeunes plants et les résidus de culture doivent être éliminés avant de préparer un nouveau semis. Bref, il faut brasser beaucoup de terre.

Aux Jardins de la Grelinette, nous avons adhéré depuis le début à une philosophie de travail minime du sol, dans le but de remplacer le traditionnel labour mécanique par un labour biologique. Selon cette approche, les vers de terre jouent un rôle de premier plan pour la santé du sol – leurs tunnels l'aèrent et le drainent, alors que leurs excréments en lient les particules – et c'est pourquoi nous souhaitons les voir proliférer. Nous sommes également d'avis que les microbes, les champignons et les autres

Le chiendent est une mauvaise herbe redoutable qu'il faut impérativement éliminer d'un site avant d'y établir ses jardins. Un document sur les techniques à utiliser pour y arriver se trouve en bibliographie.

organismes, à condition que nous ne venions pas interrompre leur travail en inversant le sol, peuvent effectuer une bonne partie du travail nécessaire au maintien d'un sol meuble et fertile. Bien que cela puisse sembler parfait en soi, il nous est tout de même nécessaire de travailler la terre mécaniquement afin de préparer les planches pour la transplantation et les semis directs. Il nous a fallu de nombreuses années avant de trouver les outils appropriés et les techniques permettant de le faire efficacement sans endommager la structure du sol et les organismes qui y vivent.

Après plusieurs saisons passées à faire différentes expérimentations, nous utilisons maintenant une méthode qui est biologique, pratique et adaptée à la production commerciale. En milieu d'été, la préparation d'une planche ressemble à ceci :

- Les engrais verts* et les résidus de culture sont broyés à l'aide d'une tondeuse à fléau. Une bâche noire est ensuite déposée sur la planche pour une période de deux à trois semaines. Le résultat est l'étouffement et l'assainissement des vieilles cultures.
- Une grelinette est ensuite passée pour assurer une aération du sol en profondeur et faciliter l'enracinement des légumes qui en bénéficient.
- Les amendements sont ensuite épandus sur la planche, puis incorporés à l'aide d'une herse rotative réglée à une profondeur de 5 centimètres. La herse rotative est munie à l'arrière d'un rouleau qui plombe et égalise la surface de planche.
- Un coup de râteau vient finalement enlever tous les débris et cailloux sur la planche, qui est alors prête à accueillir un semis.

Le temps requis à la préparation d'une planche, en ne comptant pas celui passé sous la bâche, est d'environ 15 minutes. Pour optimiser ce temps de préparation, tous les outils que nous utilisons sont standardisés pour travailler une surface d'une largeur de 75 centimètres et accomplir le travail en un seul passage. Voici avec plus de détails les différents éléments de notre système.

Le travail en planches permanentes

Les planches permanentes constituent le fondement de notre système cultural intensif. Elles permettent une organisation optimale de l'espace et du travail et fournissent un environnement idéal pour la croissance des plantes. Le fait qu'elles soient permanentes est déterminant, car c'est ce qui permet de bâtir et d'entretenir le sol de la meilleure manière possible. Après plusieurs années passées à suivre cette méthode, j'ai peine à imaginer qu'on puisse cultiver des légumes autrement...

Voici une liste des avantages inhérents à la culture sur planches buttées :

Un meilleur égouttement du sol. Surélever les lits de semence au-dessus du niveau du sol permet à l'eau de pluie d'être évacuée hors de la zone cultivée et garde l'humidité près des racines, là où elle est nécessaire. Dans notre climat nordique, cet aspect est crucial.

Un réchauffement hâtif au printemps. Comme les planches sont surélevées à quelques centimètres du sol, elles captent davantage les rayons du soleil au début du printemps. Plus tôt le sol sèche et se réchauffe, plus tôt il est possible de semer et de transplanter. De plus, les plantes y pousseront plus rapidement.

Pas de compactage du sol. Nous ne circulons pas sur les planches pendant la saison de croissance et c'est a fortiori vrai pour la machinerie lourde. Dans ce système, seules les allées sont piétinées. En évitant le compactage, on garde le sol meuble, ce qui permet aux racines des légumes de descendre en profondeur.

* Si l'engrais vert est dense, il nous arrive de l'intégrer partiellement au sol par un passage rapide du rotoculteur ou de la herse rotative (à une profondeur de 8 à 12 cm) avant de le recouvrir d'une bâche noire. Cela facilite sa décomposition.

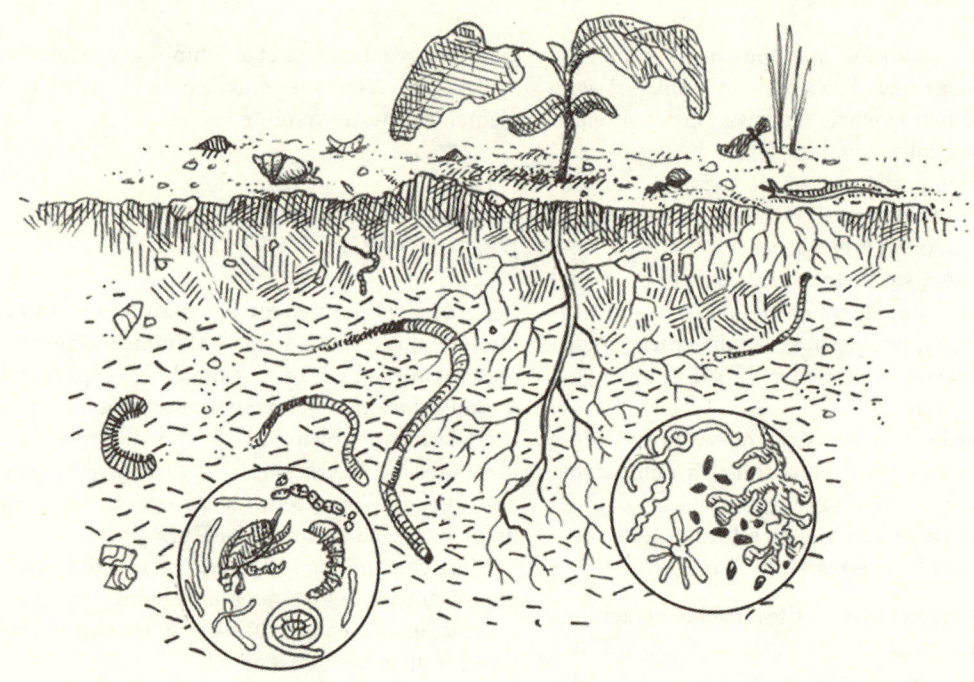

Dans des conditions favorables, les organismes du sol effectuent une bonne partie des travaux nécessaires à son ameublissement et à sa fertilité.

De meilleures récoltes. Contrairement aux rangs simples séparés par des allées, dans un système de planches permanentes, les plantes sont espacées uniformément à la surface d'un large lit de semence, permettant ainsi une densité plus élevée. En d'autres termes, un espace de production accru par mètre carré.

Bâtir le sol. Utiliser le même système de planches et d'allées année après année permet de concentrer les amendements organiques là où ils sont nécessaires : sur les planches. Compte tenu des grandes quantités de fertilisants et de compost requises dans un système intensif, c'est la manière la plus économique de construire un sol.

Pas besoin de tracteur. En adoptant le système de planches permanentes, on s'évite d'avoir à refaçonner de nouvelles planches chaque année. C'est la meilleure manière de cultiver sans tracteur. Pour travailler et façonner de grandes surfaces chaque année, il est indispensable de disposer d'un tracteur si on veut travailler efficacement.

Pour toutes ces raisons, j'encourage les producteurs débutants à adopter le système de planches permanentes au moment de planifier l'organisation de leur jardin maraîcher. Cela étant dit, l'adoption de planches permanentes requiert une bonne dose de préparation. Les imperfections topographiques devront être au préalable corrigées et un système de drainage souterrain devra au besoin être implanté. Lorsqu'un site vacant est repris en charge, qu'il soit en prairie ou en friche, il est presque inévitable de contracter à forfait la machinerie nécessaire (charrue, chisel, rotoculteur, etc.) d'un agriculteur pour rendre la terre « travaillable ». Enlever les grosses

Suivant la taille du jardin, la mise en place des planches permanentes peut prendre quelques jours, voire quelques semaines.

roches du terrain est une autre opération qui peut nécessiter un tracteur. Autant en profiter pour établir un plan d'action efficace d'élimination de certaines mauvaises herbes vivaces redoutables, comme le chiendent, le pissenlit et le chardon. À cet égard, des travaux du sol effectués à l'aide de larges disques ou de herses peuvent être utiles.

Une fois le terrain préparé, le vrai travail commence. Les travaux d'aménagement des planches peuvent prendre quelques semaines, en fonction de la grandeur du jardin. Les nôtres ont nécessité beaucoup de temps puisque nous en avions environ 180, toutes longues de 30 mètres. Nous avons commencé par marquer le périmètre de chaque parcelle (lesquelles devaient compter 16 planches de 30 mètres). Nous avons ensuite utilisé des ficelles pour délimiter la largeur des planches, puis nous avons creusé la terre des allées pour la mettre sur les planches. C'était beaucoup de travail, mais nous étions motivés à l'idée que ce travail ne serait fait qu'une seule fois.

Pendant que nous faisions les planches, nous avons également ajouté de grandes quantités de manière organique pour améliorer la qualité du sol.

Nous avions un « loam graveleux » d'une bonne qualité, mais nous avons incorporé sept brouettes par planche de 30 mètres d'un compost riche en tourbe. Nous avons également ajouté de la chaux pour élever le pH du sol, qui était légèrement acide. Certains jardiniers-maraîchers ajoutent du sable aux sols argileux et de l'argile aux sols sableux. En plus du compost, ces amendements aident à améliorer la structure du sol.

Pour la hauteur des buttes, ma recommandation est de les pelleter à environ 20 centimètres du sol. Avec le temps, la terre s'affaissera : après une ou deux saisons en cultures, les buttes devraient s'élever à environ 10 à 15 centimètres du sol. Il est inutile de butter davantage, car il n'y a aucun bénéfice à le faire ; au contraire, cela représente une plus grande charge de travail à un moment où il reste beaucoup à faire. À notre ferme, nous n'enherbons pas nos allées avec du trèfle, comme le font de nombreux maraîchers. La principale raison est que nous utilisons la terre des allées pour butter les planches qui s'affaissent. La terre des allées est également pratique pour enterrer les bâches et couvertures flottantes.

En 2011, nous avons acheté une charrue rotative Berta pour notre motoculteur commercial. Cet outil permet d'aller chercher la terre qui se trouve sous la lame et de la pousser sur le côté. C'est très efficace pour travailler un sol vierge, mais c'est encore mieux pour faire des planches permanentes.

Les guidons du motoculteur peuvent être réglés latéralement pour éviter de piétiner la surface de sol préparée. La légèreté et les dimensions des outils de cette machine en font un instrument de choix pour travailler sur des planches permanentes.

Le motoculteur commercial

Un motoculteur commercial est la machinerie de choix pour le maraîchage sur petite surface. Polyvalent, robuste et facile à utiliser, il peut effectuer la plupart des travaux de sol propres à la culture maraîchère. Avant tout conçu pour des petites surfaces, cet outil est plus répandu en Europe, et plus particulièrement en Italie, où l'on en trouve parmi les meilleurs.

Nous avons commencé à travailler avec ces machines après avoir utilisé, durant quelques saisons, les petits motoculteurs de jardin que l'on trouve dans la plupart des quincailleries. Bien que ces derniers permettent un travail de sol correct, la différence entre les deux est immense. La transmission par engrenage, la prise de force* et le différentiel barré du motoculteur commercial en font une machine beaucoup plus puissante qui se manœuvre avec davantage de précision. Comme on peut changer les outils qui s'y rattachent, le motoculteur commercial s'apparente davantage à un tracteur. En anglais, il est d'ailleurs appelé « *two-wheel tractor* » (littéralement, « tracteur à deux roues »).

Le motoculteur commercial peut être muni d'un raccord permettant l'installation rapide de différents outils : souffleuse à neige, génératrice, tondeuse à gazon et même une presse à foin. Ces appareils sont distribués par différentes compagnies qui peuvent vous conseiller sur le choix d'une machine, les dimensions de roues, l'équipement, etc. Des adresses de compagnies sont suggérées en annexe.

Au moment de nous établir aux Jardins de la Grelinette et d'augmenter considérablement notre production, la décision de nous équiper d'un motoculteur commercial au lieu d'un tracteur maraîcher

La prise de force (en anglais, power take off) est la pièce grâce à laquelle le moteur du tracteur fait fonctionner l'outil par l'effet du vilebrequin.

nous semblait évidente. Contrairement à un tracteur, qui nécessite un large espace non cultivé pour tourner en bout de rang, le motoculteur peut pivoter sur lui-même. Nous avons donc pu aménager nos jardins sans perdre trop d'espace.

Nous avons aussi découvert que pour travailler avec des largeurs de planches plus étroites qu'en maraîchage conventionnel, les outils de travail de sol mécanisés que nous préférions pouvaient tous s'atteler à un motoculteur. De fait, il est beaucoup plus facile de trouver des outils d'une largeur de 75 centimètres pour le motoculteur que pour les tracteurs. Mais ultimement, le facteur le plus déterminant a été le prix d'achat. Un motoculteur commercial neuf, incluant une tondeuse à fléau et une herse rotative, se détaillait à une fraction du prix d'un tracteur maraîcher usagé, même parmi les plus petits. C'est un choix que nous n'avons jamais regretté.

Le motoculteur est généralement équipé d'un rotoculteur. Comme je l'ai expliqué précédemment, cet outil nuit à la structure du sol, car il le pulvérise et lui fait perdre son agrégation, le rendant ainsi plus vulnérable à la compaction. Néanmoins, c'est un outil qui comporte ses avantages. Il est utile pour mélanger les amendements au sol et enfouir les engrais verts, ainsi que pour préparer les lits de semence lorsque nous manquons de temps pour les couvrir d'une bâche ou pour retirer les résidus de culture à la main. Il peut également servir pour les semis hâtifs au printemps, alors que le sol est encore froid. Un passage rapide du rotoculteur apporte de l'oxygène au sol, ce qui le réchauffe et accélère la production. À cette époque de l'année, les vers de terre et les autres organismes du sol (qui, de toute évidence, n'aiment pas être pulvérisés par le rotoculteur) ne sont pas présents dans le sol. Nous ne sommes donc pas trop dérangés à l'idée d'inverser les couches du sol sur certaines planches.

Dans nos jardins, le principal outil de travail de sol est une herse rotative. Celle-ci a l'avantage de travailler le sol avec des dents qui pivotent sur un axe vertical. Il s'ensuit que les couches du sol ne sont pas inversées et qu'il n'y pas de risque de créer une

Avec le temps, les buttes des planches permanentes ont tendance à se niveler. Pendant des années, nous les avons entretenues à l'aide d'une charrue attelée à l'arrière d'un petit rotoculteur. Nous avons remplacé cet outil par une herse rotative couplée à notre motoculteur. Chaque printemps, nous entreprenons de retravailler quelques jardins au complet. Finalement, chaque planche est rebuttée tous les deux ou trois ans.

Un mot sur la construction du sol

Dans un nouveau jardin, aucune parcelle n'est semblable en matière de texture du sol. C'est pourquoi j'hésite à donner des conseils précis sur la quantité d'amendements à apporter pour construire le sol. Je vous conseille toutefois de ne pas faire d'économies de bouts de chandelles. Souvenez-vous que les planches permanentes sont permanentes. C'est en investissant dans des matières organiques et du compost de qualité que vous obtiendrez de bonnes récoltes et des légumes de grande qualité – un élément essentiel pour la réussite d'un jardin maraîcher. Si la texture de votre sol a besoin d'être améliorée, n'hésitez pas à le faire.

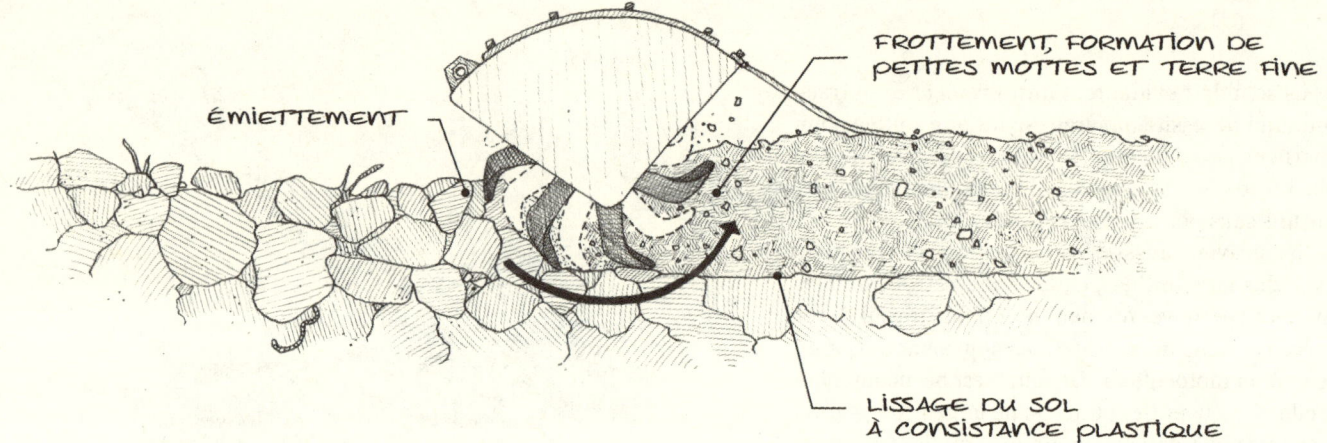

Malgré sa dimension pratique, le rotoculteur perturbe la structure du sol à chaque passage. La pulvérisation du sol donne à celui-ci un aspect « léger » pendant un certain temps, mais en brisant son agrégation, on favorise à la longue le compactage. L'utilisation répétée du rotoculteur entraîne également des problèmes de semelle de labour. Il se forme alors une croûte solide là où les dents de l'outil lissent continuellement une même couche inférieure du sol, ce qui diminue son drainage et empêche les racines de s'y enfoncer profondément.

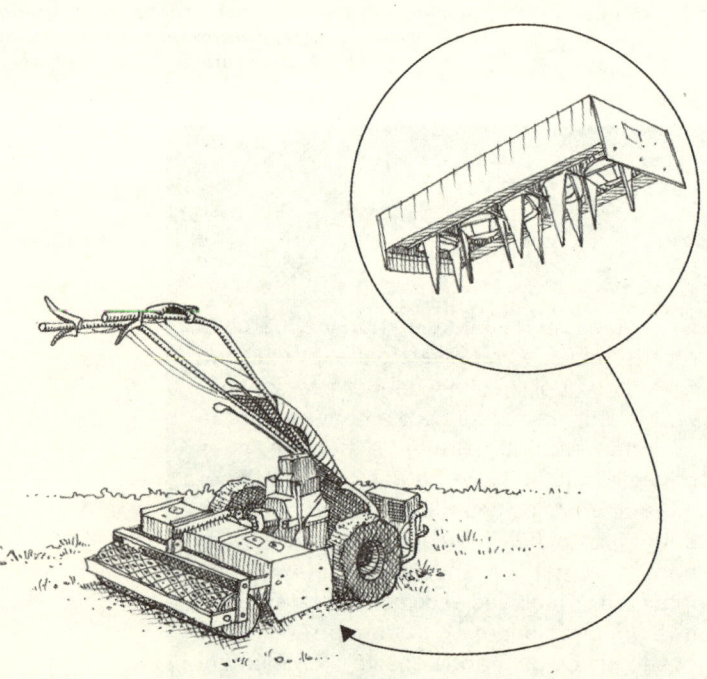

La herse rotative élimine l'inversion des couches, ce qui est idéal pour éviter de faire remonter en surface des graines en dormance. Somme toute, c'est un outil très performant qui remplace favorablement le rotoculteur pour préparer les planches de semences.

semelle de labour par compression verticale du sol. De fait, ce dernier est davantage mélangé que pulvérisé. La herse rotative est aussi équipée d'un rouleau qui permet de plomber la surface de planche, ce qui assure un meilleur contact semence-sol au lit de semence, et d'une manivelle qui permet de régler facilement la profondeur de travail souhaitée.

Le passage d'une herse rotative permet d'obtenir une planche parfaitement conditionnée pour la transplantation et les semis en plein sol. Dans l'ensemble, c'est un très bon outil et je vous conseille d'en faire l'essai avant d'acheter tout autre équipement de travail du sol ou de bêchage. Le seul inconvénient est son poids assez lourd, ce qui rend cet outil plus difficile à manœuvrer qu'un rotoculteur.

Notre motoculteur est aussi équipé d'une tondeuse à fléau qui broie les engrais verts et les résidus de cultures avec une facilité étonnante. C'est un outil très puissant auquel aucune culture ne semble résister. Régulièrement, nous fauchons des engrais verts mesurant plus d'un mètre sans étouffer l'appareil. L'arrivée de la tondeuse à fléau dans notre arsenal d'outils est venue régler la difficulté que nous avions à enfouir les engrais verts. Ces derniers, lorsqu'ils sont seulement fauchés, ont tendance à s'enrouler autour des dents du rotoculteur et à bourrer son boîtier. La tondeuse à fléau élimine ce problème en déchiquetant les cultures en morceaux, ce qui nous permet de les enfouir facilement. Elle nous permet aussi de dégager la surface d'une ancienne culture en peu de temps, un travail que nous faisions autrefois à la main.

La grelinette

La grelinette est une longue fourche en forme de U qui permet de travailler le sol à environ 30 centimètres de profondeur sans le retourner. Dans nos jardins, cet outil est le complément idéal du reste de notre équipement, qui travaille davantage la surface du sol. Son fonctionnement est très simple. Il suffit de prendre pied sur la barre transversale tout en tirant les poignées vers l'arrière, ce qui entraîne les dents vers le haut. C'est un outil ergonomique qui permet de travailler avec le dos toujours bien droit. À un bon rythme, l'utilisation de la grelinette sur une parcelle entière (16 planches de 30 mètres) exige moins d'une heure de travail.

On pourrait penser que, à l'échelle commerciale, le travail avec cet outil est trop laborieux. Cependant, il faut savoir qu'il existe bien peu de solutions de

La grelinette est un outil essentiel pour le jardinier-maraîcher, car elle permet d'ameublir le sol, sans pour autant bouleverser sa structure.

rechange. La grelinette constitue donc une solution simple et économique pour s'assurer d'avoir un sol

Choisissez vos outils avec soin

Le choix de vos outils aura des conséquences directes sur votre capacité à travailler le sol adéquatement. Avant de prendre une décision définitive sur l'achat d'un motoculteur, évaluez vos besoins en matière d'outils, car ils détermineront la marque, la taille et la puissance du moteur. Tous les motoculteurs ne se valent pas. Par exemple, sur certains d'entre eux, il n'est pas possible de renverser les guidons afin de travailler avec la prise de force à l'avant ou à l'arrière. Cette caractéristique est importante parce que les outils telle la herse rotative fonctionnent mieux à l'arrière (puisque les traces de pneus sont éliminées), alors que d'autres, telle la tondeuse à fléau, fonctionnent mieux à l'avant. Il pourrait valoir la peine d'étudier certains petits tracteurs provenant d'Europe, d'Asie et des États-Unis. Les petits tracteurs horticoles électriques ne sont pas encore disponibles, mais ils devraient faire leur entrée sur le marché d'ici quelques années. Peu importe la machine que vous choisissez, assurez-vous de la disponibilité et de la compatibilité des outils dont vous aurez besoin.

Pourquoi se soucier de l'inversion des couches du sol ? Pour ne pas perturber le fragile équilibre de l'écologie du sol, qui ne s'est pas développé ainsi sans raison. Les bactéries, les champignons et les vers de terre qui concourent tous à améliorer la structure du sol ne sont présents qu'à une certaine profondeur en raison de l'humidité et l'aération appropriées qu'ils y trouvent. En inversant les couches du sol, on bouleverse cet équilibre, du moins pour un temps, et on ne peut donc plus compter sur ces alliés pour nous assister dans notre travail. L'inversion des couches du sol ramène également à la surface les graines de mauvaises herbes en dormance qui se trouvaient en profondeur.

bien aéré. Somme toute, je considère que les avantages de cet outil sont trop importants pour laisser la paresse dicter nos pratiques. Il faut préciser, par contre, que nous ne l'utilisons pas systématiquement avant chaque semis, mais seulement pour les cultures dont les racines bénéficient d'un travail du sol en profondeur.

La grelinette est un outil qui a été inventé en France par André Grelin, dans les années 1960. Notre entreprise porte le nom de cet outil, car nous trouvions que la grelinette était emblématique d'un travail manuel, écologique et efficace en jardinage biologique.

Les bâches et la couverture du sol avant cultures

Une des principales découvertes que nous avons faites au cours des années est l'utilisation de bâches couvre-sol pour préparer le sol à la plantation. Un des grands problèmes à résoudre était d'arriver à nettoyer une planche de ses résidus de cultures et des mauvaises herbes sans avoir recours au rotoculteur. Pendant un certain temps, nous avons déchaumé nos planches à la main, avec l'idée d'utiliser les résidus de cultures comme matériel à compost. Mais c'était un travail trop long. Un peu par chance, nous avons commencé à nous servir des bâches de polyéthylène noir traité UV que nous avions achetées pour d'autres raisons. Nous avons vite constaté que c'était une technique fort efficace : trois semaines de couverture du sol avec ces bâches détruisent tous les résidus de cultures, laissant une surface de planche très propre.

Après plusieurs essais, nous avons aussi remarqué que cette technique diminue considérablement la présence de mauvaises herbes dans les cultures subséquentes. L'explication est simple : les mauvaises herbes germent sous la bâche, qui crée des conditions humides et chaudes, avant d'être détruites par l'absence de lumière. Comme pour le paillage des cultures, je crois que cette pratique est aussi bénéfique pour le sol. Du moins, nous constatons régulièrement une présence impressionnante de vers de terre lorsque nous retirons les bâches, ce qui est bon signe. En faisant des recherches sur la question, nous avons découvert que les producteurs français utilisaient largement cette technique (appelée « occultation ») pour diminuer, voire éliminer, la présence de mauvaises herbes dans leurs champs.

L'avenir du travail minime du sol

Le travail minime du sol est de plus en plus discuté par les experts en science agricole, dont l'intérêt pour l'approche biologique ne cesse d'aller en augmentant.

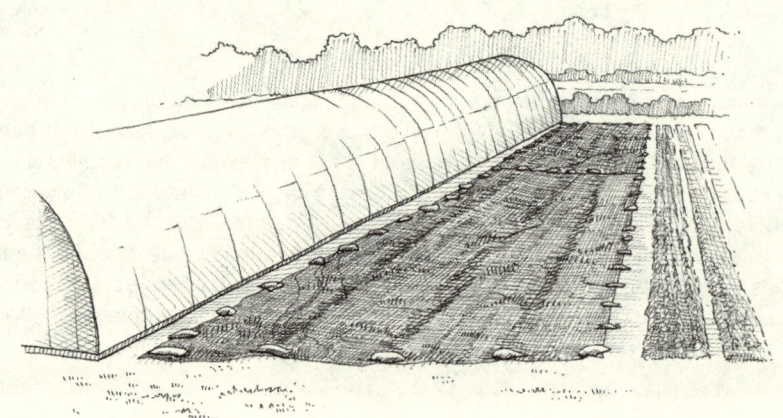

La couverture du sol avec une bâche opaque durant quelques semaines nous permet d'assainir la surface de nos planches sans travailler le sol. Cette technique est aussi très bénéfique pour réduire la pression des mauvaises herbes sur les cultures subséquentes.

En 2007, Eliot Coleman et son équipe ont développé un petit cultivateur qui est propulsé par la motricité d'une perceuse à batterie et qui permet d'incorporer le compost et d'affiner la terre dans les premiers centimètres du sol. Bien qu'il ne soit pas très performant pour l'ensemble du jardin, cet outil est utile dans les serres où le passage du motoculteur se manœuvre souvent difficilement.

Des termes comme « substrat vivant » et « équilibre fragile » sont maintenant cités comme synonymes de bonnes pratiques agricoles, et je m'en réjouis. Même si rien n'est encore gagné en ce qui a trait à l'élimination des herbicides de synthèse, l'agronomie moderne semble mieux mesurer l'importance de la santé des sols. J'ai bon espoir que des techniques et des outils valorisant davantage la vie microbienne et la structure des sols émergeront des échanges d'informations à l'échelle internationale. Le travail d'un jardinier-maraîcher peut et doit s'inscrire dans cette démarche de recherche et développement.

D'ailleurs, c'est Eliot Coleman qui a provoqué chez nous une première réflexion sur l'avantage de développer des techniques de travail du sol en surface. À notre ferme, nous avons adopté certaines de ses suggestions, de même que différents outils qu'il a lui-même aidé à développer au cours des 20 dernières années. Après plusieurs ajustements, nous avons trouvé un équilibre entre la théorie et la pratique de sorte qu'aujourd'hui, notre méthode de préparation du sol donne des résultats satisfaisants tant sur le plan des rendements que sur celui des économies d'efforts (ou d'énergie) qui en résultent. Cela dit, je suis convaincu que ce n'est qu'un début et qu'en demeurant attentifs à de nouvelles idées et stratégies, nous trouverons comment rendre encore plus efficace une approche écologique du travail de sol. C'est à suivre...

Pour ceux et celles qui démarrent un projet agricole, une dimension me semble importante à préciser : si le travail minime du sol est une idée qui vous inspire, celle-ci devrait davantage s'inscrire dans une démarche que dans une doctrine. L'important, durant les premières années, est d'arriver à produire des légumes et il ne faut pas écarter trop vite les solutions éprouvées par des maraîchers chevronnés, et ce, même si elles ne semblent pas « idéales » à vos yeux.

La fertilisation organique

L'équilibre demeure quelque chose qu'on ne peut pas exagérer. Dans une large mesure, il est mieux géré par ceux qui étudient la nature plutôt que les livres, bien que les livres puissent être fort utiles quand on étudie la nature.

– Charles Walters, *Eco-Farm*, 2003

DANS LE CHAPITRE PRÉCÉDENT, j'ai traité brièvement de la biologie du sol, en expliquant son importance pour la santé de celui-ci. En effet, le principe fondamental de l'agriculture biologique est que la fertilité repose sur l'état du sol (physique, biologique et chimique) et sur les organismes vivants qui le composent. Contrairement à l'agriculture conventionnelle, qui cherche à combler les besoins des cultures en fertilisant directement les plantes avec des engrais solubles synthétiques, l'approche biologique reconnaît que ce sont les micro-organismes du sol qui sont les mieux placés pour administrer aux plantes les éléments nutritifs nécessaires à leur bonne croissance.

Le travail d'un agriculteur biologique est donc d'engendrer un processus naturel de fertilisation par l'ajout de compost, de fumier et d'engrais vert appelés amendements organiques. Ces derniers, contrairement aux engrais, doivent être « digérés » par les micro-organismes du sol pour libérer les réserves de nutriments disponibles. Cette relation entre l'activité biologique du sol et la matière organique ajoutée par l'agriculteur est la base de ce que l'on appelle la fertilisation organique des cultures.

Lorsque nous avons commencé à jardiner commercialement, cette idée de « nourrir le sol pour nourrir la plante » était, de par sa simplicité, réconfortante. En gros, notre stratégie de fertilisation était de fournir au sol le maximum de compost disponible en espérant que tout pousse pour le mieux. Au fur et à mesure de notre apprentissage sur les différentes stratégies de fertilisation utilisées en maraîchage biologique, nous avons compris que la chose n'était pas si simple... Nous avons dû également faire face au fait que l'approvisionnement en compost est presque toujours limité et qu'il faut donc le rationaliser d'une manière ou d'une autre.

Avec le temps, nous avons appris à utiliser des techniques comme l'analyse de sol et les calculs de fertilisation afin de mieux comprendre les besoins de notre terre et d'ajuster nos doses de matières fertilisantes en fonction des besoins spécifiques des cultures. Autrement dit, nous en sommes venus à ne plus fertiliser à l'aveuglette. Nous connaissions l'importance d'une bonne rotation des cultures, mais nous avons pris un certain temps avant d'y recourir sans que cela devienne trop compliqué à respecter. Nous avons également effectué de nombreuses expériences avec les engrais verts pour trouver leur utilisation optimale dans notre système de production intensif. Tous ces apprentissages nous ont permis d'élaborer un plan de fertilisation qui nous a menés, depuis, à des résultats plus que satisfaisants. Notre sol est de loin meilleur aujourd'hui que lorsque nous avons démarré.

Tout compte fait, apprendre à bien fertiliser ses cultures n'est donc pas si évident. Il s'agit non seulement de profiter des expertises agronomiques

> *Dans le présent chapitre, j'ai évité d'utiliser le terme « humus », préférant employer celui de « matière organique » qui figure dans les analyses de sol. J'ai fait ce choix afin d'éviter la confusion, car les deux concepts sont intimement liés et souvent utilisés de manière interchangeable.*

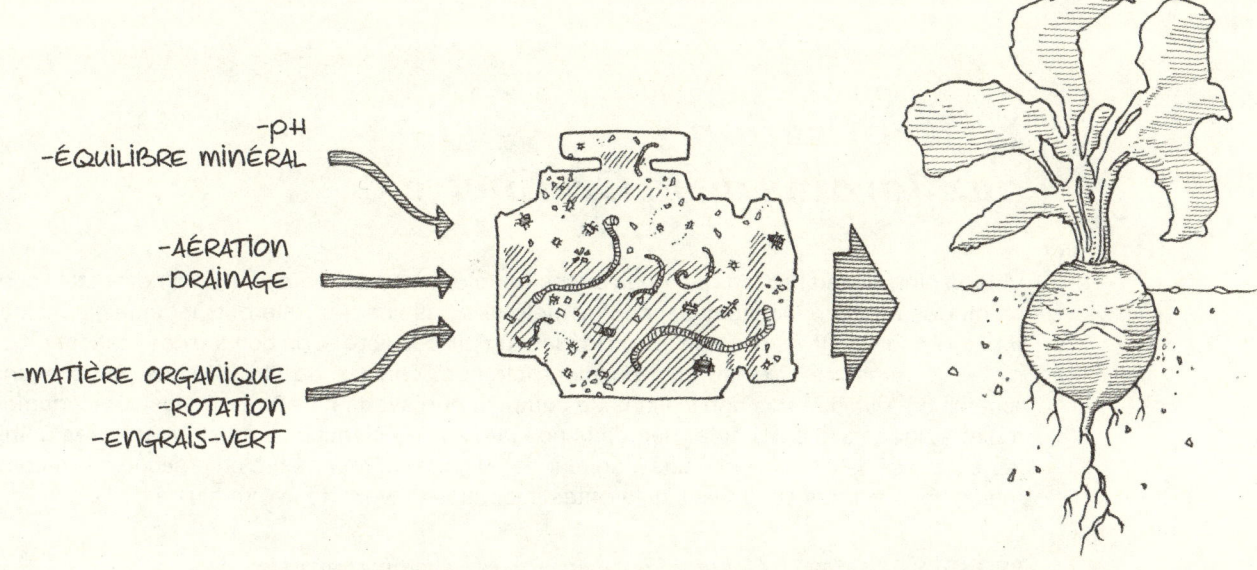

La biologie du sol est le moteur de votre jardin. Apprenez à exploiter son plein potentiel en étudiant son fonctionnement.

existantes, mais aussi d'investir du temps pour observer et bien comprendre les bases de ce qui régit la fertilité de son sol. Cela permet de donner un sens aux observations que l'on fait régulièrement au jardin et d'ajuster ses pratiques en conséquence. Ultimement, ce sont les rendements et la qualité des légumes produits qui confirment si nos pratiques sont bonnes.

Les éléments d'une bonne stratégie de fertilisation

- Une analyse du sol en laboratoire et une recommandation agronomique qui corrigent les carences ou les déséquilibres en nutriment du sol.
- Un plan de chaulage pour arriver à un pH optimal sur toutes les parcelles.
- Un plan de rotation pour ses cultures qui inclut l'ajout d'engrais verts.
- Un dosage des amendements fertilisants apportés au jardin qui tient compte d'une mesure de fertilité de son sol et des besoins nutritifs de chaque légume.
- Un suivi qui permet de mesurer l'action des matières fertilisantes sur ses cultures et sur l'évolution du sol dans le temps.

CHAPITRE 6 : LA FERTILISATION ORGANIQUE

La fertilisation aux Jardins de la Grelinette

Voici le plan de fertilisation que nous avons adopté dans l'année ayant suivi notre établissement. Ces recommandations tiennent compte des besoins des différents légumes, considérant qu'ils sont cultivés dans un sol possédant un pH équilibré et un bon taux de matière organique. Comme nos sols se sont considérablement enrichis au fil du temps, nous avons récemment diminué nos applications de compost et n'avons plus fertilisé plusieurs légumes moins exigeants. Il est à noter que dans nos jardins, les planches sont standardisées à une largeur de 75 centimètres et à une longueur de 30 mètres. Pour mettre en pratique ces recommandations sur des superficies différentes, les ratios doivent donc être ajustés.

LÉGUMES EXIGEANTS *(solanacées, cucurbitacées, certaines brassicacées)* :

Fumier de volaille granulé	1,5 tonne/hectare ou 6 litres/planche
Compost marin	80 tonnes/hectare ou 5 brouettes/planche

OIGNONS *(dont les poireaux et oignons verts de type échalote)* :

Fumier de volaille granulé	2,4 tonnes/hectare ou 10 litres/planche

LÉGUMES PEU EXIGEANTS *(racines, mesclun, laitue et verdures)* :

Fumier de volaille granulé	2 tonnes/hectare ou 8 litres/planche

LES POIS ET LES HARICOTS ne sont pas fertilisés.

L'AIL est fertilisé à l'automne comme un légume exigeant avec 80 tonnes/hectare (5 brouettes/planche) de compost marin.

Le plan de fertilisation tient compte de l'alternance entre les légumes exigeants et les moins exigeants qui doit s'effectuer chaque année. Suivant cette rotation, chaque planche du jardin reçoit un amendement de compost une année sur deux.

Lorsqu'un engrais vert de légumineuses est enfoui avant une culture exigeante, nous diminuons nos doses de fumier de volaille granulé de moitié.

À NOTER :

 Les tomates et concombres de serre suivent un plan de fertilisation différent.

 Les brouettes que nous utilisons ont une capacité de 65 litres et pèsent environ 45 kg une fois remplies de compost.

L'importance des analyses de sol

Comme le montre l'illustration de la page précédente, fertiliser organiquement ses cultures favorise l'activité biologique du sol. Ce sont les microorganismes qui transforment la matière fertilisante ajoutée en nutriment assimilable par la plante. En termes agronomiques, ce processus est appelé « minéralisation ». Mais pour être optimal, ce processus doit s'effectuer dans de bonnes conditions ; ainsi, le sol doit avoir un pH adéquat, une bonne réserve de matière organique, un bon équilibre des minéraux*, un taux d'humidité convenable et suffisamment de chaleur pour permettre à la vie de proliférer. Et comme ces informations ne s'obtiennent pas à l'œil nu, il faut faire faire une analyse de sol en laboratoire. Un sol de jardin bien amendé peut ne présenter aucun de ces problèmes et il est tout à fait possible de bien réussir ses cultures en se dispensant d'analyses de sol. Mais il est également possible d'enrichir le sol de façon excessive, ce qui peut entraîner des pertes de production et des problèmes de pollution. Pour ces raisons, je la juge incontournable, quelle que soit la dimension d'un jardin maraîcher.

Procéder à une analyse de sol en laboratoire n'est pas compliqué. Le sol échantillonné doit être représentatif des différentes parcelles du jardin, bien identifié et pris sur une épaisseur d'environ 15 à 20 centimètres, avant d'être envoyé dans un laboratoire par courrier. Une fois les résultats obtenus, je vous recommande de faire appel à un agronome spécialisé en bio pour qu'il en fasse l'interprétation. Une analyse complète ne devrait pas se faire sans que cet agronome vienne visiter vos jardins au moins une fois. Si le choix du laboratoire importe peu, celui de l'agronome est crucial, car la valeur des recommandations dépend de la justesse de l'interprétation des résultats.

Les exigences des cultures

Un des bienfaits de la science agricole conventionnelle est de nous renseigner sur les besoins en nutriments de chaque légume. Au Québec, cette information est compilée dans le *Guide de référence en fertilisation* que la plupart des agronomes possèdent. Jumelées à des résultats d'analyse de sol et à l'analyse NPK (azote, phosphore, potassium) des amendements, ces données permettent de faire un calcul qui précise la quantité de matière fertilisante à apporter aux jardins. L'exercice est un peu complexe et c'est l'une des bonnes contributions qu'un agronome peut faire à un plan de fertilisation. Bien entendu, c'est une façon très théorique de procéder et je ne vois pas comment les équations peuvent traduire la complexité des nombreuses interactions biologiques d'un sol cultivé. Néanmoins, c'est une technique qui a le mérite d'évaluer la quantité d'amendements nécessaires à une culture et, en ce sens, elle est fort utile. Le plan de fertilisation de notre ferme a d'ailleurs été élaboré en partie à l'aide de ces calculs.

Cela dit, il ne faut pas trop s'en faire si la fertilisation d'un jardin maraîcher n'est pas directement

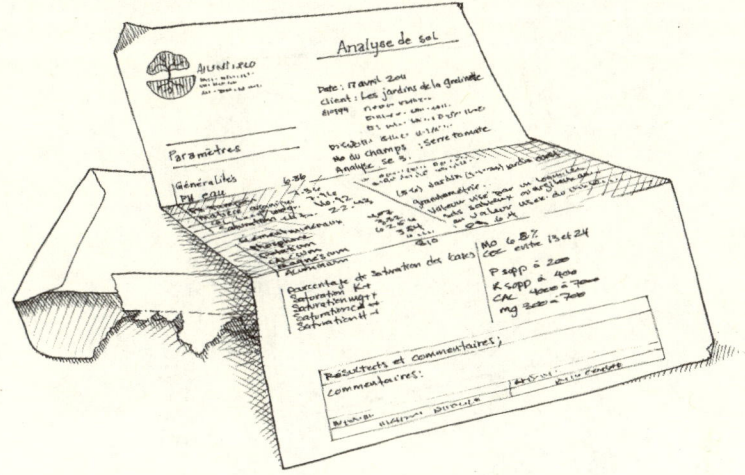

L'analyse de sol vous donne une idée générale, bien qu'imparfaite, de la fertilité naturelle de votre sol. Elle aide également à déceler de possibles carences en minéraux qui pourraient affecter vos cultures et à suivre l'évolution de votre sol. À mon avis, les exploitations de toute taille devraient y recourir.

* *Il est fréquent qu'un sol contienne trop d'un élément par rapport aux autres (par exemple, trop de magnésium par rapport au calcium). Ce déséquilibre peut être la cause d'une mauvaise fertilité naturelle du sol. Un agronome sera en mesure de détecter les déséquilibres et de proposer des mesures correctives.*

On peut voir les calculs de fertilisation comme des cibles à atteindre. À défaut de mettre dans le mille, ils nous empêchent de fertiliser à l'aveuglette.

La matière organique (MO)

La matière organique joue un rôle fondamental dans la fertilité d'un sol. Lorsqu'elle est minéralisée par l'activité biologique, elle libère de l'azote, du phosphore, du soufre et plusieurs oligo-éléments qui fournissent la nourriture aux plantes. Ce qui n'est pas minéralisé s'accumule dans le sol et en vient à constituer sa structure. Pour l'ensemble des organismes vivants du sol, la matière organique sert à la fois de carburant et d'habitat. Matière organique et activité biologique sont donc étroitement liées.

Le taux de matière organique est l'une des informations principales que procure une analyse de sol. Avec cette information en main, on doit ensuite gérer la matière organique de son sol de trois façons :

- Bâtir son sol, c'est-à-dire ajouter un important apport initial d'amendement organique pour obtenir un taux de matière organique élevé dans ses jardins. Pour y parvenir, la mousse de tourbe est souvent un excellent choix.

- Maintenir la fertilité du sol en compensant la perte de matière organique due à la minéralisation, au travail du sol, à l'extraction des légumes et à l'érosion. C'est la principale raison d'incorporer du compost, des engrais verts et les résidus de cultures dans le sol.

- S'assurer qu'un taux de matière organique élevé dans son sol n'est pas le résultat d'une activité biologique insuffisante due à un sol acide ou mal drainé, car cela signifierait que la matière organique s'accumule au lieu de se décomposer. Même si les résultats peuvent sembler bons sur papier, vous devrez peut-être améliorer la disponibilité de la matière organique dans le sol en améliorant ses caractéristiques physiques.

Le pH

Au Québec, la plupart des sols sont légèrement acides. Comme un pH inférieur à 6 inhibe le déve-

---

Le Guide de gestion globale de la ferme maraîchère biologique et diversifiée offre un survol très complet de la méthode utilisée pour faire des calculs de fertilisation. Certaines grilles de référence utilisées pour connaître les besoins nutritifs des légumes s'y trouvent également.

issue de ces calculs. Des recommandations plus générales peuvent être utilisées et complétées par un suivi sur le terrain. En fin de compte, c'est l'observation de la plante et la réussite d'une culture qui donnent raison ou non à une recommandation de fertilisation. Il est bon de garder à l'esprit qu'une fertilisation abusive est aussi dommageable qu'une fertilisation déficiente.

Les éléments de fertilité

Pour acquérir un savoir-faire dans la fertilisation de ses cultures, il faut connaître les éléments qui rendent le sol fertile. C'est ce que je propose de faire dans ce chapitre. Pour un exposé plus complet et exhaustif sur le sujet, je vous recommande de lire *Les bases de la production végétale*, de Dominique Soltner. L'ouvrage de Denis Lafrance, *La culture biologique des légumes*, qui comprend un chapitre sur les sols et la fertilisation, est aussi très instructif.

loppement de la vie microbienne et nuit à l'activité biologique en général, il faut souvent corriger cette acidité par l'ajout d'amendements calcaires tels que les cendres de bois et la chaux agricole. Cette dernière est la plus commune et c'est celle que nous utilisons dans nos jardins. La chaux agricole est une lourde poudre blanche obtenue à partir d'une roche broyée. C'est un ingrédient naturel qui agit plutôt lentement, ce qui est une bonne chose.

Le pH optimal pour la plupart des cultures se situe entre 6 et 7 et, de façon générale, viser un objectif de 6,5 est idéal. Pour augmenter le pH de son sol avec de la chaux, il faut incorporer graduellement de petites doses afin de ne pas modifier trop brusquement la structure du sol. À cet égard, il est important de respecter les recommandations agronomiques. Il est important également de vérifier l'évolution du pH avant chaque application afin de s'assurer que le traitement est approprié – d'où l'importance de procéder en amont à une analyse de sol. Une fois l'objectif de pH atteint, l'apport régulier de compost, souvent légèrement alcalin, devrait faire en sorte que le pH se maintienne de lui-même. Dans nos jardins, nous appliquons la chaux en l'épandant à la volée en surface, puis en l'incorporant dans les 15 premiers centimètres du sol à l'aide du rotoculteur.

L'azote (N)

Chaque année, la matière organique présente dans le sol fournira une certaine quantité d'azote par la minéralisation, mais suivant les cultures, elle pourrait s'avérer insuffisante ou ne pas être disponible au moment opportun. Comme il existe une relation directe entre un bon apport d'azote et la croissance des légumes, il faut veiller à ce que les cultures n'en manquent pas. Le compost et le fumier qu'on ajoute au jardin doivent être riches en azote pour assurer une fertilisation adéquate. Les amendements n'ont pas tous la même valeur fertilisante et doivent donc être adaptés aux cultures.

L'azote est un élément qui favorise surtout le développement foliaire des végétaux. Il doit donc être rapidement disponible aux cultures après leur implantation, quand celles-ci développent leur feuillage. Lorsqu'on fertilise organiquement, on doit se rappeler que la minéralisation est seulement possible dans un sol chaud. Généralement, en dessous de 10 ºC (température du sol et non de l'air), l'activité biologique des sols devint très faible, voire inexistante. C'est pour cette raison qu'au printemps, quand les sols sont encore froids, il faut compenser le manque potentiel d'azote par l'ajout d'engrais soluble en début de culture afin de s'assurer que les cultures connaîtront une bonne croissance. La farine de sang, l'émulsion de poisson ou le fumier de poulet sont des exemples de fertilisants qui fourniront de l'azote plus rapidement que le compost.

De la même façon, il ne faut pas fertiliser ses cultures avec un amendement riche en azote lorsque les températures sont trop froides, par exemple en fin de saison. En effet, l'azote s'y accumule sous forme de nitrate et peut rendre les légumes toxiques. En période de faible intensité lumineuse, la fertilisation des cultures tardives, comme les épinards d'hiver et autres verdures poussées en tunnel, pose ce genre de problème.

Le phosphore (P)

Le phosphore contribue directement au développement racinaire des légumes en début de croissance et, de façon générale, il joue un rôle de premier plan dans la formation et le mûrissement des fruits et des tubercules. Cet élément est également produit par la minéralisation de la matière organique et, par conséquent, toute pratique améliorant l'activité biologique du sol favorise une plus grande disponibilité du phosphore aux plantes. L'application régulière de compost et de fumier apporte au sol une réserve de phosphore suffisante pour combler les besoins des légumes. C'est plutôt l'usage abusif de cet élément qui est préoccupant.

Le phosphore est très peu mobile dans le sol, et les légumes en ont besoin en moins grande quantité que l'azote. Si on fertilise les cultures avec des amendements d'origine animale (afin de combler leur besoin en azote), le phosphore peut s'accumuler rapidement dans le sol, puis se perdre dans l'environnement par le lessivage et le ruissellement. C'est cette pollution qui est responsable de l'eutrophisation des cours d'eau situés à proximité des terres agricoles. Les engrais verts sont une solution pour pallier ce problème. En effet, ils permettent d'apporter de l'azote aux cultures, et ce, sans adjonction de phosphore.

Le potassium (K)

Le potassium est le dernier élément de la célèbre équation NPK (azote, phosphore, potassium). Il a un rôle à jouer dans la conservation des légumes-racines et il agit positivement sur la grosseur, la couleur et même le goût des légumes-fruits. Il rend aussi les légumes plus résistants aux maladies, aux parasites et aux intempéries, contribuant ainsi à leur vitalité.

Contrairement à l'azote et au phosphore, le potassium ne provient pas de la minéralisation de la matière organique. Il se trouve déjà dans le sol à l'état minéral, principalement sous forme d'argile. Le potassium assimilable est très soluble dans le sol, ce qui le rend aisément disponible aux plantes, mais également facilement lessivable. C'est l'un des premiers éléments à disparaître lorsqu'un tas de compost est laissé à découvert.

Les cultures maraîchères, dans leur ensemble, sont généralement très exigeantes en potassium. Mais pour la plupart des sols*, la fertilité naturelle, une saine rotation et l'apport régulier de compost et de fumier suffisent aux besoins des légumes. Dans certains sols sablonneux et dans les serres, où la production est très intensive, il est fréquent que le potassium ne soit pas disponible en quantité suffisante. Pour régler ce problème à court terme, le recours à un amendement minéral soluble comme le sulfate de potassium, combiné à une fertilisation organique (fumier et compost), est souvent la meilleure solution.

J'ai souvent consulté des ouvrages sur l'agriculture biologique qui suggèrent d'utiliser le mica ou le basalte pour corriger, de manière graduelle, une déficience en potassium dans le sol. Cependant, plusieurs serriculteurs biologiques qui en ont fait l'expérience durant quelques saisons m'ont rapporté que ces amendements sont trop lents à agir et que, même avec des applications considérables, ils n'ont constaté aucune amélioration significative de la disponibilité de potassium dans leurs sols.

Le calcium (Ca) et les éléments secondaires

Le calcium, le magnésium et le soufre font partie des éléments minéraux dits « secondaires ». Ils ont tous un rôle important à jouer dans la croissance des légumes et, de façon générale, ils se trouvent en quantité suffisante dans le sol pour les exigences des cultures.

Cela dit, certains sols sableux peuvent avoir une déficience en magnésium et c'est la raison pour laquelle nous utilisons de la chaux dolomitique (qui contient du magnésium) plutôt que de la chaux régulière dans nos jardins. Autre cas de figure assez fréquent : la pourriture apicale dans les tomates et les poivrons, qui indique une carence en calcium. Toutefois, dans la plupart des cas, une telle carence n'est pas le signe d'une déficience du sol, mais plutôt le résultat d'un stress de la plante qui n'arrive pas à assimiler l'élément. L'irrigation irrégulière est souvent en cause.

Les oligo-éléments

Les oligo-éléments (souvent appelés éléments mineurs) sont essentiels à la croissance des cultures, mais en quantité très minime. Bien savant le maraîcher qui pourrait expliquer leur rôle exact ! De façon générale, un bon plan de rotation et un approvisionnement constant en compost devraient être suffisants pour prévenir une carence de ces éléments dans nos jardins.

---

* *Les analyses de sol permettent de savoir si le niveau de potassium disponible est suffisant pour les cultures.*

Cependant, il arrive que le bore et le molybdène se retrouvent en trop faible concentration pour certaines cultures, notamment les légumes exigeants de la famille des crucifères. Dans ce cas, une pulvérisation foliaire de ces deux éléments règle plus aisément le problème que de chercher à supplémenter le sol.

Il existe de nombreuses preuves selon lesquelles les oligo-éléments sont en grande partie responsables de la qualité nutritive des légumes. La publicité et les vendeurs présents aux foires agricoles insistent souvent sur l'importance de la reminéralisation du sol par l'ajout de différents produits « miracle ». Je n'ai aucune idée de la validité de ces propos et j'ignore à quel point la qualité de nos légumes serait améliorée si nous achetions tous ces suppléments. La réalité est que nous avons très bien réussi à nous en passer jusqu'à maintenant. Toutefois, nous utilisons un compost riche en algues marines, un amendement riche en oligo-éléments divers.

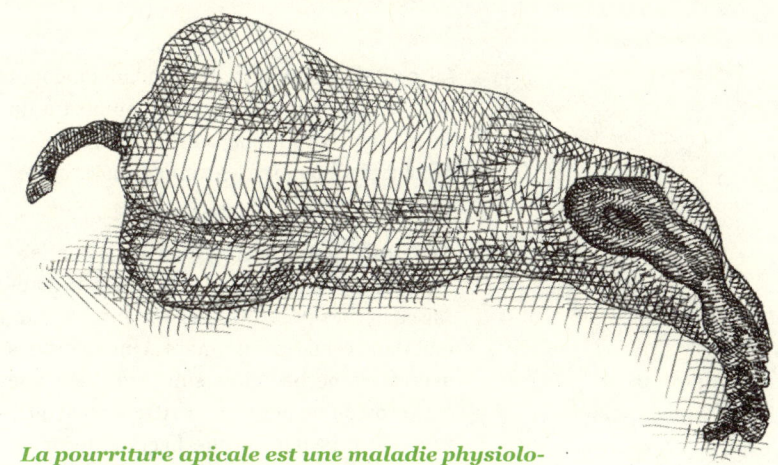

La pourriture apicale est une maladie physiologique des plantes potagères qui peut causer des pertes de produvtion importantes. Elle peut survenir lorsque des conditions climatiques chaudes, jumelées à un manque d'eau, provoquent une carence en calcium durant la mise à fruits. Pour nous en prémunir, nous supplémentons nos poivrons en calcium, et ce, de manière systématique durant une partie de leur croissance.

Un bon compost

Dans notre ferme, le compost est la principale matière fertilisante utilisée, car nous pensons que c'est l'amendement par excellence pour bâtir et maintenir un sol vivant. En raison de ses caractéristiques propres, le compost ne peut être substitué ni par le fumier ni par les engrais naturels (farine de plume, poudre d'os, etc.) ni même par les engrais verts.

Le compost est un mélange de détritus organiques carbonés (paille, feuilles, litière, etc.) et de matière azotée comme le fumier et les résidus de cultures. Au cours du mélange, différents organismes se mettent à l'ouvrage pour réorganiser cette matière organique. Lorsque la composition de ce mélange est variée et que le processus de décomposition se déroule dans des conditions optimales, le résultat est un amendement stable et riche comprenant presque tous les éléments nécessaires aux besoins des cultures. Du *bon* compost fournit à la fois la matière organique au sol et un apport fertilisant aux cultures. Il a la capacité d'activer tout ce qu'il y a de vivant dans le sol. Autrement dit, il est synonyme d'un sol vivant et en santé.

Le mot « bon » doit être souligné, car tous les composts ne sont pas d'égale qualité, principalement parce que leur fabrication n'est pas si simple. Bon nombre de jardiniers amateurs (et même certains maraîchers que j'ai rencontrés...) fertilisent trop souvent avec du compost lessivé de ses nutriments, partiellement décomposé ou, pire encore, avec un vieux tas de fumier apporté par un voisin désireux de s'en débarrasser. S'il veut réussir ses cultures, un jardinier-maraîcher doit comprendre ce qui fait un bon compost et les raisons pour lesquelles le fumier brut ne le remplace pas. Le processus de compostage permet :

 de stabiliser l'azote et de produire un amendement qui libère graduellement, et en douceur, les éléments fertilisants durant toute la saison de production, voire pendant quelques années. On peut comparer le compost à un entrepôt où l'on emmagasine l'azote, ce qu'on ne peut pas faire avec les fumiers ou les autres engrais naturels.

- de détruire les agents pathogènes potentiels, mais surtout les nombreuses graines de mauvaises herbes présentes dans le fumier, surtout dans celui des ruminants. Importer des mauvaises herbes dans son jardin est une erreur qu'on ne peut commettre sans avoir à payer le prix d'un désherbage additionnel durant plusieurs saisons.

- d'éliminer les mottes et de créer un terreau homogène et léger qui peut être pelleté facilement et qui s'étend bien sur la surface d'une planche de culture.

La production d'un bon compost est une opération qui demande un savoir-faire, une science que je dois avouer ne pas maîtriser totalement. Je préfère donc éviter de donner des recommandations professionnelles à cet égard.

Cela s'explique en partie par le fait que nos besoins en compost sont si importants que nous ne parvenons pas à en produire en quantité suffisante. Notre ferme ne possède ni tracteur ni chargeur pour manipuler un tas de compost, et retourner plus de 30 tonnes de matière organique de façon manuelle serait très contre-productif dans une saison de production déjà bien chargée. C'est pourquoi nous avons très vite décidé que l'achat d'un compost commercial était la meilleure solution pour garantir l'approvisionnement d'un jardin maraîcher comme le nôtre.

Une autre de nos motivations est de s'assurer de la qualité du produit. Une entreprise spécialisée en compostage possède les outils et les méthodes qui permettent d'intervenir dans le processus de décomposition aux moments critiques. Les températures et l'humidité sont continuellement surveillées et le tas est retourné aux moments opportuns. Les mélanges sont donc bien structurés et homogénéisés. Le produit final est stable et vient avec une analyse minimum garantie NPK. Certains fournisseurs peuvent également ajuster leur recette pour accommoder certains types de sol ou y ajouter

> *Le tas de compost, qu'il soit acheté ou fait maison, devrait toujours être recouvert d'une bâche pour éviter le lessivage des nutriments. Il devrait également être situé dans un endroit où l'eau ne s'accumule pas.*

« Ça irait beaucoup plus vite avec un épandeur à fumier ! »

C'est une remarque que j'entends régulièrement de la part de nos stagiaires. Comme nous épandons notre compost sur une surface d'environ 338 mètres carrés (chaque année nous mettons du compost sur la moitié de nos jardins – 10 parcelles de 16 planches de 30 mètres) avec des brouettes, cela peut sembler peu efficace. Nos stagiaires oublient toutefois que l'épandage de compost à l'aide d'un épandeur à fumier requiert non pas un, mais deux tracteurs. Le premier est utilisé pour tirer l'épandeur dans les jardins et l'autre est équipé d'une pelle pour accélérer le travail. Ajoutons qu'il n'est pas facile de trouver un épandeur à compost respectant les dimensions de nos planches (120 centimètres). Compte tenu de toutes les dépenses que nous devrions faire et comme l'épandage de notre compost n'exige pas plus d'une semaine de travail, cette « solution » n'est tout simplement pas adaptée à notre entreprise. Pour épandre du compost dans un jardin maraîcher, il suffit de brouettes, de pelles et d'un peu d'huile de coude !

Afin de compléter notre approvisionnement en compost commercial, nous fabriquons un compost maison avec nos résidus de cultures et autres matières carbonées dont nous disposons. Lors du mélange (qui se fait progressivement en cours de saison), nous inoculons le tas de bactéries de type « bokashi » qui aident à le décomposer, malgré des conditions anaérobiques. C'est l'une des solutions que nous avons trouvées pour composter sans retournement et nos expériences se poursuivent.

certains amendements désirés. Comme je le disais plutôt, le compost que nous utilisons inclut par exemple un mélange d'algues, riche en potassium et en oligo-éléments.

Bien entendu, acheter un grand volume de bon compost représente une dépense importante, surtout en raison des frais de livraison. Mais en termes de qualité et de temps épargné, c'est un investissement plus que rentable. Dans notre ferme, ces frais constituent moins de 3 % de notre chiffre d'affaires, une somme négligeable compte tenu de l'importance de cet intrant dans la réussite de nos cultures.

Au moment de la livraison, nous demandons au livreur de faire deux tas différents, à chaque extrémité des jardins. En ayant les tas de compost à proximité, on économise beaucoup de temps au moment de l'épandage. Nous aimons recevoir le nôtre au printemps, juste avant le début de nos premiers semis en plein sol, de façon à profiter de sa chaleur de fabrication. Quand le compost est encore chaud, il contient une vie bactérienne (champignons, microbes, vers, etc.) déjà très active et favorable à l'activité biologique du sol printanier, souvent encore un peu froid. Somme toute, j'estime que c'est une façon très pratique de faire les choses et je n'envisage aucun changement de méthode.

En ce qui concerne l'application du compost, il y a certaines procédures à suivre. Dans nos jardins, le compost est acheminé aux différentes parcelles par brouette et étendu sur les planches à l'aide d'un râteau. Nous le mélangeons ensuite aux cinq premiers centimètres du sol (avec une herse rotative) pour éviter que l'azote ne se volatilise.

Pourquoi utiliser des fertilisants naturels ?

Le fumier de volaille que nous utilisons dans nos jardins est un engrais granulaire qui a été stérilisé et qui, comme le compost, peut être incorporé au sol juste avant l'implantation d'une culture et sans risque de contamination bactériologique. Son analyse NPK se situe près de 4-4-2 (suivant les fournisseurs) et ses éléments nutritifs sont rapidement disponibles après l'incorporation au sol, habituellement dans les 30 jours qui suivent. Contrairement à l'azote du compost, qui doit être minéralisé par les micro-organismes avant d'être disponible pour la plante, une bonne partie de l'azote contenu dans le fumier de volaille est directement consommable, ce qui le rend disponible même lorsque le sol est encore un peu froid.

L'un des points importants à retenir lorsqu'on fertilise avec du compost est que sa capacité fertilisante est lente et progressive et que, dans un sol qui n'est pas entièrement réchauffé (au printemps notamment), son action fertilisante s'en trouve diminuée.

Une combinaison de fumier de volaille et de compost permet donc d'apporter de l'azote à la plante en début de croissance lorsqu'elle en a le plus besoin. Après cet effet « démarreur », le compost vient jouer son rôle en fournissant le reste des éléments nutritifs nécessaires. Dans nos jardins, cette combinaison forme la base de notre plan de fertilisation, car elle permet de bien synchroniser la libération des éléments nutritifs avec les besoins des cultures.

Pour l'avoir entendu plus d'une fois, je sais que de nombreux jardiniers-maraîchers en devenir s'inquiéteront de la provenance de ce fumier, car il est souvent issu d'élevages intensifs et confinés. On peut aussi se questionner sur le fait que ce fumier agit davantage comme un engrais que comme un amendement organique. Ce sont des interrogations légitimes qui méritent d'être soulevées. Mon avis sur la question est le suivant : le fumier de volaille granulé

Les bienfaits de la rotation des cultures

- Elle permet de rompre le cycle vital de plusieurs organismes nuisibles aux cultures (insectes ravageurs, maladies et mauvaises herbes) qui, autrement, parviendraient à s'établir plus facilement.

- Elle permet aux racines des plantes ayant des systèmes radiculaires différents de prospecter le sol à d'autres profondeurs et d'en améliorer sa structure.

- Elle évite d'épuiser les réserves nutritives du sol en alternant des cultures aux exigences différentes, c'est-à-dire correspondant à des développements végétatifs variés (légumes-racines, légumes-feuilles ou légumes-fruits).

- Elle maintient les parcelles de jardin plus propres grâce à l'alternance de cultures « salissantes » avec d'autres qui le sont moins ou qui font appel à de meilleures techniques de lutte contre les mauvaises herbes (paillage, binage plus fréquent, faux semis).

- Elle rationalise l'usage du compost en permettant d'amender le sol une année sur deux et elle assure une fertilisation de « fond » qui servira d'abord aux cultures exigeantes et ensuite aux cultures moins exigeantes.

est pour notre ferme un fertilisant d'appoint. Il seconde le compost, mais ne le remplace pas. Utilisé dans cette optique, il est peu dispendieux, facile à appliquer et donne des résultats, sans aller à l'encontre du processus naturel de fertilité des sols. Voilà pourquoi j'estime qu'il s'agit d'un intrant valable. Néanmoins, si un nouveau fertilisant offrant les mêmes avantages était disponible, je l'utiliserais sans la moindre hésitation. La farine de luzerne constitue probablement une des meilleures solutions de rechange, mais pour une raison que j'ignore, elle n'est pas encore disponible au Québec.

L'élaboration d'un plan de rotation

L'une des meilleures raisons de cultiver une grande variété de légumes est de pouvoir assurer une saine rotation des cultures. Avant l'avènement des monocultures, les cultivateurs étaient davantage conscients que cette diversification est ce qui permet à un sol de ne pas s'épuiser et d'éliminer beaucoup de maladies et d'insectes nuisibles. Dans les ouvrages agricoles écrits avant la révolution verte, c'est-à-dire avant les années 1950 environ, il est étonnant de constater à quel point les agronomes de l'époque contre-indiquaient une rotation culturale trop courte. Heureusement, l'agriculture biologique a remis cette importante pratique à l'ordre du jour.

Lorsqu'on parle de rotation en maraîchage diversifié, il est surtout question de regrouper les légumes par famille botanique et/ou type d'exigences nutritives afin d'alterner leur culture à un certain intervalle. Les bénéfices d'une telle pratique sont nombreux, bien que difficilement quantifiables. Disons qu'ils participent à l'amélioration générale d'un système cultural de plusieurs manières :

- Elle permet de rompre le cycle vital de plusieurs organismes nuisibles aux cultures (insectes ravageurs, maladies et mauvaises herbes) qui, autrement, parviendraient à s'établir plus facilement.

- Elle permet aux racines des plantes ayant des systèmes radiculaires différents de prospecter le sol à d'autres profondeurs et d'en améliorer sa structure.

Un conseil surprenant sur la rotation des cultures

Lorsqu'on démarre un jardin maraîcher ou qu'on en exploite un sur une base temporaire, la rotation des cultures est une bonne pratique… que l'on devrait ignorer. En effet, les contraintes de la rotation peuvent devenir un tel tracas qu'elles empêchent de travailler efficacement. De plus, il y a de fortes chances que le plan de rotation ne soit pas respecté, en dépit de tous les efforts investis dans son élaboration. De fait, au cours des premières années, il est pratiquement certain que des cultures seront abandonnées ou ajoutées et que vous ajusterez l'espace accordé à certaines cultures, en fonction de vos préférences. Dans un tel contexte, suivre un plan de rotation devient peine perdue. Si aucune rotation complexe ne fait partie d'un plan de fertilisation durant une ou deux saisons, cela sera sans conséquence. La rotation des cultures devient impérative dans une perspective de moyen ou de long terme.

CHAPITRE 6 : LA FERTILISATION ORGANIQUE

🐞 Elle évite d'épuiser différentes réserves nutritives du sol en alternant des cultures aux exigences différentes, c'est-à-dire correspondant à des développements végétatifs différents (légumes-racines, légumes-feuilles ou légumes-fruits).

🐞 Elle maintient les différentes parcelles de jardin plus propres grâce à l'alternance de cultures « salissantes » avec d'autres qui le sont moins ou qui font appel à de meilleures techniques de lutte contre les mauvaises herbes (paillage, binage plus fréquent, faux semis).

🐞 Elle rationalise l'usage du compost en permettant d'amender le sol une année sur deux et elle assure une fertilisation de « fond » qui servira d'abord aux cultures exigeantes et ensuite aux cultures moins exigeantes.

Quand nous avons commencé à cultiver des légumes commercialement, nous n'accordions pas beaucoup d'importance à la rotation des cultures. Nous connaissions les principes et nous comprenions son action, mais ce n'est qu'après avoir assisté à un séminaire où des producteurs accomplis en parlaient – en mettant l'accent sur l'importance à long terme d'une planification méticuleuse – que nous avons décidé de créer notre propre plan de rotation.

Cela dit, établir un plan de rotation est un exercice complexe dont les implications ne doivent pas être prises à la légère. De fait, cet aspect du jardin maraîcher nécessite d'être analysé avec attention, peut-être plus que n'importe quel autre. Lorsque vous vous sentirez prêt à passer à l'action, je vous conseille d'étudier différents systèmes de rotation, que ce soit dans des livres ou auprès de producteurs biologiques que vous connaissez, afin d'en saisir la logique. Pour être en mesure d'établir son propre plan, il faut d'abord comprendre les principes qui justifient la rotation. À titre d'exemple, voici comment nous procédons aux Jardins de la Grelinette.

Le maraîchage biologique diversifié. Guide de gestion globale donne un portrait assez complet des principaux facteurs considérés par les maraîchers biologiques du Québec lors de l'établissement de leurs rotations maraîchères. C'est une excellente source d'information que je recommande avant toute autre.

La démarche suivie aux Jardins de la Grelinette

Au moment de concevoir notre plan de rotation, nous avons d'abord considéré tous les principes que nous voulions respecter. La majorité des producteurs biologiques planifient leur rotation en fonction des particularités du terrain. Certaines parcelles ne peuvent être irriguées, d'autres ont un sol favorable à certaines cultures, d'autres encore sont toujours humides, etc. Dans nos jardins, nous avons considéré ces caractéristiques lors de l'aménagement du site pour ensuite ne plus avoir à nous en soucier. Une autre pratique utilisée couramment est l'aménagement de prairies et/ou de jachères sur plus d'une saison, avec les bienfaits qui s'ensuivent. Mais cette approche n'était pas appropriée pour notre modèle intensif.

Après avoir épluché un ensemble de recommandations (un exercice que je vous suggère de faire également), nous avons identifié les prémisses que nous voulions respecter dans notre plan de rotation :

🐞 Un intervalle de quatre années doit être respecté entre deux cultures de crucifères, de liliacées et de solanacées. C'est également un intervalle à respecter pour les cucurbitacées, mais moins strictement.

🐞 Les cultures exigeantes doivent être suivies par des cultures moins exigeantes ; cela permet d'optimiser l'emploi du compost en l'épandant uniquement sur les parcelles destinées aux cultures gourmandes.

🐞 Les cultures de légumes-racines et de légumes-feuilles doivent s'alterner.

🐞 Prévoir que des cultures faciles à désherber précèdent les oignons, une culture plus difficile à désherber.

Une fois ces prémisses établies, il a fallu systématiser des « règles » et organiser la succession des cultures au fil des années. Un bon moyen d'y arriver est de schématiser le cycle des cultures dans une série de compartiments représentant chacun une famille botanique et/ou des exigences nutritionnelles. L'exercice consiste ensuite à jongler avec différentes associations successives de compartiments pour trouver une rotation respectant toutes les prémisses. Pour simplifier grandement les choses, nous avons décidé que chaque famille botanique (compartiment) serait associée à une parcelle. Voici les différentes étapes que nous avons suivies.

Notre idée de départ était de cultiver quatre familles de légumes exigeantes (crucifères, liliacées, solanacées et cucurbitacées). Nous voulions également produire des légumes de trois familles peu exigeantes : les légumineuses, les chénopodiacées et les ombellifères. Étant donné que ces trois familles sont peu exigeantes et n'ont aucune restriction d'association, nous les avons regroupées en une cinquième, à laquelle nous avons également ajouté des légumes peu exigeants, mais issus de familles exigeantes, soit principalement des verdures (kale, chou-rave, roquette, etc.) qui demeurent peu longtemps au jardin et sur lesquelles les parasites et les maladies ont moins tendance à proliférer. Nous avons appelé cette dernière famille les « verdures-racines ». En tout, nous avions donc cinq familles, donc cinq parcelles différentes.

TABLEAU DE ROTATION 1

Jardin 1	Jardin 2	Jardin 3	Jardin 4	Jardin 5
Solanacées	Crucifères	Liliacées	Cucurbitacées	Verdures-racines

Ensuite, nous voulions optimiser l'utilisation du compost en fertilisant un jardin sur deux. Comme la famille des « verdures-racines » est composée de légumes peu exigeants, il était logique qu'elle succède toujours à une famille exigeante. Pour compléter cette séquence, il a donc fallu ajouter quatre parcelles de verdures-racines au plan de rotation. La rotation ressemblait alors à ceci :

TABLEAU DE ROTATION 2

Jardin 1	Jardin 2	Jardin 3	Jardin 4	Jardin 5	Jardin 6	Jardin 7	Jardin 8	Jardin 9	Jardin 10
Solanacées Compost	Verdures-racines	Crucifères Compost	Verdures-racines	Liliacées Compost	Verdures-racines	Cucurbitacées Compost	Verdures-racines	Ail Compost	Verdures-racines

Jusqu'à ce point, on remarque que l'alternance des cultures exigeantes et peu exigeantes implique huit jardins différents. Cependant, comme nous désirions cultiver de l'ail en quantité importante, nous avons ajouté une parcelle vouée à cette culture exigeante. L'ajout d'une cinquième parcelle de culture peu exigeante s'avéra donc nécessaire afin de respecter l'alternance, ce qui porte le total à 10 parcelles. De cette façon, du compost peut être épandu uniquement sur les parcelles de cultures exigeantes, donc une année sur deux, comme nous le souhaitions. C'est un scénario de fertilisation idéal. Le plan de rotation ressemble alors à ceci :

TABLEAU DE ROTATION 3

	Jardin 1	Jardin 2	Jardin 3	Jardin 4	Jardin 5	Jardin 6	Jardin 7	Jardin 8	Jardin 9	Jardin 10
Année 1	Solanacées Compost	Verdures-racines	Crucifères Compost	Verdures-racines	Liliacées Compost	Verdures-racines	Cucurbitacées Compost	Verdures-racines	Ail Compost	Verdures-racines
Année 2	Verdures-racines	Solanacées Compost	Verdures-racines	Crucifères Compost	Verdures-racines	Liliacées Compost	Verdures-racines	Cucurbitacées Compost	Verdures-racines	Ail Compost
Année 3	Ail Compost	Verdures-racines	Solanacées Compost	Verdures-racines	Crucifères Compost	Verdures-racines	Liliacées Compost	Verdures-racines	Cucurbitacées Compost	Verdures-racines
Année 4	Verdures-racines	Ail Compost	Verdures-racines	Solanacées Compost	Et ainsi de suite… (rotation sur dix ans)					

* *Pour répondre à des besoins de production différents, ces parcelles auraient pu être remplacées par des engrais verts ou d'autres cultures qui respectent les règles établies de la rotation.*

Nous avons ensuite pris soin de séparer la parcelle d'ail de celle des autres liliacées d'un intervalle de quatre années. Ainsi défini, le plan de rotation met donc 10 ans pour revenir à son point de départ.

Finalement, la dernière étape et non la moindre : il fallait ajuster nos plans de rotation et de production. D'abord, un constat s'imposait : la moitié des jardins était composée de verdures-racines. Cela ne nous posait aucun problème puisque la production de mesclun devait nous rapporter un revenu important*. En analysant notre plan de rotation, nous avons réalisé que nous voulions cultiver du brocoli et du chou-fleur au printemps et à l'automne, mais pas à l'été. Nous voulions également cultiver une grande quantité de courgettes, mais en deux fois : une partie très tôt et une autre plus tard. Nous avons donc dû « tricher » un peu pour regrouper ces deux familles et faire une parcelle de « primeurs » et une autre de production tardive. Malgré cet assemblage, qui permet de multiplier par deux la production des cucurbitacées et des crucifères, la règle des quatre années d'intervalle entre deux cultures de familles exigeantes est respectée parce que la rotation est de 10 ans. Le plan final de rotation ressemble en gros au tableau de la page 81.

Évidemment, ce plan de rotation répond à nos propres besoins de production, mais il peut servir d'exemple. Le point important à souligner est que le plan sur papier s'est traduit en un aménagement correspondant sur le terrain. Nos jardins sont subdivisés en 10 parcelles qui respectent exactement les paramètres de notre rotation des cultures. Cette façon de procéder a le mérite de simplifier les opérations, mais impose une contrainte : c'est le nombre de planches composant chaque parcelle qui détermine la production.

Comme nos jardins ont tous 16 planches, la production totale de toutes les variétés de légumes

TABLEAU DE ROTATION 4

	Jardin 1	Jardin 2	Jardin 3	Jardin 4	Jardin 5	Jardin 6	Jardin 7	Jardin 8	Jardin 9	Jardin 10
Année 1	Solanacées Compost	Verdures-Racines	Ail Compost	Verdures-racines	Cucurbitacées Crucifères Compost	Verdures-racines Compost	Liliacées Compost	Verdures-racines	Cucurbitacées Crucifères Compost	Verdures-racines
Année 2	Verdures-racines	Solanacées Compost	Verdures-racines	Ail Compost	Verdures-racines Compost	Cucurbitacées Crucifères Compost	Verdures-racines	Liliacées Compost	Verdures-racines Compost	Cucurbitacées Crucifères Compost
Année 3	Cucurbitacées Crucifères Compost	Verdures-racines	Solanacées Compost	Verdures-racines	Ail Compost	Verdures-racines	Cucurbitacées Crucifères Compost	Verdures-racines	Liliacées Compost	Verdures-racines
Année 4	Verdures-racines	Cucurbitacées Crucifères Compost	Verdures-racines	Solanacées Compost	Verdures-racines	Ail Compost	Verdures-racines	Cucurbitacées Crucifères Compost	Verdures-racines	Liliacées Compost
Année 5	Liliacées Compost	Verdures-racines	Cucurbitacées Crucifères Compost	Verdures-racines	Solanacées Compost	Verdures-racines	Ail Compost	Verdures-racines	Cucurbitacées Crucifères Compost	Verdures-racines
Année 6	Verdures-racines	Liliacées Compost	Verdures-racines	Cucurbitacées Crucifères Compost	Verdures-racines	Solanacées Compost	Verdures-racines	Ail Compost	Verdures-racines	Cucurbitacées Crucifères Compost
Année 7	Cucurbitacées Crucifères Compost	Verdures-racines	Liliacées Compost	Verdures-racines	Cucurbitacées Crucifères Compost	Verdures-racines	Solanacées Compost	Verdures-racines	Ail Compost	Verdures-racines
Année 8	Verdures-racines	Cucurbitacées Crucifères Compost	Verdures-racines	Liliacées Compost	Verdures-racines	Cucurbitacées Crucifères Compost	Verdures-racines	Solanacées Compost	Verdures-racines	Ail Compost
Année 9	Ail Compost	Verdures-racines	Cucurbitacées Crucifères Compost	Verdures-racines	Liliacées Compost	Verdures-racines	Cucurbitacées Crucifères Compost	Verdures-racines	Solanacées Compost	Verdures-racines
Année 10	Verdures-racines	Ail Compost	Verdures-racines	Cucurbitacées Crucifères Compost	Verdures-racines	Liliacées Compost	Verdures-racines	Cucurbitacées Crucifères Compost	Verdures-racines	Solanacées Compost

CHAPITRE 6 : LA FERTILISATION ORGANIQUE

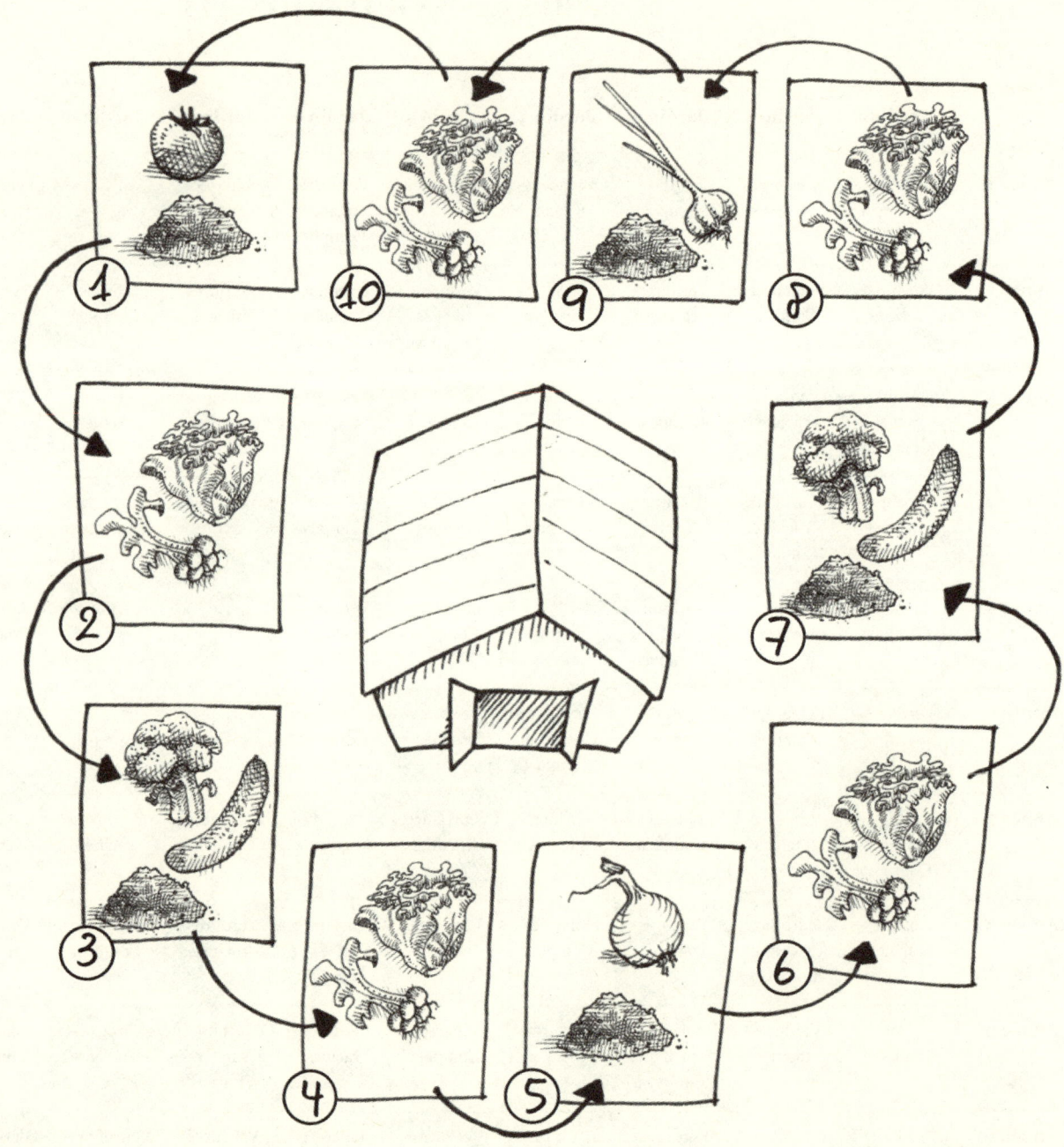

La subdivision de nos jardins en 10 parcelles de production s'est effectuée sur la base de notre plan de rotation établi sur 10 ans.

à l'intérieur d'une « famille » doit se limiter à ce nombre. Lors de la planification annuelle de la culture des liliacées, par exemple, il faudra déterminer qu'il y aura, disons, 10 planches d'oignons, 4 planches de poireaux et 2 planches d'oignons verts. Pour respecter notre plan de rotation, il faudra dorénavant ajuster la production de chaque famille en fonction de cette contrainte d'espace. Nous pouvons toujours diviser les planches en deux, mais la production totale sera toujours limitée au nombre de planches totales.

La plupart des maraîchers avec lesquels j'ai discuté du plan de rotation de nos jardins le trouvent très contraignant, et je dois admettre qu'ils ont raison. Mais, à mon avis, cela est une bonne chose. C'est parce que nous nous sommes donné un cadre bien précis que notre plan de rotation est facile à respecter. Ultimement, c'est la pérennité de ce système qui nous importe, car nous espérons cultiver le même hectare intensivement pendant de nombreuses années encore.

Les engrais verts et les cultures de couverture

Les engrais verts sont des cultures qui ne sont pas destinées à la vente; elles servent plutôt à protéger et à amender le sol. Ce sont principalement des graminées et des légumineuses qui sont incorporées au sol après avoir été fauchées afin d'en augmenter la fertilité. L'idée de base de l'action fertilisante des engrais verts est la suivante :

De nombreuses légumineuses (haricot, pois, soja, luzerne, trèfle, etc.) ont la capacité extraordinaire de capter (fixer) l'azote présent dans l'air et de le rapporter au sol. Lorsqu'une telle culture est incorporée au jardin, un nouvel apport d'azote devient disponible pour les autres cultures. Lorsque des céréales (avoine, seigle, blé, etc.) sont mélangées aux légumineuses, les résidus de culture apportent non seulement de l'azote, mais également de la matière organique carbonée. Un engrais vert peut

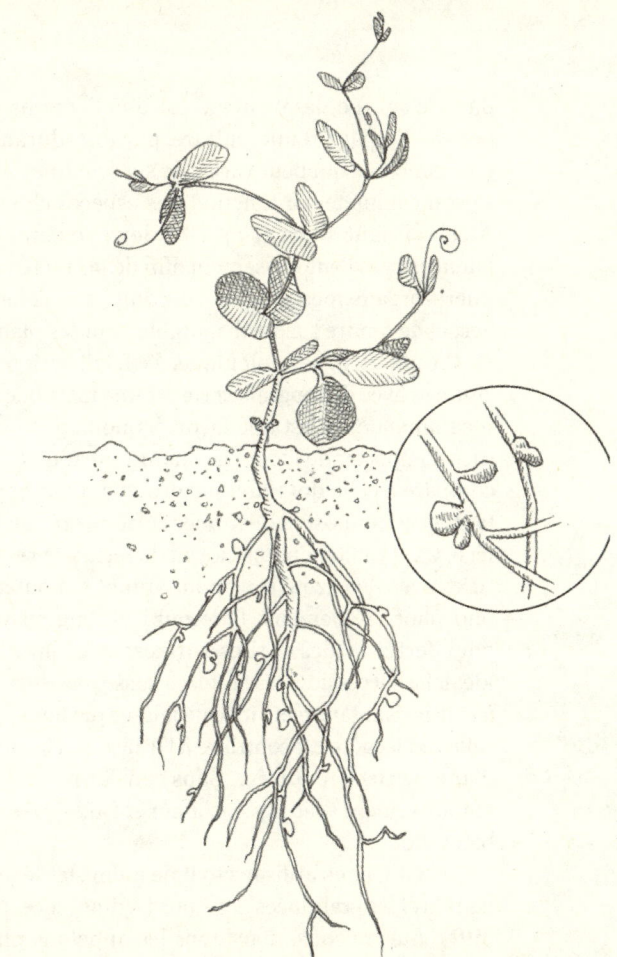

Pour déterminer s'il est nécessaire d'inoculer ses semences d'engrais vert, vous pouvez déterrer un plant de pois ou de haricot du jardin (ou de n'importe quelle autre légumineuse) et vérifier si des nodules rosés (petites bosses plus ou moins rondes) sont rattachés aux racines. Le meilleur moment pour faire cette observation est après la quatrième semaine de croissance et avant la floraison.

donc être considéré comme un amendement au même titre que le compost et le fumier.

L'avantage important des engrais verts est que la matière première qui sert à fabriquer l'amendement se trouve sur place et n'exige aucune autre manipulation que de semer, broyer et incorporer la culture dans le sol. Le désavantage est que l'engrais vert occupe l'espace d'une culture payante durant sa croissance, ce qui peut varier de six semaines à une saison complète, en fonction des espèces choisies. À cela, il faut souvent ajouter deux semaines de latence après l'enfouissement afin de permettre aux micro-organismes de bien décomposer l'engrais vert et de rendre l'azote disponible pour les plantes.

En maraîchage biologique, la fertilisation des cultures avec des engrais verts est une méthode très recommandée. C'est une façon économique et efficace d'apporter de l'azote au champ, surtout si on la compare à celle qui implique des quantités importantes de compost et de fumier sur une grande surface. C'est également un moyen de fertiliser ses cultures avec de l'azote sans pour autant y ajouter du phosphore. Cependant, le recours aux engrais verts pour fertiliser des petites surfaces est loin d'être idéal. La succession des cultures laisse peu de temps à leur implantation et l'idée de laisser plusieurs parcelles en jachère est contraire à l'utilisation optimale d'une surface cultivée. Sans un broyeur, leur enfouissement avec le rotoculteur est aussi très problématique.

Cela dit, nous utilisons tout de même les légumineuses et les graminées dans nos jardins, et ce, pour différentes raisons, mais nous les appelons plutôt « cultures de couverture ». Voici comment nous intégrons les bénéfices liés à leur utilisation dans notre système de production intensif.

> *Les différents mélanges et combinaisons d'engrais verts utilisés par les maraîchers biologiques constituent un sujet fort intéressant. J'invite le lecteur à consulter la bibliographie de cet ouvrage, en annexe, pour trouver différentes sources qui en traitent davantage.*

Apporter de l'azote en appoint

Bien que nous valorisions davantage la fertilisation des cultures au compost dans nos jardins, nous n'abandonnons pas l'idée de bénéficier de l'action fertilisante des légumineuses. Pour nous, le défi est de trouver des « trous » dans la planification culturale qui nous permettraient d'implanter un engrais vert avant une culture (ce qu'on appelle un « engrais vert en dérobée »). Les légumineuses fertilisantes que nous préférons sont les pois fourragers et la vesce commune. Dans les deux cas, nous les mélangeons avec de l'avoine pour qu'elles s'y rattachent et se supportent durant la croissance.

Pour bénéficier de l'action fertilisante d'un engrais vert de légumineuses, il faut tenir compte des deux aspects suivants :

- Premièrement, le meilleur moment pour enfouir son engrais vert est juste avant sa floraison. C'est à ce moment que la plante a emmagasiné son maximum d'azote et que la contribution au sol est la plus significative. De plus, à ce stade, l'engrais vert est encore jeune et tendre, ce qui facilite et accélère sa décomposition pour la culture suivante.

- Deuxièmement, il faut savoir que les légumineuses ne fixent pas automatiquement l'azote de l'air. Ce sont des bactéries du genre « rhizobium » qui forment des nodules sur les racines des plantes et qui permettent à cet échange d'avoir lieu. Par contre, il est possible que ces bactéries ne soient pas présentes dans les sols où des légumineuses n'ont pas poussé depuis un certain temps. Dans tous les cas, c'est une bonne affaire d'inoculer ses semences avec les bons rhizobiums. Afin de s'assurer que les rhizobiums fixent le maximum d'azote possible, il faut que les semences de chaque espèce de légumineuses reçoivent leur propre inoculant. Il s'agit simplement d'une petite poudre que l'on mélange aux semences avec de l'eau. Assurez-vous d'utiliser des produits qui respectent les normes de certification biologique.

Ajouter de la matière organique

Comme je viens de le mentionner, il est avantageux d'incorporer l'engrais vert au sol lorsque celui-ci est encore jeune et vert. Ce faisant, il reste peu de matière organique résiduelle dans le sol après la décomposition.

Pour obtenir une bonne quantité de matière organique à partir d'un engrais vert, il faut incorporer au sol des plantes matures et très fibreuses qui seront assez résistantes à la décomposition. Un seigle d'automne bien dense ou un hybride sorgho-soudan sont deux bons exemples. De telles cultures produisent beaucoup de biomasse et le travail de forage que leurs racines permettent est très positif pour une structure de sol. Par contre, il faut savoir que, pour arriver à décomposer de tels engrais verts, les micro-organismes auront besoin d'azote, qu'ils puiseront à même le sol. La stratégie consistant à employer un engrais vert pour incorporer une grande quantité de résidu carboné peut donc entraîner une baisse d'azote disponible pour la culture suivante.

Dans nos jardins, nous comptons principalement sur le compost (un compost riche en mousse de tourbe) pour ajouter de la matière organique au sol. Les seuls engrais verts qui sont assez coriaces pour ajouter de la matière organique à notre sol de façon significative sont ceux que nous semons en fin de saison, pour couvrir le sol avant l'hiver.

Protéger le sol

Laisser un sol à nu pendant plusieurs mois est contre-indiqué. Ce dernier est alors exposé aux vents forts et aux pluies abondantes qui en dégradent inévitablement la structure et la qualité. Durant la saison hivernale, cette considération est encore plus importante, car les facteurs d'érosion du sol sont extrêmes et plus rien ne pousse pour le protéger. Au Québec, la neige protège adéquatement la surface du sol durant l'hiver, mais au printemps, lorsque cette neige fond et que les sols sont saturés d'eau, le ruissellement peut causer de sérieux problèmes de lessivage et de perte de fertilité. C'est pourquoi il est important de toujours bien « fermer » ses jardins avant l'hiver. On peut le faire avec un résidu de culture laissée en place, une bâche couvre-sol ou un engrais vert que l'on implante tardivement pour fournir un couvert végétal à la surface du sol. Mieux vaut un couvert de deux centimètres que rien du tout. Ainsi, on trouvera un sol bien ameubli au printemps plutôt qu'une croûte dure à la surface.

Le scénario idéal est de parvenir à semer une céréale quelconque au moins six semaines avant la première grosse gelée. Cela laisse assez de temps pour que le système racinaire de la plante soit assez développé pour permettre sa croissance. Un semis de ray-grass effectué avant novembre continuera de croître malgré le froid automnal et reprendra au printemps. Mais il est parfois impossible de semer avant l'hiver et nous nous tournons alors vers un couvert végétal printanier très hâtif. Un mélange pois-avoine peut, par exemple, être semé aussitôt que la neige commence à disparaître (généralement au début du mois d'avril sur notre site) pour être incorporé au sol huit semaines plus tard, à temps pour le début de certains semis en plein sol.

Dans tous les scénarios, nous semons les cultures de couverture à une densité très élevée de manière à ce qu'elle protège rapidement la surface du sol.

Prévenir la prolifération des mauvaises herbes

Les maraîchers biologiques établissent souvent des prairies pour briser le cycle des mauvaises herbes de leurs champs sur une longue période. Dans nos jardins, cette option est moins envisageable compte tenu du manque d'espace. Pour profiter de leur effet répressif sur l'enherbement, nous utilisons plutôt les engrais verts comme culture couvre-sol entre deux semis successifs ou, encore, lorsque nous savons qu'une planche demeurera libre longtemps.

En milieu de saison, notre « bouche-trou » préféré est le sarrasin, une plante qui, en moins d'un mois, forme un couvert végétal assez dense pour étouffer les mauvaises herbes. Cette solution est plus compliquée que d'installer une bâche et moins efficace qu'un faux semis (*voir le chapitre 9 sur le désherbage*), mais c'est souvent l'option que nous préférons. Tout en offrant de magnifiques fleurs aux abeilles, l'engrais vert de sarrasin permet

Une tondeuse à fléau qui permet de déchiqueter les plantes en petits morceaux est presque indispensable si l'on veut faire des engrais verts dans un jardin maraîcher.

> *Si vous enfouissez vos engrais verts à l'aide d'un rotoculteur, il est important de n'utiliser que la plus basse vitesse de l'appareil, de façon à ce que ses dents mélangent l'amendement sans trop pulvériser le sol.*

d'augmenter l'activité biologique du sol. Ses jeunes tissus tendres et verts sont un vrai bonbon pour les micro-organismes, qui s'en trouvent stimulés. À plus d'une occasion, nous avons constaté cet effet fortifiant sur la culture suivante.

Le sarrasin n'est pas le seul engrais vert utile contre les mauvaises herbes. En fait, n'importe quelle espèce, ou n'importe quel mélange d'espèces, peut avoir le même effet à condition qu'elle parvienne à former un couvert végétal dense plus rapidement que poussent certaines herbes hâtives. La densité joue un rôle important dans ce processus, et c'est la raison pour laquelle nous semons l'ensemble de nos engrais verts avec des taux de semis 5 à 10 fois plus élevés que la recommandation générale. Nous jugeons qu'il est beaucoup plus rentable de débourser davantage pour des semences que de passer du temps à désherber un engrais vert.

Donner congé à une parcelle (l'engrais vert d'une saison)

Bien que cela ne nous soit encore jamais arrivé, il est possible que nous décidions un jour de ne pas cultiver une partie de nos jardins pour une saison entière (pourquoi les agriculteurs ne prendraient-ils pas d'année sabbatique ?). Si ce choix est motivé

Les espèces d'engrais verts utilisés aux Jardins de la Grelinette

TRÈFLE BLANC. Le trèfle blanc (nous le préférons au rouge, qui est peut-être moins cher, mais aussi moins vigoureux) est lent à s'implanter, mais très vivace et difficile à éliminer par la suite. Nous l'utilisons surtout pour végétaliser les bordures de nos jardins. Ainsi, il apporte de l'azote au sol, survit aux hivers et ne requiert que quelques tontes d'entretien. Nous le semons à la volée et comme les semences sont très fines, nous les mélangeons 50/50 avec du sable. Cela évite d'avoir une densité trop élevée.

Taux de semis : 1 kilo/planche de 30 mètres (incluant le sable à 50 %)

AVOINE ET POIS. Un mélange avoine-pois est notre engrais vert de base pour faire un engrais vert dérobé. Il peut être semé très tôt au printemps, dès la fonte des neiges. Il ajoute beaucoup d'azote et de biomasse au sol. À l'automne, nous aimons diversifier et remplacer les pois par de la vesce commune. Un engrais vert d'avoine et de pois (ou vesce commune) nécessite huit semaines de croissance avant son enfouissement. La date butoir pour en semer sur notre site est le 1er septembre.

Taux de semis : 1,5 kilo/planche de 30 mètres d'un mélange constitué de 60 % de pois (vesce) et de 40 % d'avoine

SEIGLE D'AUTOMNE. Le seigle d'automne est fort utile pour assurer un couvert végétal sur les planches où des récoltes tardives ont eu lieu. Il requiert de quatre à six semaines pour bien s'implanter et pousse malgré des conditions froides. Par contre, il est très difficile à éliminer et, même après l'avoir broyé, un simple passage de rotoculteur n'est généralement pas suffisant pour le détruire. Notre date butoir pour bien l'implanter avant l'hiver est la première semaine d'octobre. Semé à cette date, il repousse au printemps et produit beaucoup de biomasse pour la fin du mois de mai.

Taux de semis : 1,5 kilo/planche de 30 mètres

SARRASIN. Le sarrasin est pratique pour obtenir rapidement une couverture de sol et étouffer les mauvaises herbes. Comme il monte en graines cinq à six semaines après le semis, il faut s'assurer de le tondre avant la montaison, au risque d'en infester son jardin. C'est une information que nous inscrivons à notre calendrier cultural. Comme le sarrasin est une plante très sensible au gel, la fin août est la date butoir pour en semer sur notre site.

Taux de semis : 1,5 kilo/planche de 30 mètres

Les engrais verts intercalaires sont une idée très intéressante en raison de l'optimisation espace-temps qu'ils permettent. Par contre, les intégrer de façon systématique dans sa planification des cultures n'est pas évident.

par un manque de temps ou de main-d'œuvre, je suggère d'opter pour un engrais vert que l'on peut tondre sans qu'il meure et qui peut continuer sa croissance sur une longue période. Je choisirais d'implanter du trèfle blanc qui apporte beaucoup d'azote au sol et qui nécessite peu d'entretien, seulement quelques tontes annuelles. Par contre, le trèfle est une espèce qui pousse lentement et, pour m'assurer que les mauvaises herbes n'aient pas le temps de s'implanter, je sèmerais en même temps une céréale plante-abri, qui s'établirait beaucoup plus rapidement. À la première tonte, la céréale mourra, laissant alors au trèfle la possibilité de couvrir adéquatement la surface du sol.

Si la raison principale d'implanter un engrais vert n'est pas de donner congé au sol, mais plutôt d'en améliorer la qualité, ma stratégie serait alors d'implanter deux engrais verts différents, entrecoupés d'une jachère. Un mélange pois-avoine semé très tôt au printemps serait incorporé en juin avant qu'un autre engrais vert d'avoine-vesce commune soit semé au plus tard à la mi-août, puis laissé comme paillis durant les mois d'hiver. La période entre les deux cultures serait utilisée pour faire des faux semis et débarrasser le sol du plus grand nombre de semences dormantes possible.

L'établissement et l'enfouissement

Dans nos jardins, nous semons les engrais verts à la volée, en respectant les taux de semis indiqués ci-dessus. Juste après le semis, nous mélangeons les graines au sol à l'aide d'un passage rapide et très superficiel du rotoculteur ou de la binette sur roue. La plupart du temps, l'humidité présente dans la terre assure à elle seule une bonne germination, mais en cas de temps très chaud ou très sec, il peut être nécessaire de déployer les gicleurs.

Pour enfouir les résidus, l'approche la plus commune consiste à incorporer les engrais verts dans les couches les plus basses du sol à l'aide d'un rotoculteur. Nous avons procédé de cette façon pendant quelques années, mais notre approche de travail minime du sol (*voir chapitre 5*) nous a incités à faire les choses différemment. Aujourd'hui, nous broyons d'abord l'engrais vert à l'aide d'une tondeuse à fléau. Puis, nous buttons nos planches pour enterrer le résidu de surface avec du sol qui provient des allées. Au lieu d'enfouir nos engrais verts, nous les enterrons sans perturber la structure de notre sol. La plupart du temps, nous couvrons ensuite le tout avec une bâche noire afin d'accélérer la décomposition du résidu de culture (le couvre-sol opaque créant des conditions idéales pour les différents organismes du sol). Lorsque nous y jetons un œil dans les semaines suivantes, nous sommes toujours étonnés de la quantité d'organismes occupés à y décomposer les résidus. Toutefois, ce travail biologique du sol exige un temps considérable pour la préparation des planches, ce qui peut parfois poser problème. Le travail du sol avec un rotoculteur constitue donc pour nous une solution de rechange.

Les engrais verts intercalaires

Le terme « intercalaire » désigne un engrais vert qui est semé sous la culture de légumes afin de devancer son implantation. Prenons comme exemple une planche de carottes : quatre semaines avant leur récolte, on sème du trèfle entre les rangs pour qu'il puisse occuper l'espace de culture une fois les carottes ramassées. Cette technique vise à élargir la fenêtre de temps où il est possible d'inclure un engrais vert, que ce soit avant ou après (ou les deux) une culture principale. Dans un système intensif comme le nôtre, c'est une approche théorique fort intéressante.

Pourtant, cette pratique ne nous a jamais enthousiasmés. Après avoir procédé à plusieurs essais, nous avons trouvé que les engrais verts s'implantent souvent très mal lorsqu'ils voisinent des légumes, surtout en raison de l'ombre que la culture principale leur fait. Peut-être que le moment du semis était mal choisi ou que nous n'avions pas la bonne combinaison de cultures, mais les résultats n'étaient pas aussi satisfaisants que lorsque la culture de couverture est semée sur une planche vide. Mais la principale raison est qu'il n'est pas facile de respecter les échéances pour semer l'engrais vert, un paramètre qui s'ajoute à un calendrier cultural déjà bien chargé. J'en parle néanmoins, car l'idée des intercalaires en culture bio-intensive peut être prometteuse.

Intégrer les cultures de couverture au plan de fertilisation

Bien que les engrais verts nous soient utiles à plusieurs égards, il n'a pas été évident de les inclure dans notre plan de fertilisation. En raison des contraintes de temps et d'espace liées à leur culture, une approche systématique s'impose. Nous avons donc regroupé, à partir de notre plan des jardins (*voir le chapitre 13*), les semis qui sont plantés à peu près à la même date. Cela nous permet de semer des cultures de couverture sur une surface accrue comportant de multiples planches plutôt que sur des planches individuelles réparties en différents endroits. Lorsque c'est possible, nous préférons ensemencer des demi-parcelles ou des parcelles entières. C'est tout simplement plus facile à gérer. Nous jugions important que l'usage d'engrais verts s'inscrive dans une démarche planifiée d'avance, c'est pourquoi nous les avons intégrés dans notre plan de rotation. Selon ce dernier, la moitié de nos parcelles sont ensemencées de cultures de couverture pendant une partie de la saison.

PLAN DE ROTATION INCLUANT LES ENGRAIS VERTS

	Jardin 1	Jardin 2	Jardin 3	Jardin 4	Jardin 5	Jardin 6	Jardin 7	Jardin 8	Jardin 9	Jardin 10
Année 1	Solanacées Compost	Verdures-racines	Crud. + Cucurb. Primeurs Compost / Vesce Avoine	Seigle / Verdures-racines	Liliacées Compost / Seigle	Verdures-racines	Pois Avoine / Crud. + Cucurb. Tardifs Compost	Seigle / Verdures-racines	Ail Compost	Verdures-racines
Année 2	Verdures-racines	Solanacées Compost	Verdures-racines	Crud. + Cucurb. Primeurs Compost / Vesce Avoine	Seigle / Verdures-racines	Liliacées Compost	Verdures-racines	Pois Avoine / Crud. + Cucurb. Tardifs Compost	Seigle / Verdures-racines	Ail Compost
Année 3	Ail Compost / Seigle	Verdures-racines	Solanacées Compost	Verdures-racines	Crud.+ Cucurb. Primeurs Compost / Vesce Avoine	Seigle / Verdures-racines	Liliacées Compost / Seigle	Verdures-racines	Pois Avoine / Crud.+ Cucurb. Tardifs Compost	Seigle / Verdures-racines
Année 4	Et ainsi de suite pendant dix ans...									

La moitié des jardins en production sont réservés aux engrais verts pour une partie de la saison. Dans la plupart des jardins consacrés aux verdures et aux légumes-racines, il y a aussi une fenêtre de temps pour planter un engrais vert de sarrasin, mais nous ne faisons pas de plan en ce sens, car il nous arrive de préférer y faire des faux semis ou d'y installer une bâche.

Comprendre l'écologie du sol

Au terme de ce chapitre, le message que je cherche à communiquer est qu'on gagne à s'intéresser activement à l'aspect « vivant » de son sol pour apprendre à mieux s'en servir. J'ai essayé d'expliquer en quoi les recommandations d'un agronome sont utiles et de quelle manière il faut nourrir le sol *et* les plantes en conformité avec les principes établis. J'ai expliqué les pratiques en vigueur dans nos jardins tout en essayant de démontrer qu'il est beaucoup plus facile d'adopter des pratiques complexes lorsqu'elles sont intégrées dans un plan de fertilisation systématique.

Cela dit, pour obtenir des résultats optimaux, il vous faudra développer votre propre sensibilité par rapport à la vie des plantes et du sol. C'est en lisant sur l'écologie du sol et en prenant le temps de réfléchir sur la vie qui se trouve sous nos pieds que nous avons pu entrer en relation de manière concrète avec l'univers fascinant des sols. Lorsqu'on s'y attarde, on peut en apprendre beaucoup sur l'interaction plante-sol et savoir comment mieux intervenir pour favoriser cette relation.

Dans nos jardins, notre objectif a toujours été de créer un système cultural qui atteigne un équilibre entre les rendements, le maintien de la fertilité à long terme et l'efficacité des opérations. Si l'on se fie à nos observations, je crois que nous sommes sur la bonne voie. Néanmoins, notre manière de fertiliser est encore en évolution et plusieurs questions restent sans réponses. Un vieux précepte de l'agriculture biologique énonce que, si la plante est nourrie parfaitement par le biais d'un sol équilibré, celle-ci ne devrait pas être sujette à la maladie ou aux insectes ravageurs. Dans nos jardins, nous sommes très loin de cette réalité. À la suite de ces interrogations, notre réflexion s'est orientée vers l'intégration de différents bio-activateurs à notre plan de fertilisation. Nous découvrons comment inoculer nos planches permanentes de mycorhizes afin de favoriser la flore fongique dans nos jardins et nous faisons des expériences avec le bois raméal fragmenté (BRF). Nous voulons également apprendre à utiliser les thés de compost et autres applications de microbes bénéfiques afin de stimuler la vie de notre sol. Quel que soit le résultat de ces expériences, il nous reste encore beaucoup de choses à découvrir en matière de solutions écologiques. Notre travail nous amène à faire de l'écologie appliquée sur une base quotidienne. C'est un beau privilège.

Le bois raméal fragmenté (BRF)

Le bois raméal fragmenté (BRF) est une technique qui vise à introduire de la matière lignine au sol pour y augmenter la présence de champignons bénéfiques et recréer un sol riche en humus, à l'image des sols forestiers. Des informations additionnelles sur ce sujet sont disponibles en annexe.

Huit conseils pour la fertilisation biologique

- Stimuler l'activité biologique de vos sols doit être votre priorité. En tout temps vous devez chercher à avoir un sol meuble, bien aéré, humide et chaud.

- L'activité biologique est plus active avec un pH qui se situe en 6,2 et 6,8. Il faut chauler en conséquence et viser une valeur de 6,5.

- La matière organique est à la fois le carburant et l'habitat d'un sol vivant. Il faut initialement bâtir son sol et chercher à obtenir un taux de matière organique élevé, et ce, le plus rapidement possible. Par la suite, il faut remplacer ce qui est extrait par les cultures avec l'ajout d'amendements organiques. C'est le rôle du compost, du fumier et potentiellement des engrais verts.

- Il faut nourrir le sol, mais aussi la plante en tenant compte des exigences des cultures, des valeurs nutritives des intrants et du rôle que joue chaque élément fertilisant (notamment de l'azote en départ de cultures).

- L'analyse de sol est un outil important. En plus de détecter des déséquilibres minéraux potentiels, elle donne des indicateurs qui servent à mesurer la fertilité naturelle d'un sol et à calculer la fertilisation d'appoint.

- Comme le compost est la principale source de fertilisation, il doit être de très bonne qualité. Si vous n'êtes pas en mesure de le fabriquer avec efficacité et savoir-faire, vous devriez l'acheter. Il devrait provenir de sources aussi diverses que possible et être amendé d'une source riche en oligo-éléments. Le tas doit toujours être bien couvert afin d'éviter le lessivage de ses éléments fertilisants.

- Une saine rotation permet d'éviter plusieurs problèmes de culture et assure la durabilité d'un système cultural. Avant d'établir un plan de rotation complexe, il est préférable d'attendre quelques saisons afin d'avoir une bonne connaissance de sa production.

- La fertilisation organique des cultures implique l'intégration d'une multitude de pratiques culturales différentes. Pour arriver à gérer cette complexité, il faut travailler sur l'élaboration d'un plan de fertilisation cohérent. Une approche systémique facilite ensuite grandement l'exercice de l'opérationnalisation de ces pratiques au quotidien.

Les semis intérieurs

*« Avoir le pouce vert » (on dit aussi « avoir la main verte ») :
être doué pour l'entretien des plantes.*

– Expression courante

DANS NOTRE FERME, la plus grande partie des cultures démarre à l'intérieur d'une pépinière que nous aménageons annuellement afin d'y produire les transplants de légumes. En effet, lorsque nous avons le choix entre implanter une culture par transplantation ou par un semis en plein sol, nous préférons transplanter. Les avantages de cette méthode valent les efforts et les dépenses qui s'y rattachent, surtout lorsqu'il s'agit d'intensifier la production d'une petite surface. La réussite de nos récoltes dépend alors de notre habileté à bien exploiter la pépinière, puisqu'une perte à l'étape du semis (liée à une germination manquée, à une croissance trop lente, aux maladies, etc.) aurait des conséquences catastrophiques sur notre calendrier de production. Cette facette du métier nécessite une attention aux détails et un certain savoir-faire.

Cela dit, la production de transplants ne représente qu'un court moment de notre saison de production et il est difficilement justifiable d'investir

Les avantages de la transplantation des cultures

- Démarrer sa production plusieurs semaines avant le début de la période sans gel et, par conséquent, prolonger considérablement la saisonnalité des légumes.
- Contrôler les conditions de germination et de croissance en début de culture alors que les plants sont plus fragiles.
- Augmenter les chances de réussir ses récoltes en assurant une densité parfaite des semis, tout en permettant aux cultures de devancer les mauvaises herbes.
- Faciliter les successions en démarrant les cultures avant que l'espace de jardin ne soit disponible.

dans des installations et un équipement sophistiqué pour la réaliser. La science qui entoure la production horticole en serre est très poussée et il n'est pas évident d'en maîtriser les meilleures techniques. Malgré tout, nous avons suffisamment bien développé nos systèmes et acquis les connaissances nécessaires pour arriver à produire de très beaux transplants en quantité importante et avec peu de moyens. Pour les besoins d'un jardin maraîcher, l'important est d'y arriver sans pour autant en faire une spécialité. Voici les principes que nous suivons aux Jardins de la Grelinette.

La culture de semis en multicellules

Il existe plusieurs techniques pour démarrer ses semis intérieurs. La plupart des jardiniers amateurs utilisent des caissettes ouvertes en polystyrène ou des pots individuels en fibres de coco. Eliot Coleman a longtemps fait la promotion du *soil block* (mini-motte), une technique qui consiste à semer les graines dans des blocs de terre amalgamée par compression. Quant à nous, après quelques expériences, nous avons choisi de produire nos transplants en multicellules, une technique efficace et éprouvée que je vous recommande fortement d'adopter.

Les multicellules sont des contenants de plastique séparés en plusieurs alvéoles, où logent les racines des plantules. Les cellules sont attachées ensemble en plateaux multicellulaires (couramment dénommé plateaux) et placées dans d'autres contenants plats (*trays*, en anglais) qui, eux, servent à les transporter. La plupart des plateaux ont une dimension de 28 centimètres (10 ¾ pouces) de largeur et environ 54 centimètres (21 pouces) de longueur. Comme ces mesures sont standardisées, les dimensions des tables à semis et autre matériel pour la pépinière (notamment les chariots de récolte utilisés pour transporter les transplants dans les jardins) s'y ajustent facilement.

> *Si on décide de fabriquer son propre terreau, il faut s'assurer que la recette tienne compte de la restriction racinaire imposée par les cellules. En d'autres termes, il faut que le terreau soit conçu spécifiquement pour la culture en multicellules, et non pour d'autres types de contenants à semis.*

Pour les semis de légumes, il existe des contenants multicellules allant de 24 à 200 cellules pour une même grandeur de plateau. Le choix du nombre de cellules se fait en fonction du volume requis par les racines et du temps que chaque culture devra passer dans sa cellule. Chaque plante développera ainsi son système racinaire de manière indépendante (les racines ne s'entremêlent pas, ce qui facilitera leur transplantation). Dans notre pépinière, nous utilisons des plateaux de 72 et 128 cellules et d'autres pots individuels de 10 centimètres (4 pouces) pour le repiquage.

Travailler avec des plateaux multicellules offre plusieurs avantages : ils se manipulent et se remplissent facilement et se drainent bien après un arrosage. Les mottes que les alvéoles forment se tiennent bien, ce qui est un élément important dans la réussite d'une transplantation. Ils sont résistants et réutilisables, mais ils ne sont pas indestructibles. C'est bien là un de leurs défauts. Inévitablement, après chaque saison, quelques-uns se retrouvent aux poubelles. Comme les plateaux sont tout de même bons pour plusieurs saisons, il est important de veiller à ce qu'ils ne deviennent pas des vecteurs de maladies pour les semis. Au fil du temps, nous avons abandonné l'idée de les stériliser avant de les entreposer jusqu'à l'année suivante et nous n'avons jamais eu de problèmes. Toutefois, à la fin d'une séance de transplantation, nous vidons toujours les plateaux de leur terre et les laissons sécher au soleil quelques heures. Cette simple pratique est suffisante.

L'importance du terreau

Pour que la production de transplants en multicellules soit une réussite, le choix et la préparation du terreau utilisé sont très importants. La plantule dépend d'une très petite quantité de substrat pour l'ensemble de ses besoins (air, eau, minéraux, etc.) et les composantes de ce dernier doivent donc posséder des caractéristiques particulières (drainage, rétention d'eau, aération, fertilisation, salinité, pH, etc.). Bref, sa constitution ne s'improvise pas. À cet égard, acheter un terreau commercial est beaucoup plus simple. On devrait alors choisir un terreau de première qualité et s'assurer qu'il ne soit pas traité avec des agents mouillants synthétiques. La plupart de ceux qui ont la certification biologique sont adéquats.

Cela dit, préparer son propre terreau n'est pas difficile. Voici une recette « tout usage » que nous avons utilisée avec succès durant plusieurs saisons. Les chaudières ont un volume de 16 litres.

- 3 chaudières de mousse de tourbe
- 2 chaudières de perlite
- 2 chaudières de compost
- 1 chaudière de sol de jardin
- 1 tasse de poudre de sang*
- 1/2 tasse de chaux agricole

Les ingrédients de cette recette sont communs à la plupart des terreaux et une recherche rapide permettra de connaître leurs origines et caractéristiques. Certains détails sont par contre importants à noter :

- La tourbe est le composant central du mélange et devrait être de première qualité. Il faut éviter les moutures trop grossières ou trop fines.
- La perlite sert d'agrégat et joue un rôle de première importance dans le drainage et l'aération du mélange. Dans cette recette, on peut la remplacer par de la vermiculite, surtout pour les semis démarrés dans des plateaux de 72 cellules ou moins.
- Le compost ne doit pas être lessivé de ses éléments fertilisants et doit être bien mature (c'est-à-dire avoir terminé son travail de compostage et ne plus être chaud) afin d'éviter des problèmes de germination. Celui que nous utilisons est le même que pour nos jardins.

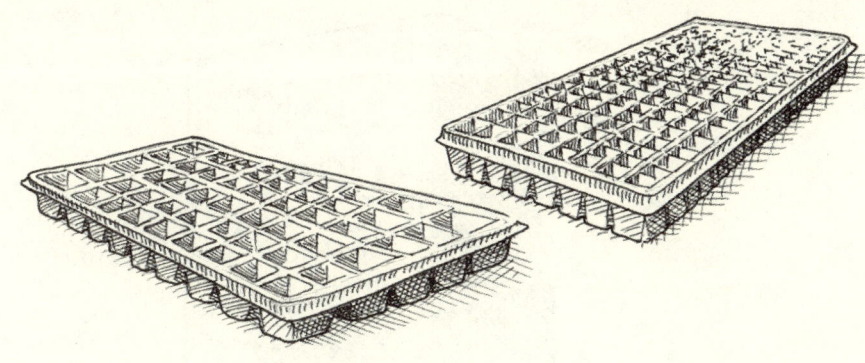

Les multicellules sont disponibles en différentes tailles. Il est important de choisir la taille des plateaux en fonction des variétés de légumes que vous faites pousser. Vous trouverez un tableau des transplants à la fin du présent chapitre.

- La terre de jardin intégrée au mélange sert à « couper » le compost et à diminuer la salinité du terreau. Il faut utiliser un sol léger (ni trop sableux, ni trop argileux). Afin d'introduire de la matière vivante au terreau, je préfère utiliser la terre de notre jardin plutôt que du sol à jardinière stérilisé.
- La poudre de sang apporte un supplément d'azote nécessaire aux cultures exigeantes. Elle peut être remplacée par de la farine de plumes dans cette recette.
- L'ajout de chaux agricole est essentiel afin d'ajuster le pH du mélange qui a tendance à diminuer en raison de la mousse de tourbe qui est naturellement acide.

Le mélange peut se faire directement dans une brouette. Nous combinons d'abord la chaux avec la tourbe afin d'optimiser son action. Le reste des ingrédients est ensuite mélangé à l'aide d'une pelle. Pour arriver à bien homogénéiser le mélange, travailler avec des ingrédients secs aide beaucoup, mais il faut en dernier lieu s'assurer que le mélange soit bien humidifié. À mon avis, la meilleure manière de procéder est de l'arroser tout en mélangeant les ingrédients.

* *Lorsqu'une plantule est repiquée, nous doublons la dose dans le mélange.*

Aux États-Unis et en Europe, la fibre de coco est souvent présentée comme une alternative « verte » à la mousse de tourbe. Pour ma part, je doute qu'importer la précieuse matière organique d'un pays tropical soit plus écologique que d'utiliser une ressource locale.

Depuis quelques années déjà, nous organisons une vente de plants de jardin qui s'avère être, commercialement, une très bonne affaire. Par conséquent, nous avons considérablement augmenté notre production de transplants et commencé à acheter un terreau commercial certifié bio. Lorsque la production atteint un certain seuil, cette option devient très avantageuse.

Le terreau doit ensuite être tamisé pour enlever les roches et tout autre débris grossier. La granulométrie est importante afin d'assurer un remplissage uniforme dans chaque alvéole d'un plateau, un facteur important à l'arrosage. Pour ce faire, nous utilisons un cadre de bois portant un grillage métallique avec des ouvertures d'environ 1 centimètre. En somme, produire son propre terreau est simple, mais c'est épuisant. Pour réduire la charge de travail, il existe des moyens plus efficaces de procéder, comme l'utilisation d'un mélangeur à ciment, une pratique que j'ai souvent constatée dans d'autres fermes.

Le remplissage des multicellules

Le remplissage des plateaux est une étape qui doit être bien faite afin de préserver au maximum la capacité de rétention d'air du terreau. On favorise ainsi grandement le développement racinaire de la plante. Voici comment nous procédons :

La première étape consiste à bien humidifier le mélange jusqu'à ce qu'il soit collant (le stade avant que l'on puisse former une boule qui se tienne). S'il n'est pas assez humide, nous y ajoutons de l'eau et nous le brassons à nouveau avec la pelle jusqu'à satisfaction.

Les multicellules sont ensuite remplies jusqu'au rebord et le surplus de terreau est enlevé avec un bâton ou une brosse. Un remplissage uniforme est important, car les alvéoles moins pleines s'assèchent plus rapidement, ce qui complique l'arrosage.

On comprime ensuite légèrement le terreau des cellules en soulevant les plateaux à une hauteur d'environ 6 centimètres et en les laissant retomber. Après avoir semé, nous couvrons les graines d'une fine couche de terreau sec, ce qui les empêchera de sécher trop rapidement en cas de manque d'eau. À la fin, les plateaux devraient être remplis aux 5/6 de leur capacité, et ce, afin de ménager un espace libre pour la rétention d'eau.

Finalement, la dernière étape consiste à bien disposer les plateaux semés dans la pépinière. Il est important alors de regrouper ceux qui ont le même nombre de cellules, de manière à favoriser un arrosage uniforme.

La chambre à semis

Certaines cultures comme les tomates, les poireaux, les oignons ou autres légumes que l'on veut produire précocement doivent être démarrées dès l'arrivée du printemps afin d'être récoltées tôt en saison. Étant donné que chauffer une serre durant un mois très froid implique des coûts de chauffage considérables, il est préférable de démarrer ses semis à l'intérieur de la maison dans un endroit déjà chauffé où l'on pourra y manipuler du terreau, les arroser et étaler des plateaux multicellules. Un tel espace s'appelle communément une « chambre à semis » et il existe plusieurs manières de s'en créer une. Voici les principaux facteurs dont il faut tenir compte lorsqu'on en fait la planification :

L'objectif principal d'une chambre à semis est d'arriver à contrôler parfaitement les paramètres de croissance. La température moyenne à viser pour la croissance des plantes est de 18 °C à 23 °C le jour et de 18 °C la nuit. Dans notre chambre à semis, ce sont des plinthes électriques qui maintiennent la température désirée, mais d'autres systèmes de chauffage sont aussi bons, à condition que la chaleur ne soit pas diffusée directement sur les plants. L'humidité relative de cette pièce devrait se situer entre 60 % et 90 %, ce qu'un simple système de brumisation contrôlé par minuterie (ex. : 10 secondes/20 minutes) permet facilement. La chambre à semis devrait être recouverte d'un polythène afin de permettre à la chaleur et à l'humidité d'y rester. L'ajout d'un petit ventilateur empêchera la formation d'air stagnant, favorable au développement de maladies fongiques.

Comme la photopériode en mars et en avril est trop courte pour assurer une croissance optimale des plantes, il faut prévoir un éclairage d'appoint qui permettra aux plantules de recevoir 14 à 16

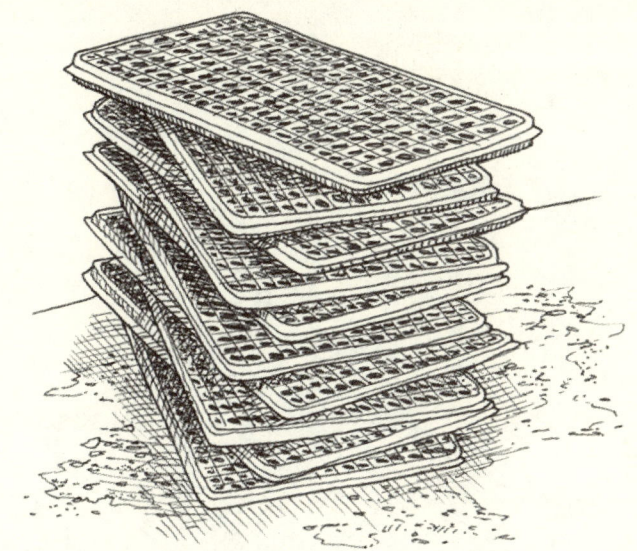

Pour éviter de compacter le terreau des multicellules lorsqu'on les remplit, il faut les empiler en croisé plutôt que de les insérer les uns dans les autres.

heures de lumière par jour. Pour y parvenir, plusieurs solutions sont envisageables, mais la plus simple et la plus économique est d'installer des tubes fluorescents au-dessus des plateaux. De plus, il faudra vous équiper d'un fluorescent Cool White et d'un fluorescent Warm White (ondes rouges pour les salles de bains) afin d'offrir un spectre lumineux complet aux plantes. Pour éviter que les plantules ne s'étiolent, la hauteur des tubes devrait être ajustable et placée à environ 10 centimètres de la tête des plants qui poussent.

Enfin, pour assurer une meilleure levée des semences (la plupart des légumes nécessitent une température de levée supérieure à celle de la croissance), on peut équiper sa chambre à semis de tapis chauffants que l'on branche à une prise de 110 volts. Avec ces tapis, la température du sol est conservée jour et nuit à une chaleur de germination optimale (environ 25 °C). Contrairement à la croyance populaire, les semis ne bénéficient pas de l'obscurité pour mieux germer. L'humidité du sol est par

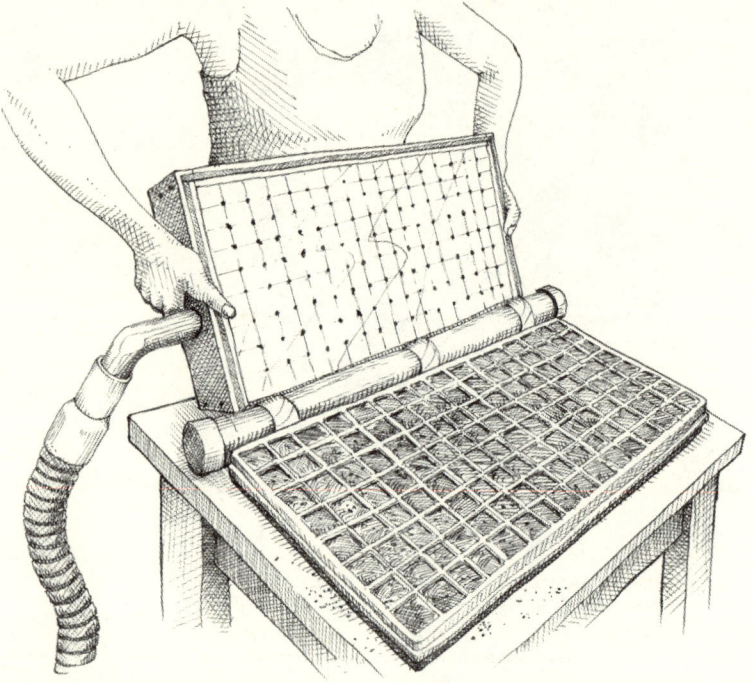

Pour accélérer l'ensemencement des plateaux, nous utilisons un semoir pneumatique de fabrication artisanale, également appelé semoir à plaques. Cet outil simple, mais efficace, utilise un aspirateur pour retenir les graines sur une plaque perforée. Les trous sont disposés de manière à suivre la disposition des cellules et leur taille correspond à celle des graines. On renverse ensuite la plaque sur un plateau multicellules rempli de terreau avant de couper le moteur de l'aspirateur, laissant ainsi les graines tomber en place.

contre primordiale et c'est la raison pour laquelle, en plus de les arroser fréquemment, nous recouvrons nos plateaux d'un petit morceau de couverture flottante.

La pépinière

Une chambre à semis est idéale pour démarrer une petite partie de sa production intérieure, mais lorsque celle-ci prend de l'ampleur et que d'autres semis s'ajoutent à la charge, il faut déménager dans un plus grand espace. Pour les besoins d'un jardin maraîcher, l'aménagement d'une serre extérieure dédiée à la production de transplants est incontournable. Cela implique des investissements importants en termes d'infrastructure et de système de chauffage et de ventilation.

Lorsque nous avons planifié la pépinière aux Jardins de la Grelinette, il était évident qu'il était plus avantageux de l'installer de façon temporaire dans une serre abritant des cultures durant la saison plutôt que de façon permanente dans une autre serre érigée uniquement pour la production de transplants. Comme nous n'avons besoin d'une pépinière que sur une base saisonnière, nous jugions en effet qu'il valait mieux préserver la polyvalence de notre installation. De plus, le chauffage optimal, nécessaire à la croissance des transplants, peut servir à faire des cultures de primeurs en plein sol. Notre façon de faire répond en gros à ces deux objectifs.

À la fin de l'hiver, nous établissons la pépinière dans notre grande serre à tomates que nous divisons en deux par un morceau de polythène. Ce film est fixé aux arceaux de la serre à l'aide de pinces et se déplace facilement pour nous permettre d'agrandir l'espace chauffé au fur et à mesure que notre production de semis augmente. Comme nous n'utiliserons qu'une partie de la serre pour les besoins totaux de la pépinière, l'espace restant est semé de mesclun, radis et autres légumes hâtifs que nous voulons récolter pour notre premier marché. L'aménagement de la pépinière prend, au plus, une demi-journée de travail : cela consiste à étaler un géotextile couvre-sol (pour éviter que les mauvaises herbes ne prennent racine) avant d'installer des tables à semis amovibles.

Au cours du printemps, lorsque les températures extérieures se réchauffent et qu'une partie des semis intérieurs est transplantée dans nos tunnels et sous abris aux jardins, nous réaménageons la pépinière de façon à réserver une section pour les tomates prêtes à continuer leur croissance en plein sol. Le polythène est alors enlevé et la serre chauffe des tomates, des transplants et des primeurs. Lorsque les dangers de gel au sol sont passés, la pépinière est déplacée à l'extérieur. Dans notre climat, cela se produit généralement à la fin mai ou au début juin. Peu de temps après, les cultures de primeurs sont récoltées et le reste des plants de tomates est rapidement implanté au sol sur tout l'espace de la serre.

Tout cela implique de nombreuses manipulations et exige une certaine planification, mais au bout du compte, cette façon évolutive de faire fonctionner la pépinière nous permet un usage optimal et multiple de l'espace chauffé. Considérant le prix des carburants, un tel casse-tête en vaut grandement la peine.

Le chauffage et la ventilation de la pépinière

Peu importe comment on aménage sa pépinière, il est important de bien la chauffer et de la ventiler adéquatement. C'est un principe de base pour arriver à produire les plus beaux transplants possible.

L'une des erreurs les plus communes est de chercher à faire des économies en réglant le thermostat de la serre à un degré plus bas que celui nécessaire à la croissance optimale des plantes (18 °C la nuit). Puisque chauffer une serre par nuit de gel coûte cher, c'est un réflexe compréhensible mais, au bout du compte, on y perd. En effet, les plants pousseront plus lentement et la production sera retardée. Dans une saison déjà très courte, il faut faire croître les transplants le plus rapidement possible. Pour diminuer ses coûts de chauffage, il faut plutôt regarder du côté de l'équipement (mieux isoler la serre, se procurer une fournaise plus efficace, installer un écran thermique, etc.) et, surtout, toujours s'assurer que la serre est fermée hermétiquement la nuit et complètement étanche aux vents froids soufflant à l'extérieur.

Pour ce qui est du chauffage, il existe des systèmes à l'huile, au propane ou au gaz et ils s'équivalent à peu près tous en matière de coûts. À mon avis, aucun d'eux n'est plus écologique que les autres.

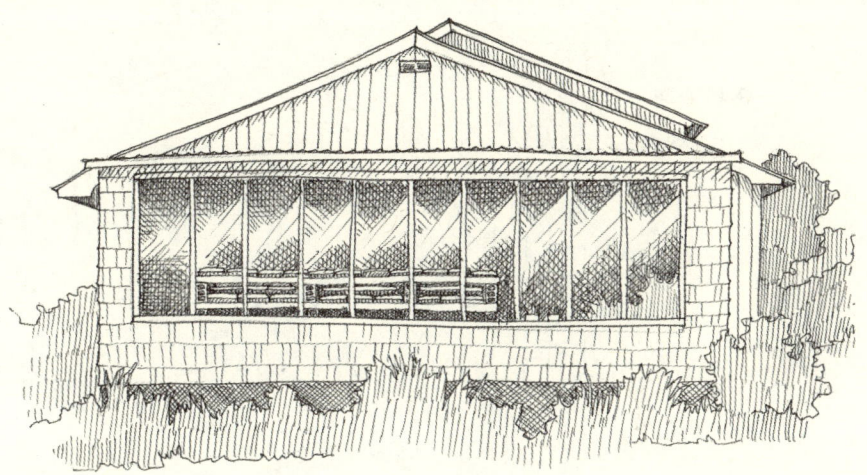

Dans notre maison, un couloir avec des fenêtres orientées vers le sud sert toute l'année de chambre à semis. Cet espace est adjacent à la cuisine familiale, de sorte que les semis sont bien surveillés.

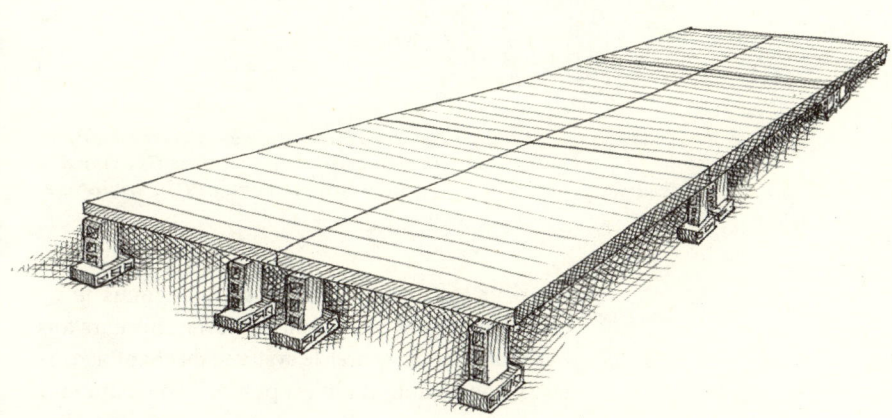

Les tables à semis que nous utilisons sont superposées sur des blocs de béton. Elles sont en bois, faciles à construire et à déplacer. Pour utiliser au maximum l'espace de notre serre, certaines tables ont une dimension de 120 cm X 240 cm (4' X 8') et d'autres font 60 cm X 240 cm (2' X 8').

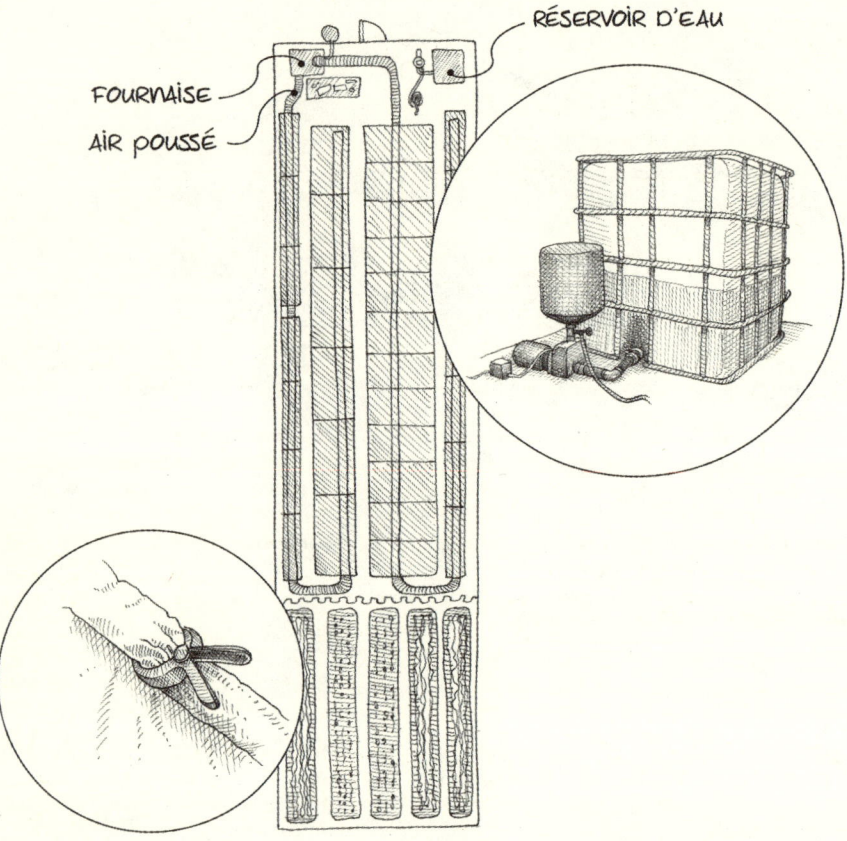

La grande serre à tomates est divisée en deux par un morceau de polythène fixé par des pinces aux arceaux de la structure.

La fiabilité et la rapidité des services offerts par les fournisseurs de carburant doivent être prises en compte lors du choix d'un type de fournaise. Certains d'entre eux offrent des tarifs agricoles avantageux et c'est une bonne chose de s'en enquérir. De plus, pour éviter une panne de carburant, il faut *toujours* s'assurer que son réservoir est suffisamment plein lors d'une nuit de gel ou de grand froid.

Pour diffuser la chaleur de façon uniforme, on utilise des tubes de polythène perforés (qu'on appelle ballons) qui sont raccordés à la fournaise et installés sous les tables, de manière à chauffer avant tout les plateaux à semis. Les perforations dans ces ballons doivent être calibrées en fonction de leur grosseur et de leur espacement à l'intérieur de la serre. La plupart des fournisseurs d'équipement de serre offrent ce service.

Pour refroidir la pépinière durant les journées ensoleillées, il existe différentes solutions. Nous avons choisi la ventilation naturelle par l'ouverture des côtés (*roll up*, en anglais). Bien qu'il existe plusieurs ventilateurs de type Fan-Jet qui font un travail plus précis, nous aimons l'aspect « passif » de ce système qui permet à l'air chaud d'être expulsé par la simple action du vent qui entre dans la serre. Afin d'éviter que le vent et l'air froid entrent en contact de manière trop directe avec les transplants, nous avons installé des « jupettes » le long de notre serre et plaçons nos tables à semis plus bas que les ouvertures des côtés. Ce genre d'installation est très commun et les manufacturiers de serre peuvent fournir des détails et recommandations à cet égard.

En ce qui a trait au contrôle de l'humidité, nous avons pris l'habitude d'ouvrir les ouvertures de côté pendant quelques minutes, très tôt le matin, pour laisser sortir l'humidité produite par la condensation de la nuit. Je recommande également de le faire *pendant* que la fournaise est en marche. Adopter cette bonne pratique nous permet d'éviter que l'humidité excessive demeure stagnante et, à ce jour, notre pépinière n'a souffert d'aucune maladie fongique importante.

On peut également chauffer au bois, mais je ne recommande pas ce système. Se lever plusieurs fois par nuit pour alimenter le système de chauffage est une tâche pénible et il n'est pas facile de maintenir ces systèmes à une température prédéfinie. Par contre, il est impératif de s'équiper d'une fournaise récente et en très bon état, car elle sera plus performante et surtout plus fiable. Il faudra aussi que la fournaise soit dimensionnée de façon à chauffer l'espace requis : une petite fournaise qui n'arrive pas à fournir brûlera plus de carburant qu'une grosse qui chauffera rapidement à la température désirée.

Finalement, un des instruments incontournables de la pépinière est un thermomètre muni d'une alarme permettant de fixer des limites de température minimale et maximale. Lors d'un bris de fournaise, d'un manque d'électricité ou de carburant, cette alarme nous avertira du danger guettant notre production. Cela est particulièrement important lors des nuits de gel, alors que quelques heures sans chauffage peuvent être fatales aux plantules. Un tel scénario nous est arrivé plus d'une fois, mais heureusement, nous avions prévu un plan de dépannage. S'il s'agit d'un bris de fournaise, notre serre est équipée d'une fournaise auxiliaire que nous entretenons régulièrement. Cette seconde fournaise est beaucoup moins puissante que la principale (et moins dispendieuse!), mais elle chauffe minimalement la serre en attendant les services d'un réparateur. Après plusieurs saisons de déni, nous nous sommes résignés à nous procurer une génératrice d'urgence, dans le cas d'une panne électrique. Cette dernière représente un investissement important et ne servira probablement jamais, mais force est d'admettre que nous aurions beaucoup à perdre si le courant venait à manquer pendant plusieurs jours. Parfois il faut mettre les bretelles et la ceinture, comme disait mon grand-père…

Dans le même ordre d'idées, l'alarme de notre thermomètre est également indispensable pour nous avertir d'une surchauffe de la serre durant le jour. Oublier d'ouvrir les ouvertures de côté lorsque le soleil apparaît peut rapidement se traduire par la destruction des semis. Cela peut survenir en moins de deux heures! Une telle mésaventure affecterait gravement l'ensemble de la saison. Par conséquent, il n'y a aucune place à l'erreur. Un thermomètre muni d'une alarme est tout simplement indispensable dans une pépinière.

L'arrosage

Une bonne gestion de l'arrosage est déterminante dans la réussite des semis. Un manque d'eau peut rapidement causer la mort des plantules, tout comme un terreau trop mouillé crée des conditions propices aux maladies fongiques. Arriver à déterminer quand arroser et combien d'eau n'est pas si facile et de nombreux paramètres doivent être pris en compte:

- L'arrosage doit être uniforme. Les plateaux d'une même taille devraient tous recevoir la même quantité d'eau afin qu'aucun ne sèche plus vite que les autres. Il va sans dire que les pots et les plateaux dont les cellules sont plus grosses nécessiteront plus d'eau. Il importe donc de les disposer de manière à ce qu'ils soient regroupés par taille sur les tables (les plateaux de 72 à un endroit et les plateaux de 128 à un autre).

- Il faut arroser en fonction de l'état des plateaux dans la serre (l'assèchement est généralement plus rapide sur les bords de tables, du côté sud de la serre et près de la fournaise, par exemple).

- L'arrosage doit se faire en deux fois: une première pour mouiller par capillarité et une seconde pour mouiller les cellules en profondeur.

- Finalement, il faut prendre en considération la température extérieure au moment des arrosages. Par temps ensoleillé, il faut arroser en profondeur tandis que par temps nuageux, les arrosages doivent être plus légers, voire évités. Une maladie dévastatrice comme la « fonte des semis » est souvent causée par un terreau qui n'arrive pas à sécher. Le feuillage des plants qui restent mouillés trop longtemps est aussi une porte d'entrée pour différentes maladies fongiques.

Bien gérer tous ces paramètres requiert une sensibilité qui se développe par l'observation attentive et continue du terreau des plateaux et de l'aspect des plantules. C'est la raison pour laquelle, dans notre

> *Au moment d'acheter une fournaise pour votre serre, il faut éviter les économies de bouts de chandelle. Le mieux est d'en acheter une neuve (ou remise à neuf) et de s'assurer qu'elle dégage suffisamment de chaleur pour chauffer rapidement l'espace nécessaire.*

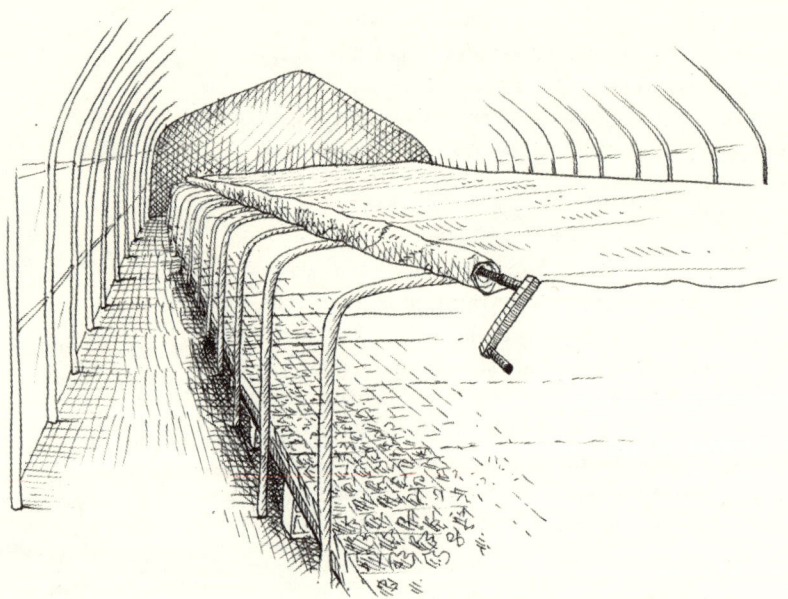

C'est une bonne idée de recouvrir les semis d'une couverture flottante épaisse, voire d'un film de polythène, durant la nuit. Différents supports peuvent être construits pour faciliter les opérations d'enlèvement et d'installation de la bâche. Cet écran thermique est une solution peu dispendieuse pour diminuer les coûts de chauffage.

Il faut être particulièrement délicat lorsque l'on repique des cucurbitacées qui ne tolèrent pas de se faire enterrer le collet.

pépinière, il n'y a qu'une seule personne qui s'occupe des arrosages. C'est aussi la meilleure façon que nous avons trouvée pour faire en sorte que cette tâche importante ne soit jamais oubliée. La personne responsable peut la déléguer à l'occasion, mais la responsabilité lui revient toujours. C'est une façon de faire que je recommande fortement.

Également important, il faut éviter d'arroser les semis avec de l'eau trop froide, ce qui nuit à la croissance des plants. Pour régler ce problème, nous avons un réservoir d'eau de grande capacité (un 1 000 litres fait l'affaire) qui tempère l'eau d'arrosage. La chaleur de la serre réchauffe l'eau qui, sinon, viendrait directement du puits. Pour augmenter cet effet, nous avons peint le réservoir en noir. Ce faisant, nous limitons également la prolifération des algues dans le réservoir. Ce dernier est raccordé à une pompe à piscine équipée d'un réservoir à expansion. De cette manière, on peut arroser à volonté sans avoir à éteindre ou à allumer la pompe constamment.

Le repiquage

Le repiquage est une technique qui consiste à transférer les plantules d'une petite cellule vers une plus grande. Cette transplantation permet aux transplants qui séjourneront longtemps en multicellules (les tomates, poivrons, concombres, aubergines dans nos jardins) de bénéficier d'un espace racinaire supplémentaire et d'un nouveau terreau encore riche pour compléter leur développement.

Le repiquage est une opération facile, mais délicate. Les plantules repiquées sont fragiles et peuvent souffrir d'un stress si leurs racines sont abîmées. Pour réussir l'opération, nous manipulons les plantules par la tige et les extrayons hors des multicellules en pinçant le bas des cellules, tout en tirant légèrement sur le plant. De façon générale, lorsque l'extraction se fait au bon stade du développement, les racines occupent assez d'espace dans la cellule pour que la motte se tienne bien. Pour ne produire que des transplants vigoureux, nous ne repiquons jamais les plantules faibles et malades et les compostons plutôt avec le vieux terreau.

La transplantation aux jardins

La transplantation est un moment excitant. Après avoir été à l'abri pendant des mois, les transplants sont prêts à remplir le jardin, qui prend alors rapidement forme. Ces travaux arrivent par contre au moment du « rush » printanier, alors que tout est à faire, et nous tentons de coordonner le plus efficacement possible toutes nos opérations.

La première étape consiste à préparer les transplants au « choc » qui les attend. Comme ces derniers ne connaissent qu'un environnement de croissance contrôlé et idéal, ils ne sont pas acclimatés aux vents, au froid et aux variations de température qui caractérisent l'environnement extérieur. Il faut donc les endurcir. Pour ce faire, une semaine avant leur transplantation, nous transportons les plants vers des tables extérieures installées près de la pépinière. Nous les couvrons la nuit d'une couverture flottante et, en cas de gel ou de grand froid, nous les rentrons de nouveau à l'intérieur de la serre. L'idée est de les sensibiliser aux éléments, mais en douceur.

Durant la période d'endurcissement, nous travaillons à la préparation des planches et veillons à ce que tout soit prêt pour accueillir les transplants. Les amendements sont apportés aux jardins, les planches travaillées à la grelinette quand il le faut et, pour certaines cultures, des paillis de plastique et des goutte-à-goutte sont installés. Nous surveillons de près les prévisions météorologiques afin de planifier le moment opportun à l'opération. Lorsque le temps est nuageux, nous transplantons le matin et, s'il fait soleil, nous procédons en fin d'après-midi. Dans tous les cas, nous évitons de

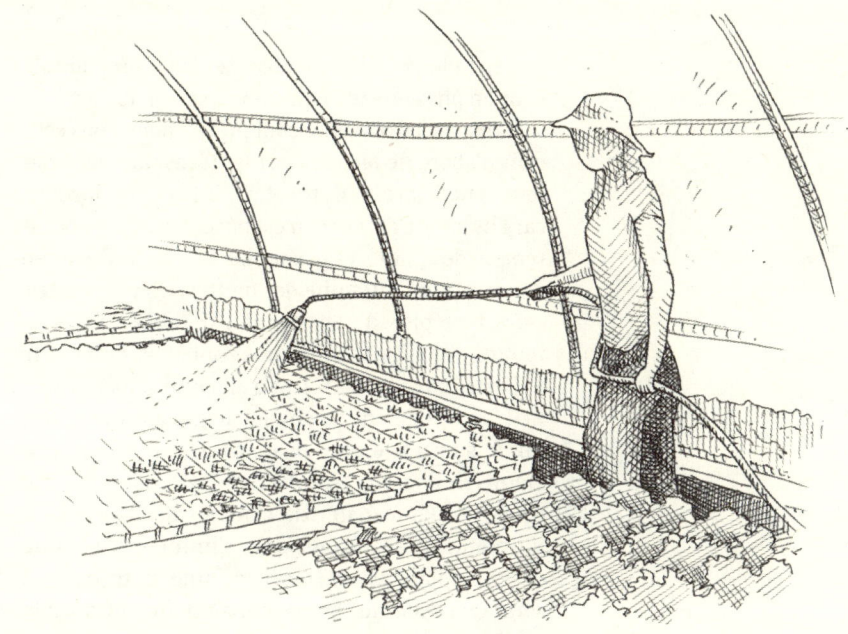

L'arrosage adéquat de ses semis est presque un art : il faut être attentif aux détails afin de trouver l'équilibre entre le fait de trop arroser et d'arroser trop peu.

Bien planifier sa production

Le calendrier cultural, que nous utilisons pour bien planifier la production annuelle de nos jardins, est en grande partie élaboré en considérant les échéanciers des semis intérieurs. La raison est la suivante : pour produire des plants qui « décolleront » rapidement à la transplantation, il faut éviter de les laisser stagner trop longtemps dans leurs cellules. Comme chaque légume possède un temps de croissance optimal à passer en multicellules, nous utilisons cette information pour synchroniser les semis des transplants avec la date désirée de mise en terre.

Il est également important de déterminer les quantités de transplants à produire de manière assez précise. Il ne sert à rien de trop en produire, car les coûts d'opération sont importants ; en revanche, il faut éviter d'en manquer lorsque vient le temps de la transplantation. Dans notre planification, nous utilisons un tableau comme celui de la page 93 pour mieux prévoir le nombre de plateaux à démarrer.

transplanter s'il fait trop chaud et/ou si les plantules sont en phase de transpiration excessive.

Lorsque les planches sont prêtes, nous nous assurons d'abord de bien arroser les transplants qui partent vers le jardin. Cette étape est *très* importante, car l'humidité du terreau est nécessaire à une bonne reprise des plants et le sol plus sec du jardin a tendance à tirer l'humidité des mottes. Chaque plateau est arrosé plus d'une fois afin de bien saturer les mottes d'eau. Les transplants sont alors prêts à être apportés aux jardins à l'aide du chariot de récolte.

L'emplacement de chaque légume est prédéterminé, suivant le plan des jardins que nous avons établi lors de notre planification culturale (*voir chapitre 13*). Pour éviter de charrier des transplants inutilement et, surtout, pour diminuer les risques de cafouillage, nous écrivons une note qui ressemble à celle qui figure ci-bas pour indiquer les cultivars et le nombre de plateaux à apporter par jardin. Encore une fois, nous essayons d'être aussi efficaces que possible, car nous n'avons pas de temps en trop. Chaque détail compte !

Notre méthode de transplantation est plutôt simple. Nous travaillons en paire (ou en trio, suivant les cultures) et nous nous plaçons côte à côte afin d'extraire les plantes des multicellules avant de les transplanter. Nous plantons les semis dans des rangs préalablement tracés au râteau (la même technique utilisée pour marquer les rangs lors des semis directs) pour que les bons espacements soient respectés. La personne la plus rapide (généralement moi !) espace également les plantes sur le rang à l'aide d'un marqueur en bois.

Lors de la mise en terre des transplants, il faut s'assurer de deux choses. Premièrement, éviter les poches d'air entre la motte et le trou d'accueil : une fois la motte transplantée, il faut presser légèrement le sol pour le raffermir et bien ancrer le transplant. Deuxièmement, il faut veiller à enterrer la motte complètement, car si elle sort un peu du sol, elle séchera plus rapidement. À la fin, la surface de la motte devrait être au même niveau que celle du sol. Ce sont là les consignes que nous nous assurons de bien inculquer à ceux et celles qui participent à l'opération.

Dans les jours suivant la transplantation, nous veillons à ce que la terre d'accueil demeure humide. À ce stade, les racines des plants ne doivent pas manquer d'eau, sinon la culture risque de s'en trouver fragilisée tout au long de sa croissance. Si la météo annonce des percées de soleil, nous installons une ligne d'irrigation pour être en mesure d'arroser la parcelle. Les cultures sous couvertures flottantes sont particulièrement vulnérables à un excès de

---

Jardin 7 Solanacées *16 planches*

PLANCHE 1 — **Aubergines Nadia** : 5 plateaux

PLANCHE 2 — **Aubergines Béatrice** : 5 plateaux

PLANCHE 3 — **Piments forts Hungarian Hot Wax** : 6 plateaux

PLANCHE 4 — **Poivrons Ace** : 10 plateaux

ETC.

TABLEAU DES TRANSPLANTS

Légume	Multicellules	Nombre de plateaux par planche*	Nombre de jours en cellule	Espacement sur la planche	
Aubergine	pots de 10 cm²	85 pots	50	1 rang	Plantée aux 45 cm
Basilic	128	3	25	3 rangs	Planté aux 30 cm
Bette et kale	72	5	30	3 rangs	Plantés aux 30 cm
Betterave	128	11	25	3 rangs	Plantée aux 9 cm
Brocoli	72	3	30	2 rangs	Planté aux 45 cm
Céleri	72	10	60	3 rangs	Planté aux 15 cm
Céleri-rave	72	5	60	3 rangs	Planté aux 30 cm
Cerise de terre	72	1	40	1 rang	Plantée aux 60 cm
Chou chinois	72	3	30	2 rangs	Planté aux 45 cm
Chou d'été	72	3	30	2 rangs	Planté aux 45 cm
Chou-rave	72	9	30	3 rangs	Planté aux 17 cm
Chou-fleur	72	3	30	2 rangs	Planté aux 45 cm
Chou de Bruxelles	72	3	30	2 rangs	Planté aux 45 cm
Concombre	72	1,5	15	1 rang	Planté aux 45 cm
Courgette	72	1	15	1 rang	Plantée aux 60 cm
Épinard	128	8	21	4 rangs	Planté aux 15 cm
Fenouil	72	7	30	2 rangs	Planté aux 15 cm
Laitue	128	3	30	3 rangs	Plantée aux 30 cm
Maïs	128	4	15	2 rangs	Planté aux 15 cm
Melon	72	2	15	1 rang	Planté aux 45 cm
Oignon	500**	8	50	3 rangs	Planté aux 25 cm
Oignon vert	300**	13	45	5 rangs	Planté aux 15 cm
Persil	128	8	40	4 rangs	Planté aux 15 cm
Poireau	300**	2	65	3 rangs	Planté aux 15 cm
Poivron	pots de 10 cm²	170 pots	60	1 rang	Planté aux 23 cm
Rutabaga	72	7	30	2 rangs	Planté aux 15 cm
Tomate	pots de 15 cm²	170 pots	60	1 rang	Plantée aux 23 cm
Verdure asiatique	72	4	21	3 rangs	Plantée aux 30 cm

* Le nombre de plateaux par planche est calculé pour des planches de 30 m et tient compte d'une densité de semis 30 % plus élevée que nécessaire. Ce dernier point est important, car il réduit les risques de mauvaise germination ou de perte de transplants à l'implantation.

** Les liliacées sont semées à la volée dans des plateaux sans alvéole.

Actuellement, nous faisons l'essai d'un nouveau rouleau qui nous permet de marquer les rangs dans le sens de la longueur et de la largeur, le tout simultanément. De conception ingénieuse, le rouleau peut être ajusté rapidement à différents espacements (voir l'annexe sur les outils).

chaleur et nous ne prenons aucun risque : s'il fait soleil durant les premiers jours suivant la transplantation, nous découvrons les cultures abritées de leur couverture flottante. Cela représente encore une fois beaucoup de manipulation, mais à cette dernière étape, chaque précaution est un investissement pour la suite des choses.

En 2014, j'ai eu l'occasion de faire des essais avec une nouvelle technique de transplantation utilisant des multicellulles de papiers pliés selon les principes de l'origami. Le Paper Pot Transplanter permet de transplanter des mottes aussi rapidement que le ferait une tranplanteuse mécanique, mais sans utiliser de carburant fossile. Créé au Japon, ce matériel de basse technologie est très prometteur pour augmenter la productivité du jardinier-maraîcher, mais il faut malheureusement l'écarter pour le moment, car les papiers qu'il utilise contiennent une colle constituée d'acétone, qui peut être nocive pour la santé. Espérons que, d'ici quelques années, une compagnie s'intéressera à cette technique pour la production bio.

Les semis en plein sol

Qui sème dru récolte menu; qui sème menu récolte dru.

– Proverbe français

TOUTE DISCUSSION SUR LA PRATIQUE du semis en plein sol doit débuter par l'affirmation que, dans un jardin maraîcher, il est beaucoup plus avantageux d'implanter ses cultures par la transplantation. En effet, tout en permettant d'obtenir une densité parfaite, la transplantation des cultures permet aux légumes de prendre une avance considérable sur les mauvaises herbes, ce qui aide beaucoup à diminuer la charge de travail de désherbage. C'est également plus facile d'assurer une germination optimale dans

La profondeur du semis a une incidence sur le taux de germination et d'émergence. En règle générale, les graines devraient être semées à une profondeur correspondant à leur épaisseur. Néanmoins, mieux vaut se fier aux renseignements fournis par le semencier.

Réutiliser les graines des années antérieures est risqué

Si vous vous lancez tout de même dans les semis en plein sol, vous devriez au préalable faire un test de germination, en plaçant quelques graines dans une serviette de papier humide pendant environ une semaine, puis dans un sac en plastique pour les empêcher de sécher. Gardez le sac dans un endroit chaud (sur le frigo, par exemple) et assurez-vous que la serviette reste humide pendant tout le processus. Le pourcentage de graines qui auront germé vous donnera une bonne idée de la manière dont elles se comporteront aux jardins. Si seulement 50 % des graines germent, vous devriez en acheter de nouvelles.

Deuxièmement, il faut arriver à semer en fonction d'espacements optimaux précis. Une solution facile à ce problème est de semer très densément et d'éclaircir ensuite à la densité voulue. Bien qu'efficace, cette pratique est très laborieuse (éclaircir une planche de carottes d'une longueur de 30 mètres peut facilement prendre plus d'une demi-journée à deux personnes). Pour être plus productif, nous voulons plutôt semer nos cultures avec précision et éviter le plus possible d'avoir à éclaircir les semis. Un semoir qui réussit à déposer les graines aux espacements désirés est donc un outil important pour la réussite du jardin maraîcher.

Les semoirs Earthway et Glazer sont très différents, mais complémentaires. Par contre, pour bien fonctionner, tous les deux requièrent une surface de planche très propre (sans pierres, mottes de terre ou résidus de culture), faute de quoi les débris ont tendance à coincer les roues du semoir, ce qui empêche les graines de tomber.

un environnement contrôlé, comme c'est le cas dans la pépinière. Néanmoins, certains légumes ne se prêtent pas bien à la transplantation et doivent être semés en plein sol.

Les semis en plein sol n'ont pas que des désavantages; ils poussent plus rapidement, sont plus faciles d'entretien et moins chers que les semis intérieurs. Dans le présent chapitre, j'aborderai la question des différents outils et des différentes techniques qui peuvent être utilisés pour simplifier cette pratique. Pour commencer, au moins deux éléments importants doivent être pris en compte.

Premièrement, il faut s'assurer d'avoir un bon taux de germination pour obtenir la production intensive escomptée. La première chose à faire est de se procurer des graines de qualité. De fait, les graines à faible taux de germination ne donneront jamais rien de bon. Je vous recommande donc d'acheter les vôtres auprès de semenciers reconnus. Il est également important de bien entreposer les graines tout au long de la saison; celles-ci devraient toujours être gardées dans un contenant hermétique et placées dans un environnement frais et sec. Aussi, pour nous assurer d'un rendement maximal, nous évitons d'utiliser les graines des années précédentes et nous calculons nos besoins aussi précisément que possible avant de faire notre commande annuelle.

Les taux de germination sont également influencés par les conditions climatiques. Comme une levée uniforme dépend de l'humidité et de la chaleur d'un sol, nous cherchons à contrôler ces paramètres

Le semoir à six rangs permet une densification des cultures, ce qui le rend très utile sur une petite surface maraîchère. Nous l'utilisons pour tous nos semis de mesclun, de bébé épinard, de carotte et de radis primeur en tunnel.

en dépit des intempéries. C'est principalement pour cette raison qu'un jardin maraîcher doit bénéficier d'un système d'irrigation fiable. Pour une germination optimale, le sol devrait *toujours* être gardé humide jusqu'à l'émergence des semis. Par temps frais, nous couvrons également les planches d'une couverture flottante, ce qui aide beaucoup à conserver la chaleur du sol.

Les semoirs de précision

Les semoirs à légumes ne datent pas d'hier et il en existe plusieurs modèles différents. Trouver le ou les meilleurs semoirs est un défi, car les graines des différents légumes ont toutes une forme, une grosseur et un taux de germination qui leur sont propres. J'ai essayé la plupart des semoirs présentement disponibles sur le marché et j'estime qu'ils ont tous des caractéristiques intéressantes ainsi que des défauts. Mis à part la précision, les caractéristiques qui m'intéressent sur un semoir manuel sont la facilité de son calibrage (c'est-à-dire qu'on peut faire les ajustements pour différentes formes ou tailles de graines en peu de temps), la précision et le prix. Vous trouverez en annexe une liste de fournisseurs auprès desquels il est possible d'acheter ces semoirs.

Le **Earthway**, aussi commercialisé sous le nom Semtout en Europe, est un semoir que l'on pousse et qui, par l'action d'une courroie attachée à la roue avant, fait tourner un disque qui soulève et dépose au sol des graines entreposées dans un réservoir. Ce semoir est pourvu d'un soc ouvre-sillon réglable qui permet aux graines d'être déposées à différentes profondeurs. Il vient avec 12 disques, conçus pour semer des graines de différentes tailles à différents espacements, est léger et facile à calibrer (en moins d'une minute le bon disque est installé et la profondeur ajustée). Pour toutes ces raisons, le semoir Earthway est très facile à utiliser. Son réservoir à semences se vide aisément et un marqueur de rangs y est intégré, ce qui est bien pratique. Pour les haricots, les pois, les betteraves* et les radis, le semoir Earthway donne de très bons résultats. Par contre, il est inefficace pour semer les toutes petites graines qui ont tendance à se coincer dans le mécanisme.

Le **Glazer** est un semoir simple et bien pensé (à l'instar de la plupart des outils suisses) dans lequel les graines sont déposées au sol par la rotation d'un essieu horizontal, entraîné par deux roues métalliques situées de chaque côté. Cet essieu est pourvu de cavités dans lesquelles se logent les graines. Le semoir est calibré en utilisant l'une des trois grosseurs de trou de l'axe (petit-moyen-gros) et par l'action d'un petit balai dont la fonction est d'enlever le surplus de graines. La profondeur du semis est ajustée par l'opérateur qui donne un angle au manche de l'outil. C'est un semoir très efficace pour semer les petites graines, particulièrement celles qui sont rondes. Il est donc très complémentaire au semoir Earthway.

Une des particularités du semoir Glazer est qu'il nécessite une surface de planche très propre, faute de quoi les débris ont tendance à coincer les roues du semoir. La surface du sol doit également être bien ferme afin que les roues du semoir ne s'enfoncent pas trop. Pour profiter de la simplicité et de la précision de ce semoir, il faut passer plus de temps à la préparation des planches.

Pour faire fonctionner le semoir Glazer avec succès et parvenir à de bons résultats, il faut également apprendre à le maîtriser, car il requiert une certaine habileté de la part de l'opérateur. Il est donc préférable de se familiariser avec cet outil en faisant des essais sur une petite parcelle avant de semer sur une grande surface.

Le **Six Row Seeder** est un semoir à six rangs conçu pour semer très intensivement et pensé avant tout pour l'ensemencement de mesclun. C'est le semoir manuel le plus sophistiqué que nous utilisons dans nos jardins. Son mécanisme est similaire à celui du Glazer, à la différence que l'essieu est actionné par une poulie raccordée à deux rouleaux qui remplacent les roues. Ces rouleaux facilitent beaucoup la traction du semoir tout en permettant de plomber la surface semée. Le semoir est aussi équipé de trois engrenages permettant plusieurs ajustements de densité. La profondeur est normalement réglée en remontant ou en abaissant le chargeur frontal.

Les six rangs du semoir sont espacés de 5,5 centimètres, ce qui ne laisse aucun espace pour le passage d'une binette entre les rangs et, donc, pour le désherbage. L'idée derrière ce concept est qu'après deux passages (un aller et un retour sur une largeur de planche de 75 centimètres), le semoir aura déposé une densité de graines permettant à la culture mature d'occuper tout l'espace de planche. Cette idée est très bonne pour intensifier une production, mais elle requiert en contrepartie une pression minimale de mauvaises herbes, un idéal difficile à atteindre. J'expliquerai dans le prochain chapitre les différentes stratégies pour y parvenir. Tout comme le Glazer, le Six Row Seeder est particulièrement bien adapté aux graines de petite taille (plus petites que les betteraves) et nécessite une surface ferme et bien entretenue pour une utilisation optimale.

La préparation du semis

La réussite d'un semis en plein sol passe par une bonne préparation de sol. Pour favoriser l'efficacité des semoirs, la planche à semer doit être nettoyée de ses débris et la terre égalisée et affinée pour faciliter un meilleur contact semence-sol. La surface du sol devrait aussi être bien asséchée, sinon les semoirs ont tendance à « se bourrer ». De façon générale, si la terre colle aux roues du semoir, c'est de mauvais augure pour la réussite du semis et il vaut probablement mieux attendre que le sol soit plus sec.

Avant de semer, il est important de marquer ses rangs de manière à semer le plus symétriquement possible. Cette pratique est utile aux premiers sarclages qui ont lieu entre les rangs alors que les plantules sont souvent difficiles à voir (les carottes au

* *Semer des betteraves avec le semoir Earthway nécessite un long travail d'éclaircissement, ce qui explique pourquoi nous préférons transplanter cette culture.*

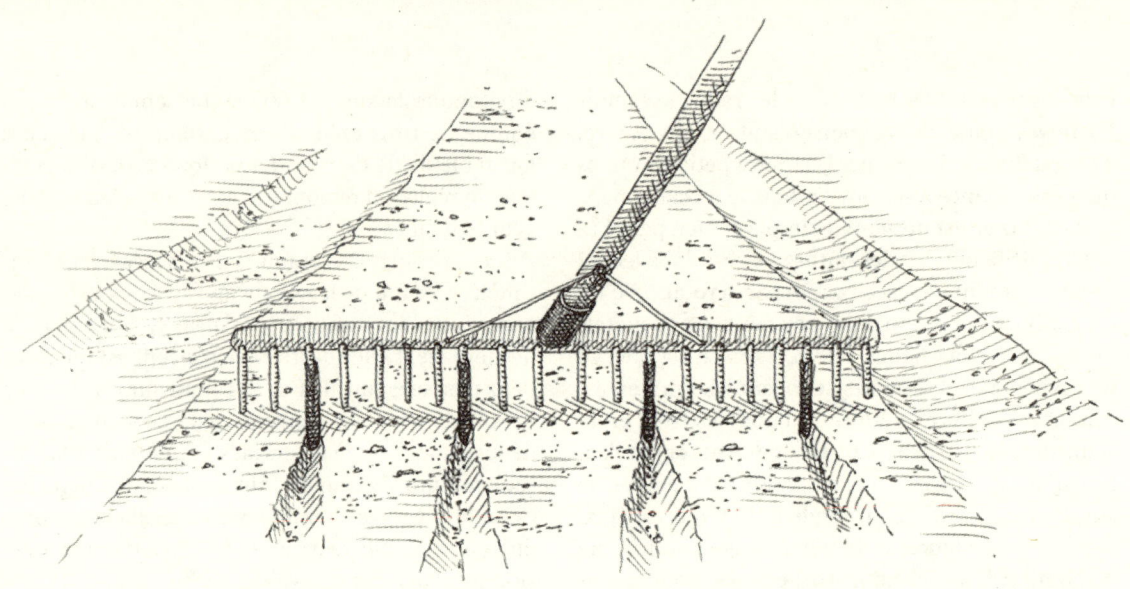

Nous traçons nos rangs en lignes droites de manière à faciliter le désherbage à la binette. Pour ce faire, nous utilisons des embouts de plastique que nous adaptons aux dents du râteau qui nous sert à préparer les planches. L'espacement des rangs est calculé en fonction de la largeur des binettes et de l'espacement optimal à chaque culture.

> *La prise de notes a été particulièrement importante pour la détermination des espacements optimaux ainsi que pour le choix et le calibrage des semoirs que nous utilisons. Vous pouvez calculer la densité optimale pour les cultures en semis direct en notant le poids des graines semées, puis l'espacement qui en résulte. Cette pratique est facilitée si la taille des planches est uniforme.*

stade cotylédon sont particulièrement faciles à détruire lors d'un premier binage).

Une fois les passages de semoir effectués, nous passons avec le dos du râteau afin de recouvrir les graines avec un peu de sol, de manière à éviter qu'elles ne sèchent au soleil. Une ligne d'eau est ensuite installée et l'irrigation se fait au besoin. Pour des raisons de logistique d'irrigation (nos lignes d'eau peuvent arroser deux, quatre ou huit planches à la fois), nous essayons d'effectuer plusieurs semis en plein sol à la fois et avons donc organisé notre calendrier cultural et le plan des jardins en fonction des dates de semis en plein sol.

La prise de notes

Rien n'est aussi frustrant que de découvrir qu'un semis n'a pas la densité désirée après un mois d'attente. Pour éviter ce problème, je recommande de peser le sac de graines avant et après chaque semis (la différence équivaut au poids total de graines ensemencées) et de comparer le résultat à une cible de densité optimale. Si, pour une raison ou une autre, la densité du semis est trop faible, un deuxième passage de semoir peut être effectué. Ce simple contrôle permet de détecter facilement un problème de rendement, et ce, avant que la culture n'émerge. De façon générale, il vaut mieux semer plus que pas assez, même s'il s'avère nécessaire d'éclaircir le semis par la suite.

EXEMPLE DE FICHE DE NOTES POUR LES SEMIS EN PLEIN SOL

La prise de notes systématique est une technique très recommandable pour les semis. En plus de fournir des explications possibles en cas d'échec, elle permet de mesurer les taux de semis. Le tableau ci-dessous donne un exemple de la façon dont nous prenons nos notes à cet égard.

***Radis* : 5 rangs (15 cm) semés aux 3 cm avec le semoir Earthway, sur le plateau *Radish*, profondeur de 1 cm (taux entre 65 et 90 g). Recouvrir le semis d'un filet anti-insectes**

N° de jardin	N^{bre} de planches	Variété et fournisseur	Date du semis 2013	Quantité de semences	Date de récolte	N^{bre} de jours au jardin	Rendement par planche
2	1	Raxe : William Dam	1er mai	80 g	2 juin / 9 juin	50	308 bottes
2	1	Pink Beauty Johnny's	8 mai	70 g	16 juin / 23 juin	45	285 bottes
6	1	French breakfast* Johnny's	25 mai	70 g	27 juin / 5 juillet	48	235 bottes

*French breakfast semé dans des conditions de pluie, pas terrible...

TABLEAU DES SEMIS EN PLEIN SOL

Légume	Espacement		Semoir	Calibrage
Aneth	5 rangs	semé aux 3 cm	Glazer	Gros trou : profondeur de 1 cm
Betterave	3 rangs	semée aux 2,5 cm éclaircie à 5 cm	Earthway	*Beet plate* : profondeur de 1 cm
Carotte	5 rangs	semée aux 3 cm	Glazer	Gros trou : profondeur de 1 cm
Coriandre	5 rangs	semée aux 5 cm	Earthway	*Beet plate* : profondeur de 1 cm
Épinard bébé	6 rangs	semé aux 5 cm	Six Row	D* (trou) - L (balai) - 2,5" (moyenne poulie)
Haricot	2 rangs	semé aux 10 cm	Earthway	*Bean plate* : profondeur de 3 cm
Navet	5 rangs	semé aux 3 cm	Glazer	Moyen trou : profondeur de 1 cm
Mesclun	12 rangs	semé aux 3 cm	Six Row	C* (trou) - L (balai) - 2,5" (moyenne poulie)
Pois	1 rang	semé au 1 cm deux passages	Earthway	*Early june plate* : profondeur de 3 cm
Radis	5 rangs	semé aux 3 cm	Earthway	*Radish plate* : profondeur de 1 cm
Roquette	5 rangs	semée aux 3 cm	Glazer	Gros trou : profondeur de 1 cm

* Le semoir Six Row est vendu avec un manuel d'instruction dans lequel on trouve des codes de calibrage. Les lettres présentées ici font référence à ces codes.

Depuis 2013, nous avons également adopté le semoir Jang, que nous aimons beaucoup. De fabrication coréenne, le mécanisme permet un triage amélioré des semences et une flexibilité accrue en matière d'espacement. Son socle ouvre-sillon est également plus robuste, ce qui permet de l'utiliser avec succès sur des surfaces de planches moins « propres ». Par contre, le calibrage est plus long et son prix, beaucoup plus élevé que celui des autres semoirs.

CALIBRAGE SEMOIR JANG

Culture	Rang	Espace-ment (cm)	Rouleau	Avant	Arrière	Balai*	Feutre**	Profondeur (cm)
Aneth	5	3	MJ-12	14	9	3/4		1
Betterave								
d'été***	3-4	5	LJ-12	11	11	1/4	–	1
plus gros calibre	4	5	G-12	13	10	3/4	–	1
Carotte								
taille 1,8-2,0	4	3	X-24	14	9	1/4	–	1
taille 1,6-1,8	4	3	Y-24	11	11	1/4	–	1
de conservation	3	5	Y-24	14	9	1/4	–	1
Coriandre	5	5	MJ-12	14	9	3/4	–	1
Épinard	6	5	F-12	14	9	2/4	–	3
Haricot	2	8	N-6	14	9	4/4	–	3
Navet	5	3	X-24	13	11	1/4	–	1
Panais			LJ-12	14	9	–	–	1
Radis	5	3	X-24	13	11	2,5/4	–	1
Radis d'hiver	4	8	F-12	11	11	1/4		1
Roquette	5	3	X-24	14	9	1/4	–	1
Rutabaga			YYJ-12	14	9	1/4	–	1

* 0/4 = ouvert complètement. 4/4 = fermé complètement

** Un feutre permet de serrer la semence contre le rouleau. Pour certaines grosseurs de graine, il est préférable de l'enleve.

*** Semez aux 2,5 centimètres et utilisez un engrenage 14-9 au printemps.

Le désherbage

De trop nombreux cultivateurs estiment que le sarclage sert à combattre les mauvaises herbes et, par conséquent, s'y mettent trop tard. Le sarclage doit plutôt être considéré comme une mesure de prévention. Autrement dit : au lieu de désherber, cultivez… Les mauvaises herbes font à la fois concurrence aux cultures et aux cultivateurs.

– Eliot Coleman, The New Organic Grower, 1989

DANS LE CYCLE D'UNE SAISON MARAÎCHÈRE, la fin des travaux d'implantation des cultures correspond au début d'une autre corvée de longue haleine : le contrôle des mauvaises herbes. Quiconque a déjà cultivé un potager sait pertinemment combien les légumes peuvent disparaître rapidement sous une jungle de mauvaises herbes. Comment faire alors pour garder « propre » un jardin d'un demi-hectare ou plus ? Peut-on y arriver efficacement à l'aide d'outils manuels ?

Tout d'abord, il importe de savoir que les mauvaises herbes concurrencent les légumes pour l'eau, les nutriments et l'espace de croissance. Il est donc faux de penser, comme le suggèrent parfois certaines philosophies de jardinage « naturel », qu'il est envisageable de faire pousser de beaux légumes en laissant les mauvaises herbes cohabiter avec les cultures. Il est également irréaliste d'imaginer des systèmes maraîchers qui ne requièrent aucun désherbage. Les herbicides biologiques, si « naturels » soient-ils, ne peuvent pas faire partie d'une approche écologique de production légumière, car ils sont néfastes pour la vie du sol. En agriculture biologique, la lutte aux mauvaises herbes nécessite de la persistance, de bons outils et des techniques de pointe.

Aux Jardins de la Grelinette, notre stratégie pour lutter contre les mauvaises herbes est plutôt simple : nous cherchons à prévenir leur prolifération et, surtout, à désherber efficacement.

Nous avons adopté des espacements serrés non seulement pour maximiser les récoltes, mais également pour réduire cette invasion. En grandissant, les plantes forment un couvert végétal qui plonge les mauvaises herbes dans l'ombre, ce qui nuit à leur croissance. Nous utilisons également un compost sans graines de mauvaises herbes et des outils qui n'inversent pas les couches du sol. En transplantant autant de cultures que possible, nous contribuons aussi à tenir les mauvaises herbes à distance. Mais toutes ces mesures préventives n'assurent pas un contrôle suffisant : nous sommes tout de même confrontés à la germination de mauvaises herbes qui menacent d'étouffer nos cultures.

La stratégie que nous utilisons pour tenir en échec l'enherbement est donc de sarcler nos jardins le plus régulièrement possible et de ne jamais laisser monter en graines les mauvaises herbes d'une parcelle. C'est plus facile à dire qu'à faire, mais pour y parvenir, nous tentons d'être efficaces dans toutes les autres tâches afin de nous dégager le temps nécessaire. Nous avons aussi adopté différentes techniques, dont je parlerai plus loin, qui nous aident à réaliser nos objectifs.

Garder toutes ses parcelles propres n'est pas un objectif facile, surtout en début d'été, alors que les récoltes commencent et que le temps disponible pour les travaux dans le jardin diminue au fur et à mesure que la pression des mauvaises herbes augmente.

Mais le jeu en vaut la chandelle. Avec le temps, votre rigueur portera ses fruits. Les mauvaises herbes continueront toujours d'assaillir vos jardins, mais avec peut-être beaucoup moins de vigueur. L'assiduité au désherbage est la seule manière de diminuer la « banque de graines » présente dans votre sol.

Laisser monter en graines les mauvaises herbes amplifie le problème l'année suivante. Le galinsoga, une plante difficile à éradiquer une fois implantée dans un jardin, produit environ 10 000 graines par plant ! En négligeant cette pratique une seule fois, on se retrouve envahi durant plusieurs saisons.

L'utilisation de binettes

La meilleure stratégie pour désherber efficacement son jardin est de s'attaquer aux mauvaises herbes avant qu'elles ne s'implantent et alors qu'un simple remuage de la terre les détruit facilement. Sur une petite surface maraîchère, l'outil par excellence pour effectuer ce travail est la binette.

Il existe plusieurs sortes de binettes et différents noms pour dénommer des outils similaires. Dans nos jardins, les binettes que nous préférons sont des houes à long manche munies d'une lame oscillante à deux bouts tranchants. Ce sont des outils de fabrication suisse, qui se manient avec précision et qui permettent de sarcler les cultures avec le dos toujours bien droit (ce qui, à la longue, évite les courbatures et l'usure de son corps). Nous utilisons des

Évitez de retourner le sol lorsque vous le pouvez

Chaque centimètre carré de votre jardin contient des graines de mauvaises herbes. Toutefois, seules celles qui se trouvent dans les 5 premiers centimètres de la surface du sol reçoivent suffisamment de lumière pour déclencher la germination. En passant le rotoculteur ou en creusant le sol, vous ferez ainsi remonter les graines enfouies sous la surface. Si vous devez absolument inverser les couches du sol, préparez-vous à affronter une invasion de mauvaises herbes le mois suivant !

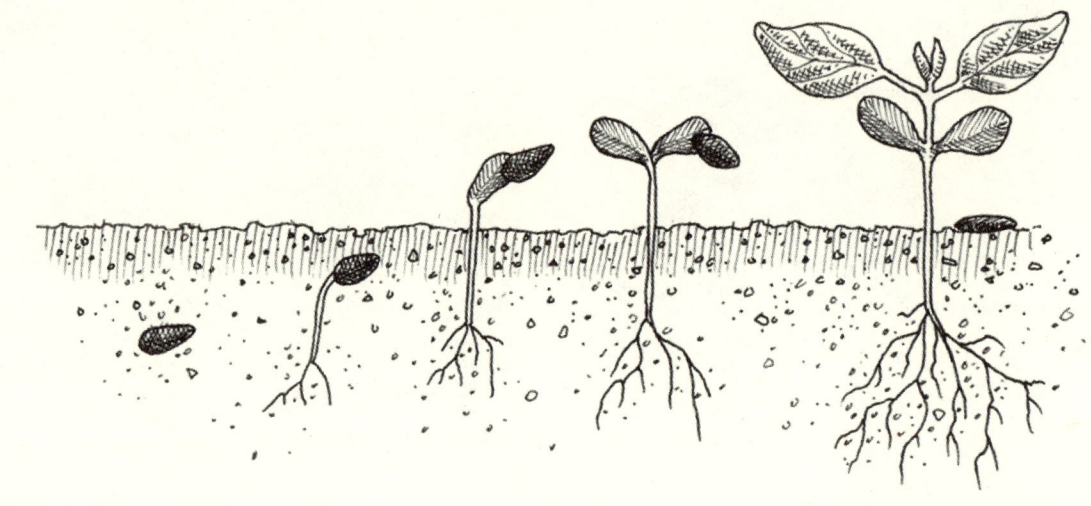

Pour désherber avec efficacité, il faut s'attaquer aux mauvaises herbes lorsqu'elles sont au stade de fil blanc ou cotylédon. Quand elles ont plus de deux feuilles, leurs racines sont bien ancrées dans le sol et il faut souvent les tirer à la main une par une pour s'en débarrasser.

En plus des houes oscillantes, nous utilisons une houe colinéaire conçue par Eliot Coleman, également de fabrication suisse. Cette binette est utile pour sarcler des cultures matures puisque sa lame peut se rendre aux pieds des plants sans endommager le feuillage.

binettes de 85 millimètres (3 1/4") pour les cultures ayant quatre ou cinq rangs sur la planche et d'autres de 125 millimètres (5") pour sarcler les cultures ayant deux ou trois rangs. Nous utilisons aussi une binette sur roue équipée d'un couteau de 300 millimètres (12") pour sarcler les cultures ayant un rang et pour désherber les allées.

Idéalement, les parcelles à entretenir devraient être sarclées tous les 10 à 15 jours, surtout durant les mois de juin et juillet lorsque les mauvaises herbes sont persistantes et en forte compétition avec les cultures. Mais il faut également tenir compte de la météo et attendre d'avoir un temps sec et ensoleillé, car les mauvaises herbes sarclées ont tendance à s'enraciner à nouveau dans un sol humide. Un binage effectué dans de mauvaises conditions est souvent à reprendre quelques jours plus tard. Il faut également savoir que lorsqu'on sarcle des mauvaises herbes vivaces ou d'autres ayant dépassé le stade de cotylédon, il importe de travailler avec une lame de binette tranchante de façon à bien couper les racines des plants à extirper. Mis à part un meulage des lames hebdomadaire à l'aide d'une meuleuse électrique, le meilleur outil que nous avons trouvé pour garder nos binettes toujours bien affilées est une dent au carbure que nous traînons avec nous dans les jardins.

Bien des gens ne peuvent concevoir que l'utilisation d'un outil manuel pour désherber à une échelle commerciale soit une solution efficace et productive. Pourtant, c'est le cas. Avec une bonne binette et de la pratique, un jardinier-maraîcher peut devenir fort habile à passer près de ses cultures sans les abîmer et à rapidement désherber ses parcelles en ne se penchant que rarement. La flexibilité qu'offre le sarclage manuel est, dans une large mesure, ce qui permet les espacements serrés et l'intensification de notre production. Les outils s'ajustent à notre pratique au lieu de la définir.

Outre l'élimination des mauvaises herbes, le sarclage à la binette représente un moment privilégié pour entrer en contact avec le sol et les cultures. Cette tâche permet de faire le suivi des jardins et affine le sens de l'observation. Au fil du temps, cela m'aura permis d'observer les légumes à chaque stade de leur développement et d'apprendre beaucoup sur la biologie des plantes. J'estime que le travail à la binette n'a rien de rétrograde, c'est tout simplement une bonne façon d'entretenir un jardin maraîcher. J'ajouterai que je n'ai jamais envié les maraîchers qui sarclent leurs cultures mécaniquement ni cherché un meilleur moyen de procéder.

Le désherbage par occultation

Un des obstacles majeurs pour arriver à garder toutes nos parcelles propres est qu'elles sont nombreuses. Dans notre ferme, les 10 parcelles en cultures représentent un peu moins d'un hectare et s'il fallait désherber le jardin en entier toutes les semaines, je ne crois pas que nous y arriverions. C'est ici que les bâches noires traitées contre les rayons UV sont fort utiles : non seulement elles

Le travail à la binette permet de désherber les cultures avec une bonne posture. En brisant le « croûtage » de surface, le sarclage permet aussi d'aérer le sol et de stimuler la croissance des plantes.

Les bâches couvre-sol (voir p. 120) peuvent affaiblir les mauvaises herbes comme le ferait l'action d'une courte prairie dans une rotation maraîchère conventionnelle, mais avec l'avantage de pouvoir être installées d'un coup. Leur action immédiate et rapide cadre parfaitement avec la nature intensive d'un jardin maraîcher.

Les bâches couvre-sol font germer rapidement les mauvaises herbes, qui sont ensuite détruites par l'absence de lumière. Cette technique de désherbage appelée « occultation » est largement répandue chez les producteurs biologiques en Europe.

permettent d'étouffer les mauvaises herbes et de préparer les planches avant la plantation, mais on peut également les utiliser pour couvrir les planches inutilisées afin d'y empêcher la prolifération des plantes indésirables. Nous avons également observé que la couverture du sol avec un film opaque (les bâches que nous utilisons sont noires) diminue la pression des mauvaises herbes dans une culture subséquente. L'explication est simple : les mauvaises herbes germent rapidement sous les conditions d'humidité et de chaleur que la bâche procure avant d'être détruites par l'absence de lumière. Cette technique de désherbage appelée « occultation » est largement répandue chez les producteurs biologiques en Europe.

Nous utilisons des bâches noires de 6 millimètres utilisées pour l'ensilage dans nos jardins depuis bientôt 10 ans. J'affirme sans hésiter qu'elles sont en partie responsables du succès de notre entreprise. C'est une solution passive et efficace qui nous permet d'arriver à garder le site sous contrôle. Le seul défaut que nous leur trouvons, hormis le fait qu'elles soient issues de l'industrie pétrochimique, est qu'elles sont parfois lourdes à déplacer. Nous en achetons donc à chaque année, dans le but d'en avoir une pour chaque parcelle, ce qui nous évitera d'avoir à les déplacer. Mis à part ce désagrément mineur, les avantages qu'elles nous procurent surpassent largement leurs inconvénients.

Le faux-semis

Un faux-semis consiste essentiellement à préparer les lits de semence quelques semaines avant la date des semis afin de faire germer les graines de mauvaises herbes se trouvant dans les 5 premiers centimètres du sol. Ces dernières sont ensuite détruites par un sarclage superficiel avant l'implantation de la culture principale. Le résultat d'un faux-semis est impressionnant, et plus d'une fois nous avons constaté la différence avec des planches qui n'avaient pas pu profiter de la technique.

Pour que cette pratique soit efficace, certains éléments doivent être considérés. Tout d'abord, il importe de laisser le temps aux graines de germer. Nous préparons les planches 10 à 15 jours à l'avance et nous les couvrons avec des couvertures flottantes. Il est également important que la destruction des mauvaises herbes en émergence ne ramène pas à la surface des graines qui n'ont pas encore germé. Un passage rapide en surface avec la herse rotative est efficace, mais la binette sur roue convient également. On peut aussi utiliser un pyrodésherbeur pour éviter de remuer le sol et garantir que les graines de mauvaises herbes ne germeront pas.

Comme c'est une pratique simple qui donne des résultats concrets, nous cherchons à faire le plus de faux-semis possible dans nos jardins, surtout pour les semis en plein sol. En gros, cela implique de noter sur le calendrier cultural que la préparation des planches doit se faire deux semaines avant nos dates de semis. Cela n'est pas toujours possible, surtout au printemps, quand une grande partie des cultures du jardin doivent être plantées en même temps, mais nous y parvenons dans une large mesure à l'aide de cette simple planification.

Un des légumes pour lequel le faux-semis est obligatoire est le mesclun. C'est une culture qui, avec la densité que nous visons, ne laisse aucun espace au sarclage pour désherber*. La raison pour laquelle nos semis se font aux deux semaines est justement de nous laisser le temps de faire un faux-semis. Nous accordons alors la même attention aux planches du faux-semis qu'à celles du mesclun, en nous assurant que la levée soit optimale. Nous irriguons le faux-semis au besoin et le couvrons souvent d'une couverture flottante pour y apporter davantage de chaleur. Vu les avantages de récolter un mesclun exempt de mauvaises herbes, réussir à faire pousser un tapis de mauvaises herbes devient presque aussi satisfaisant que bien réussir sa culture principale.

Le pyrodésherbage

Le pyrodésherbage est une technique qui consiste à éliminer les mauvaises herbes en les brûlant avec une torche. On dit brûler, mais c'est un peu trompeur. Les mauvaises herbes ne sont pas calcinées,

L'utilisation de bâches transparentes et de couvertures flottantes pour faire lever les mauvaises herbes d'un faux-semis donne des résultats très impressionnants, voire « épeurants » lorsqu'on s'aperçoit de la quantité de graines dormantes présentes dans son jardin.

mais plutôt détruites par un choc thermique qui endommage les cellules de la plante et provoque sa mort. Pour que cela réussisse, deux conditions doivent être réunies. Les flammes de la torche doivent entrer en contact avec le sol et les mauvaises herbes doivent être encore assez petites (stade du cotylédon à première feuille) pour qu'une simple seconde d'exposition à cette flamme suffise à les détruire. Il est également important que le pyrodésherbage se fasse sur une surface aussi plane que possible, car

La solarisation du sol

En été, vous pouvez utiliser le soleil pour lutter contre les mauvaises herbes en laissant un recouvrement de plastique transparent sur le sol pendant six semaines. C'est une stratégie efficace pour épuiser la banque de graines, pour lutter contre les plantes adventices dans les tunnels ou lors des semis hâtifs au printemps, alors qu'il n'est pas possible d'utiliser les faux-semis. La solarisation n'est toutefois pas sans inconvénient. En plus de devoir sacrifier un espace du jardin, il faut également prévoir la destruction des micro-organismes et des bactéries du sol. Toutefois, cette stratégie est si efficace qu'elle peut s'avérer utile dans certaines circonstances.

Réussir à bien brûler les mauvaises herbes dépend en grande partie de la qualité du pyrodésherbeur. Celui que nous utilisons dans nos jardins permet de brûler avec plusieurs flammes et beaucoup d'intensité. Il fait 75 centimètres (30") de large et est muni de cinq torches ainsi que d'un boîtier qui protège les brûleurs du vent. Des caractéristiques qui assurent l'uniformité de la flamme et permettent d'utiliser l'outil par temps venteux.

les irrégularités peuvent dévier la chaleur du pyrodésherbeur et nuire à son efficacité.

En maraîchage biologique, le pyrodésherbage est utilisé pour compléter la technique du faux-semis, car le brûlage des mauvaises herbes remplace favorablement le travail d'une herse en éliminant tout remuage du sol et, donc, toute remontée possible de graines enfouies vers la surface. Mais il sert aussi à brûler des mauvaises herbes en « pré-émergence » dans des semis en plein sol. Cette approche est similaire à celle du faux-semis : les planches sont préparées deux semaines à l'avance pour donner une longueur d'avance aux plantes adventices, mais au lieu d'ensemencer après la destruction de ces dernières, la culture est implantée à mi-chemin. Juste avant l'émergence des plantules de légumes, le pyrodésherbeur est passé sur la planche, éliminant d'un coup toutes les mauvaises herbes qui ont eu le temps de s'établir.

Le brûlage en « pré-émergence » est un moyen très efficace de contrer les mauvaises herbes pour des cultures lentes à germer, comme les carottes, les betteraves et les panais, mais c'est une arme à double tranchant qu'il faut utiliser avec vigilance. Si on attend trop avant de pyrodésherber, les plantules de légumes peuvent émerger sans que les mauvaises herbes aient été brûlées. L'effet bénéfique de la technique est alors complètement inversé et la culture se retrouve totalement envahie par les mauvaises herbes. Si cela se produit, il faudra passer plusieurs heures à désherber à la main ou, fort probablement, recommencer le semis qui sera en retard de quelques semaines. Pour éviter de « passer tout droit », nous semons toujours avec la culture à pyrodésherber une petite poignée de graines de légumes qui germeront plus précocement : des graines de radis pour détecter l'émergence des betteraves, et des graines de betterave pour détecter l'émergence des carottes. Lorsque ces plantules indicatrices germent, le moment est parfait pour pyrodésherber en toute confiance. Nous ajoutons également une notice à notre calendrier de production pour nous rappeler de vérifier l'état des plantules cinq jours après le semis en plein sol. Mieux vaut brûler plus tôt que trop tard.

Les paillis

Couvrir le sol du jardin est une autre bonne façon de lutter contre les mauvaises herbes. Cependant, un mot doit être dit sur les paillis végétaux, souvent recommandés dans les manuels de jardinage. Bien que je reconnaisse les mérites biologiques d'utiliser des couvertures de sol comme la paille, les feuilles, les copeaux de bois ou le carton, mon expérience ne me permet pas de les recommander. Les mauvaises herbes semblent toujours trouver leur chemin au travers des paillis végétaux, ce qui oblige ensuite à des désherbages à la main sans moyen d'utiliser des binettes. Ils apportent aussi beaucoup de limaces avec eux. À l'échelle commerciale, leur coût ainsi que le temps nécessaire à les étendre et à s'en débarrasser après la culture sont, à mon sens, un problème. À mon avis, le seul paillis végétal qui ne réunit pas ces inconvénients provient de la tonte de l'herbe. De fait, c'est un paillis que nous pouvons produire sur place (nous tondons notre herbe toutes les deux semaines) et sa texture fine le rend facilement digestible pour les organismes du sol, permet le passage de la binette et facilite son incorporation au sol. Nous avons obtenu de bons résultats avec un paillis de ce genre d'une épaisseur de 1 centimètre, mais pas au point de l'utiliser de manière systématique dans notre lutte contre les mauvaises herbes.

Nous avons toujours considéré les paillis de plastique comme étant les plus efficaces. Nous utilisons des paillis biodégradables et des géotextiles pour couvrir les planches des cultures qui demeurent longtemps dans nos jardins, comme les tomates, les poivrons, les zucchinis et les melons. Ces couvre-sols opaques permettent d'étouffer les mauvaises herbes, mais fournissent aussi un environnement idéal pour ces cultures, qui préfèrent des conditions chaudes et humides. Les deux produits ont leurs avantages et leurs désavantages.

Les paillis de plastique réduisent la lutte contre les mauvaises herbes à une ou deux séances de désherbage à la main. Pour les cultures qui restent longtemps au jardin, c'est un investissement très rentable.

Couvrir avec de la paille

La paille est problématique, car la plupart des agriculteurs céréaliers utilisent des herbicides pour contrôler les mauvaises herbes présentes dans leurs champs. Des résidus phytocides peuvent donc se retrouver dans votre jardin. Malheureusement, tout en étant plutôt rares à trouver dans de nombreuses régions, les bottes de paille produites biologiquement sont souvent porteuses de graines de mauvaises herbes, ce qui est très problématique. Celles que nous utilisons pour abriter notre ail durant l'hiver sont faites de seigle d'automne de première coupe. Cette paille est récoltée en début d'été alors que peu de mauvaises herbes ont atteint leur floraison; elle est donc plus susceptible d'être « propre » et exempte d'herbicides, même en régie conventionnelle.

La binette sur roue est une invention formidable. Cet outil, qui permet de sarcler une grande surface sans grand effort, a le mérite d'être durable et silencieux, ce qui n'est pas le cas du motoculteur que nous utilisons aussi pour sarcler les allées de nos jardins.

Les paillis biodégradables que nous utilisons sont *beaucoup* moins chers et sont plus polyvalents, car on peut les percer facilement aux intervalles que nous voulons. Ils sont composés d'amidon de maïs 100 % compostable et biodégradable. À la fin de la saison, nous les incorporons au sol sans problème de conscience, car ils n'y apportent aucun résidu toxique. Ils sont vendus en rouleaux d'une longueur de 150 mètres et d'une largeur de 90 centimètres, ce qui est suffisant pour enfouir les bords et couvrir nos planches de 75 centimètres. Bien qu'ils soient plus fragiles, nous les préférons aux paillis conventionnels qui se retrouvent aux poubelles une fois la culture terminée. Vous trouverez une liste des fournisseurs en annexe.

Une approche préventive

Trop de producteurs considèrent les outils mécaniques comme *la* solution à leur problème de gestion des mauvaises herbes. Bon nombre de producteurs biologiques que je connais sont constamment à la recherche de nouveaux outils : des herses bineuses, des herses à peigne, des bineuses à torsion, des outils informatisés, voire robotisés (vraiment !). De prime abord, on pourrait croire que l'idéal serait de posséder *chacun* de ces outils de manière à pouvoir travailler efficacement indépendamment des contraintes du terrain. Les expositions agricoles débordent de producteurs qui espèrent pouvoir mettre la main sur ces nouvelles technologies. Le jardinier-maraîcher, lui, n'a pas encore accès à ce type d'outils (du moins, pas à ce que je sache). C'est peut-être une bonne chose, car cela nous permet de trouver d'autres solutions en matière de lutte contre les mauvaises herbes.

Dans le présent chapitre, j'ai expliqué différentes techniques utilisées pour protéger le jardin des invasions de plantes indésirables : opter pour l'espacement intensif, faire de la transplantation, ne pas inverser les couches du sol, ne pas laisser les mauvaises herbes monter en graines, ne pas importer de

Le géotextile est réutilisable et durable. Nos couvre-sols ont six ans et montrent très peu de signes d'usure. Ils sont vendus en rouleaux et leur largeur permet de couvrir les planches et les allées. Nous utilisons des couvre-sols d'une largeur de 5 mètres que nous avons troués en fonction des cultures que nous voulions cultiver, à savoir des aubergines et des melons. Nous avons fait ces trous à l'aide d'un pochoir en contreplaqué et d'une petite torche au propane (pour une efficacité optimale, nous utilisons une buse à pointe fine). Percer plus de 100 trous de cette manière est une tâche désagréable (qui nous a pratiquement fait abandonner cette approche), mais une fois le travail terminé, les couvre-sols sont utiles pendant des années. Si le géotextile est découpé, la bordure devrait être brûlée pour éviter qu'il s'effiloche. Assurez-vous d'acheter un géotextile de qualité industrielle, car son épaisseur et sa solidité détermineront sa durée de vie.

Nous faisons actuellement l'essai d'une bineuse électrique pour accélérer le désherbage de nos rangs de cultures. Commercialisé sous l'appellation « Tillie » aux États-Unis, cet outil pourrait ouvrir la porte à toute une nouvelle gamme d'outils de basse technologie.

mauvaises graines dans le fumier ou les paillis végétaux et épuiser la banque de graines. Voilà des solutions qui ne coûtent presque rien. Elles exigent toutefois une bonne dose de planification et de réflexion aux différentes étapes de la conception du système cultural. Je suis profondément convaincu que c'est là qu'un jardinier-maraîcher devrait concentrer ses efforts afin de tenir les mauvaises herbes à l'écart de son jardin. Il est également important de comprendre la différence entre désherber et cultiver, puis de réussir à mettre en pratique ce savoir théorique.

Un jour, j'ai assisté à une conférence sur l'agriculture biologique au cours de laquelle on a demandé à un producteur détenant plus de 20 ans d'expérience d'identifier les cinq mauvaises herbes les plus problématiques dans son exploitation. Il en a énuméré deux, puis s'est arrêté, plongeant la salle dans un silence gêné. Après un moment, il a fini par avouer qu'il ne connaissait pas les noms des autres mauvaises herbes parce qu'il ne les avait jamais laissé pousser assez longtemps pour pouvoir les reconnaître. Tout était dit.

Les insectes nuisibles et les maladies

Les insectes nuisibles n'existent pas : dès que surgit le problème de la maladie des plantes ou des dégâts provoqués par les insectes, on en vient à parler immédiatement des méthodes de lutte. Mais nous devrions commencer par examiner si la maladie des plantes ou ces dégâts dus aux insectes existaient à l'origine.

– Masanobu Fukuoka, *L'agriculture naturelle. Théorie et pratique pour une philosophie verte*, 1985

En maraîchage, toute discussion sérieuse sur la phytoprotection devrait reconnaître que l'usage de produits chimiques destinés à détruire les organismes (animaux, végétaux, champignons) nuisibles aux cultures est une catastrophe pour l'écologie et la santé des hommes. L'utilisation de ces produits continue d'être encouragée en dépit des preuves accablantes de leur nocivité, ce qui prouve bien que nous ne pouvons pas compter sur l'agriculture industrielle pour nous nourrir. C'est un sujet fondamental, mais je préfère laisser à d'autres le soin d'en débattre. Nous savons qu'en agriculture biologique, ces produits ne sont pas acceptables, alors que certains « biopesticides » le sont. Mais ces derniers sont-ils réellement écologiques ?

Il est également fréquent d'entendre ou de lire qu'une approche biologique (versus chimique) de l'agriculture permet de diminuer les infestations parasitaires; qu'une attention portée à la biologie, à la structure physique et à l'équilibre minéral d'un sol permet de faire pousser des légumes en santé, naturellement résistants aux maladies et aux ravageurs. Doit-on en conclure que la présence d'insectes nuisibles et de maladies est le résultat de mauvaises pratiques dans son jardin maraîcher ?

Je n'ai aucune certitude relativement à ces grandes questions. Par contre, je sais que certains insectes nuisibles et maladies de plantes surviennent chaque saison dans notre jardin et que, si aucune mesure préventive n'est prise, ces problèmes causent des dégâts importants. La culture de la courgette, par exemple, n'a aucune chance de survivre à la chrysomèle rayée du concombre si elle n'est pas protégée. De plus, il est faux de s'imaginer que les clients accepteront des radis piqués ou des tomates cernées de noir sous prétexte qu'ils sont « bio ». La réussite de son jardin implique donc une bonne gestion des insectes et des maladies.

Plusieurs ouvrages traitant de solutions biologiques aux problèmes d'insectes décrivent les bienfaits de la biodiversité (*voir la bibliographie*). La présence de différents végétaux, insectes, oiseaux et même amphibiens sur le même site réduit en effet l'impact des organismes nuisibles sur les cultures. La meilleure façon d'atteindre une telle biodiversité est d'offrir un habitat approprié aux espèces vivantes que l'on veut accueillir. Ainsi, l'aménagement d'un brise-vent ou d'un étang peut inclure des arbustes et autres plantes appréciés des oiseaux insectivores. L'aménagement d'espaces floraux à l'intérieur et en bordure des jardins peut être conçu de façon à attirer des insectes prédateurs. Des murs de pierre, des bosquets et autres petits abris peuvent profiter à de nombreux insectes bénéfiques aux cultures. Ce genre d'idées mérite d'être étudié au moment de concevoir un jardin maraîcher.

Dans notre ferme, nous avons fait beaucoup d'efforts en ce sens; nous avons des ruches pour apporter davantage de pollinisateurs et un jardin d'eau qui abrite des grenouilles, des insectes et des oiseaux de toutes sortes. Ce plan d'eau et la présence d'un boisé à l'orée de nos jardins profitent aux crapauds qui patrouillent dans nos jardins la nuit pour manger des vers gris. Nous avons construit plusieurs nichoirs qui attirent les merles bleus et les troglodytes, deux oiseaux insectivores qui chassent au sol.

Étant donné que nous nous sommes installés sur une ancienne prairie et que nous sommes encerclés de monocultures, nous partions de loin. Néanmoins, en incluant chaque année différentes petites niches écologiques profitables à plusieurs espèces, notre site est aujourd'hui un endroit accueillant une diversité d'espèces animales et végétales. Les coccinelles, les mantes religieuses et les chrysopes sont des insectes prédateurs redoutables que nous observons régulièrement dans nos jardins. Pour l'essentiel, il suffisait de mettre les services écologiques à notre disposition.

Afin d'empêcher un ravageur d'infester une culture, couvrir les légumes d'un filet protecteur est une stratégie efficace et écologique. Contrairement aux couvertures flottantes, les filets anti-insectes sont beaucoup plus résistants et durables et n'ont aucun effet thermique, ce qui est préférable pour les cultures d'été.

Mais il est difficile de mesurer le résultat de nos efforts et nous avons souvent dû prendre d'autres mesures pour éviter des pertes dans nos cultures. Au fil du temps (et des dégâts encourus), nous avons

La lutte écologique contre les ravageurs

La lutte écologique ne se limite pas à l'utilisation de biopoesticides qui peuvent empêcher, avec plus ou moins d'efficacité, la propagation d'une maladie ou d'un insecte. Elle exige de l'anticipation et de la planification avant le début de la saison. Il est nécessaire d'identifier les ravageurs vivant dans la région et de connaître le type d'interventions naturelles approprié pour éviter l'aggravation du problème. La préparation d'un guide semblable à celui qui figure à la page 132 constitue un bon début, mais il est tout aussi important de noter les différentes méthodes d'intervention s'y rapportant. Par exemple, si vous savez que la mouche de la carotte fait normalement son apparition en août, prenez soin d'inscrire dans votre calendrier de production d'installer des filets à ce moment de la saison.

cides naturels qu'en dernier recours. Ces pratiques particulières sont décrites en détail dans les notes culturales qui se trouvent en annexe, mais disons que dans l'ensemble, l'efficacité de nos mesures passe par un diagnostic rapide des problèmes. C'est la clé d'une bonne gestion des insectes nuisibles et des maladies aux jardins.

Le dépistage

La presque totalité des « remèdes » utilisés en phytoprotection biologique sont efficaces en prévention, c'est-à-dire qu'ils agissent sur une situation avant que les problèmes ne deviennent trop importants. Les produits fongicides permis en agriculture biologique vont permettre, par exemple, de protéger les nouvelles feuilles d'une plante sur laquelle un champignon pathogène s'est établi, mais non de le supprimer. Les insecticides naturels, quant à eux, agissent mieux lorsqu'ils sont utilisés à des moments précis du cycle d'un ravageur. Le spinosad, par exemple, est efficace contre la teigne du poireau, mais seulement lorsque les larves de celle-ci descendent du plant. Lorsqu'il est question de fongicides et/ou d'insecticides, le moment de l'intervention est critique, car le succès de l'opération en dépend. Établir un bon diagnostic des ravageurs et des maladies qui se trouvent dans ses cultures est donc important. C'est le rôle du dépistage, qui implique une observation quotidienne des cultures et de l'évolution des risques.

À notre ferme, nous avons pris l'habitude de faire le tour des jardins avant le début de chaque journée de travail. Compte tenu de la proximité de toutes nos parcelles, cette petite marche n'est pas longue. Elle nous permet de déceler les anomalies qui pourraient se trouver sur les légumes et de constater les besoins d'entretien les plus pressants. Mais encore faut-il savoir quoi chercher... Pour nous assister dans cette tâche, nous avons recours à un service d'alerte phytosanitaire qui nous informe par courriel des maladies et insectes à surveiller. C'est un service gratuit, offert par région et basé sur le

Nous procédons régulièrement au dépistage de la punaise terne dans nos rangs de poivrons. Nous « frappons » les plants pour faire tomber les nymphes de la punaise sur un plastique blanc qui nous aide à l'identifier correctement. Nous interviendrons avec un insecticide naturel seulement si nous détectons sa présence à plusieurs endroits sur le rang.

appris à prévenir l'apparition de plusieurs maladies légumières par des interventions ciblées aux moments opportuns. Nous en sommes également venus à bien connaître la plupart des ravageurs et avons trouvé une solution spécifique pour chacun d'eux. En général, nous préférons les mesures de contrôle physiques (les ouvertures flottantes, la cueillette à la main des ravageurs, les pièges à phéromones, les pièges collants, etc.) et nous n'utilisons les insecti-

savoir-faire de chercheurs et de dépisteurs professionnels. Considérant la quantité de légumes que nous cultivons, ce service m'apparaît indispensable. Nous possédons également plusieurs manuels qui traitent des principaux ennemis des cultures, de leurs cycles et des différentes techniques de repérage. Ce sont des ouvrages de référence que nous gardons à portée de main. Des suggestions de livres se trouvent dans la bibliographie.

La prévention

Un temps pluvieux et l'absence de soleil durant plusieurs semaines consécutives sont souvent annonciateurs de maladies aux jardins. Les solanacées et les cucurbitacées sont particulièrement sensibles à l'arrivée d'agents pathogènes nuisibles, mais d'autres légumes comme les oignons, les fèves et les salades peuvent également être atteints lorsque les conditions climatiques leur sont trop longtemps défavorables. Suivant les souches d'infections, ces maladies causent des dysfonctions sur les plants qui conduisent lentement une culture à sa perte. Lorsqu'une maladie de légumes apparaît, nous cherchons d'abord à déterminer l'agent pathogène. Dans la plupart des cas, le feuillage de la culture présentera des symptômes (tache, flétrissement, brûlure, jaunissement, nécrose, etc.) que nous identifierons à l'aide d'un guide. Cela n'est pas toujours évident, car plusieurs maladies peuvent se trouver simultanément sur un même feuillage et certains symptômes peuvent être confondus avec des désordres physiologiques (carences, stress hydrique, etc.). Dans ce cas de figure, l'alerte phytosanitaire est particulièrement utile pour nous aider à poser un bon diagnostic, car, contrairement aux livres, elle tient compte des conditions climatiques en cours. Les maladies légumières peuvent être de nature virale, bactérienne ou fongique. Voici les principales choses à connaître à leur sujet :

Les **maladies virales** sont de loin les moins communes et, à ce jour, nous n'en avons jamais eu dans nos jardins (je touche du bois!). Ce type de

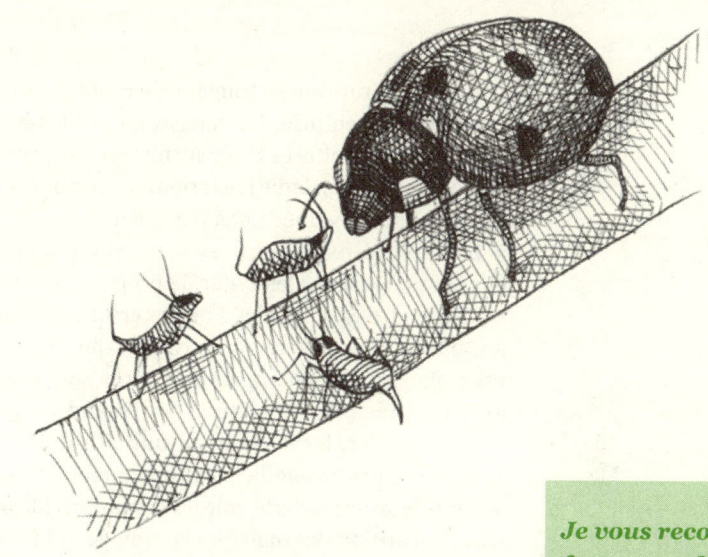

Nous introduisons régulièrement des insectes bénéfiques dans nos serres pour nous débarrasser d'un autre insecte nuisible. Jusqu'à maintenant, nous avons réussi à réguler la population de thrips en introduisant des prédateurs, en l'occurrence un acarien. Nous achetons également des coccinelles si les pucerons deviennent un problème.

maladie se propage surtout par la semence, d'où l'importance d'acheter des graines de bonne qualité. La semence d'ail est particulièrement à risque, tout comme les transplants de tomates de serre commerciales. C'est d'ailleurs l'une des raisons qui nous motivent à faire nos propres semis.

En cas de **maladie bactérienne**, il faut agir vite, car sa virulence est parfois surprenante. Ce type de maladie fait habituellement son apparition par temps pluvieux et les plants qui en sont affectés se trouvent généralement en groupes, car la bactérie se propage par contact. C'est la raison pour laquelle il faut s'en débarrasser en extirpant les plants malades du sol, en prenant soin que ces derniers n'entrent pas en contact avec d'autres plants. Nous les jetons ensuite à la poubelle et, après ce travail, nous changeons même de vêtements. Un des symptômes communs d'une maladie bactérienne

Je vous recommande fortement d'inclure un tour des jardins dans vos tâches quotidiennes. De cette manière, vous pourrez repérer les signes de dommages attribuables aux ravageurs ou aux maladies tout en évaluant le travail d'entretien à faire dans les jardins. Le complément idéal à cette pratique quotidienne est de dresser une liste de choses à faire chaque jour. Pour garder le site sous contrôle, c'est une bonne idée de commencer par établir un plan d'action quotidien.

est une pourriture qui se transforme rapidement en « fonte » de la culture. Le flétrissement bactérien qui affecte nos cultures de cucurbitacée est probablement la seule maladie bactérienne que nous rencontrons chaque année dans nos jardins.

Les **maladies fongiques** sont, quant à elles, plus courantes. Pour les éviter, la première précaution à prendre est de veiller à ne pas créer de lésions aux plants lors des récoltes (du désherbage au tuteurage), car les champignons ont besoin d'une porte d'entrée pour se manifester. Quand vient le temps de tailler, il est vraiment important de travailler les jours ensoleillés, car le contact de l'eau avec une blessure ouverte crée les conditions idéales pour l'apparition des maladies comme le mildiou.

Lorsqu'une maladie fongique apparaît tout de même, nous effectuons une pulvérisation hebdomadaire de cuivre et de soufre, en alternance. Ces applications ne sont pas curatives, mais lorsqu'elles sont faites à temps, elles permettent aux plants de continuer leur croissance. Ces traitements sont efficaces, mais nous sommes conscients qu'ils ont des revers : le cuivre peut s'accumuler dans les sols et nuire à l'activité biologique tandis que le soufre a des effets néfastes sur les insectes du jardin. Nous voulons donc nous tourner vers les fongicides biologiques qui introduisent des bactéries pour lutter contre certains champignons pathogènes. Nous cherchons également à inoculer les planches des légumes vulnérables avec des microbes bénéfiques qui protégeront les plantes des agents pathogènes présents dans le sol. Contrairement aux fongicides d'origine minérale, ces deux méthodes renforcent la vie du sol plutôt que de lui nuire.

Avec l'expérience, nous avons appris à mieux regarder les catalogues de semences en vue de choisir des cultivars résistants aux maladies que nous avons rencontrées dans nos jardins. Ces semences sont souvent plus dispendieuses, mais elles préviennent généralement le problème à la source. Dans les serres et les tunnels, le choix des variétés de tomates et de concombres résistantes aux virus et aux maladies est particulièrement important, compte tenu des conditions climatiques humides et du manque de rotation des espèces.

Le recours aux « biopesticides »

Dans nos jardins, l'utilisation d'un insecticide est le dernier recours contre les problèmes d'insectes. Nous entretenons une relation amour-haine avec ces produits, car nous savons qu'ils ne sont pas inoffensifs et, en même temps, qu'ils nous permettent de réussir certaines cultures. Comme je le dis souvent, l'objectif d'un jardinier-maraîcher est de tendre vers son idéal, pas de le mettre en pratique à n'importe quel prix. Dans notre cas, l'usage des « biopesticides » répond à un besoin.

Le terme « bio » accolé à celui de pesticide indique que ce sont des produits d'origine naturelle (et non pas issus de la chimie), biodégradables et qui ne polluent pas les sols avec des résidus toxiques. Ils peuvent être rémanents (c'est-à-dire qu'ils agissent durant quelques jours), sélectifs (ils attaquent un hôte spécifique) ou à large spectre (ils agissent sur plusieurs insectes). Dans tous les cas, ils sont toxiques et il ne faut pas faire l'erreur de croire qu'un insecticide n'est pas nocif parce qu'il est autorisé en agriculture biologique. Des produits comme le pyrèthre et le spinosad sont des agents très puissants qu'il faut manipuler avec soin. Cela est important, surtout lors de la préparation des mélanges avec les concentrés. Il faut également garder présent à l'esprit que les multinationales qui fabriquent et promeuvent les pesticides synthétiques, si dommageables pour la santé et l'environnement, sont également celles qui fabriquent les « biopesticides ». Nous sommes donc en droit d'être méfiants quand on nous dit que leur innocuité a été « testée ». La roténone, qui était communément utilisée jusqu'à tout récemment comme biopesticide, constitue un bon exemple. Son utilisation était permise en agriculture biologique, mais a finalement été interdite après qu'on eut découvert un lien entre l'utilisation de ce produit par les agriculteurs qui l'utilisaient régulièrement et la maladie de

On peut s'abonner au Réseau d'avertissement phytosanitaire (RAP) en ligne sur le site du ministère de l'Agriculture du Québec (MAPAQ).

Depuis longtemps, nous utilisons le même pulvérisateur à pompe pour toutes nos applications foliaires. Comme nous prenons soin de le rincer après chaque utilisation, il fonctionne encore très bien aujourd'hui. Il est également important de choisir un modèle de bonne qualité si on veut qu'il dure.

Parkinson. Cet exemple nous rappelle qu'il faut utiliser ces produits en toute conscience, porter des vêtements de sécurité (gants, lunettes, etc.) et s'assurer de bien calculer les doses à appliquer et de respecter les délais recommandés entre les arrosages.

À cette étape-ci, il est important de préciser que nous utilisons les insecticides non pas dans le but d'éliminer les ravageurs, mais de contrôler leur population afin de réduire les dommages qu'ils causent dans nos cultures. Voici un tableau des interventions que nous privilégions pour faire face à certains ravageurs présents dans nos jardins. Ces références doivent être utilisées à titre indicatif, car elles auront besoin d'être mises à jour au fil du temps. Il est à noter qu'il existe d'autres ravageurs auxquels nous n'avons pas eu affaire ou qui nous causent trop peu de dommages pour justifier une intervention.

SOLUTIONS CONTRE LES INSECTES NUISIBLES

	Cueillette manuelle	Filet anti-insectes*	Btk**	Kaolin	Ortho-phosphate	Pyrèthre	Roténone	Savon insecticide	Spinosad
Altise		P				O			O
Cécidomyie du chou-fleur		P							
Chenille des crucifères			P						O
Chrysomèle rayée du concombre	O	P				O			
Doryphore	O	P							O
Limace	O				P				
Mouche de la carotte		P							
Mouche du chou		P							
Puceron						O		P	
Punaise terne		P				O			O
Teigne du poireau	P		O						O
Thrip						P		O	
Ver gris	P		O						

P = solution privilégiée
O = également efficace

* Le choix de la grosseur des mailles du filet doit tenir compte de la dimension de l'insecte.
** *Bacillus thuringiensis var. Kurstaki*

Le prolongement de la saison

> [L]'intelligence des maraîchers s'est particulièrement portée vers les moyens de forcer la nature à produire, au milieu de l'hiver, au milieu des frimas, ce que, dans sa marche ordinaire, elle ne produit que dans les beaux jours du printemps et de l'été, et c'est en cela que la science des maraîchers de Paris est devenue véritablement étonnante.
>
> – *Manuel pratique de la culture maraîchère de Paris*, 1845

AU QUÉBEC, LA SAISON DE CROISSANCE est courte, ce qui laisse peu de temps à plusieurs cultures maraîchères pour atteindre leur plein potentiel. Le travail d'un jardinier-maraîcher est donc de trouver des solutions qui permettent de modifier les conditions de croissance dans ses jardins afin de protéger ses cultures du gel et du froid. Lorsqu'il est question de prolongement de la saison, il faut préciser que je ne parle pas de production en serre où un chauffage est apporté aux cultures, mais plutôt de techniques et de technologies simples, économiques qui permettent de « forcer » les cultures et de les prémunir des intempéries.

Cette idée n'est pas nouvelle, mais elle implique généralement le chauffage des serres. Les faibles coûts des carburants durant les 50 dernières années semblent nous avoir fait oublier les avantages d'une approche de type « basse technologie ». Dans le nord-est des États-Unis et dans d'autres régions où la demande pour des produits locaux est très forte, plusieurs petits maraîchers s'efforcent aujourd'hui de trouver des solutions peu énergivores pour effectuer leurs récoltes plus tôt et prolonger leur saison jusqu'en hiver. Ces innovations sont excitantes à suivre et de mieux en mieux documentées. Le chef de file de ce mouvement est Eliot Coleman, dont les idées et les techniques démontrent comment repousser les limites des cycles saisonniers en conjuguant biologie des plants et abris simples. Pour l'avoir constaté de mes propres yeux à différents endroits, je peux vous assurer que de nombreuses cultures peuvent être récoltées à longueur d'année, et ce, avec des moyens simples, même lorsque les conditions hivernales ressemblent à celles du Québec. Pour ceux et celles que ces idées intéressent, il existe toute une littérature sur le sujet.

Quant à nous, nous avons pour le moment écarté l'idée d'être en production durant tous les mois d'hiver. Comme je viens de le mentionner, ce ne sont pas des raisons techniques qui ont freiné nos ardeurs, mais plutôt le fait que ces mois offrent du temps libre que nous prisons et apprécions beaucoup. Cela dit, nous forçons toujours nos cultures, plus particulièrement au printemps. Avec le temps, nous en sommes venus à la conclusion que l'enthousiasme des gens à l'égard des légumes culmine au début de l'été et notre but est de maximiser les récoltes de juin. Mis à part notre serre de tomates que nous n'hésitons pas à chauffer, les méthodes que nous utilisons sont toutes passives. Dans tous les cas, non seulement les récoltes sont plus précoces, mais la qualité et le rendement des cultures sont améliorés. C'est là, je crois, la plus grande raison d'adopter ces techniques.

Au XIXᵉ siècle, les maraîchers français utilisaient des cloches et des couches chaudes pour accélérer leur production de légumes durant la saison froide. Aujourd'hui, ces moyens ont été remplacés par des technologies modernes comme les couvertures flottantes et les pellicules plastiques de polythène.

> *On peut rendre les mini-tunnels plus résistants à la neige en remplaçant le PVC par des conduits de métal galvanisé pliés à l'aide d'une plieuse à tuyaux. Ces arceaux sont plus dispendieux à fabriquer, mais assez solides pour résister à de lourdes charges. Recouverts d'un polythène, ces mini-tunnels offrent pratiquement les mêmes avantages qu'un tunnel, mais à une fraction du prix.*

Les couvertures flottantes et les mini-tunnels

Les couvertures flottantes sont, à mon avis, l'une des plus grandes innovations technologiques issues de l'industrie horticole. Ces bâches (plusieurs personnes les dénomment ainsi, dans le milieu) sont des toiles en fibres de polymère non tissées, un matériau qui permet à l'air et à l'eau de pénétrer, tout en agissant comme barrière physique contre le vent et les insectes nuisibles. Lorsqu'elles abritent des cultures, les couvertures flottantes augmentent la température du sol tout en aidant à conserver son humidité. Ce faisant, elles procurent quelques degrés supplémentaires de protection contre le gel. Leur mise en place, juste après un semis en plein sol ou une transplantation, permet d'accélérer la germination et/ou de protéger les jeunes plants des intempéries comme la pluie battante, les gros vents et la grêle. En bref, ces toiles permettent de recréer n'importe où dans le jardin un microclimat comparable à celui d'un tunnel.

Il existe sur le marché des couvertures de différentes épaisseurs (exprimées en grammes par mètre carré). Les toiles plus épaisses auront une meilleure capacité thermique, mais laisseront passer moins de lumière. Il faut donc faire un choix de matériel en fonction des situations. Dans nos jardins, nous utilisons, tant au printemps qu'à l'automne, des couvertures flottantes de 17 ou 19 grammes/mètre carré qui sont un bon compromis entre la durabilité (lorsque manipulées avec soin, elles se conservent plus d'une

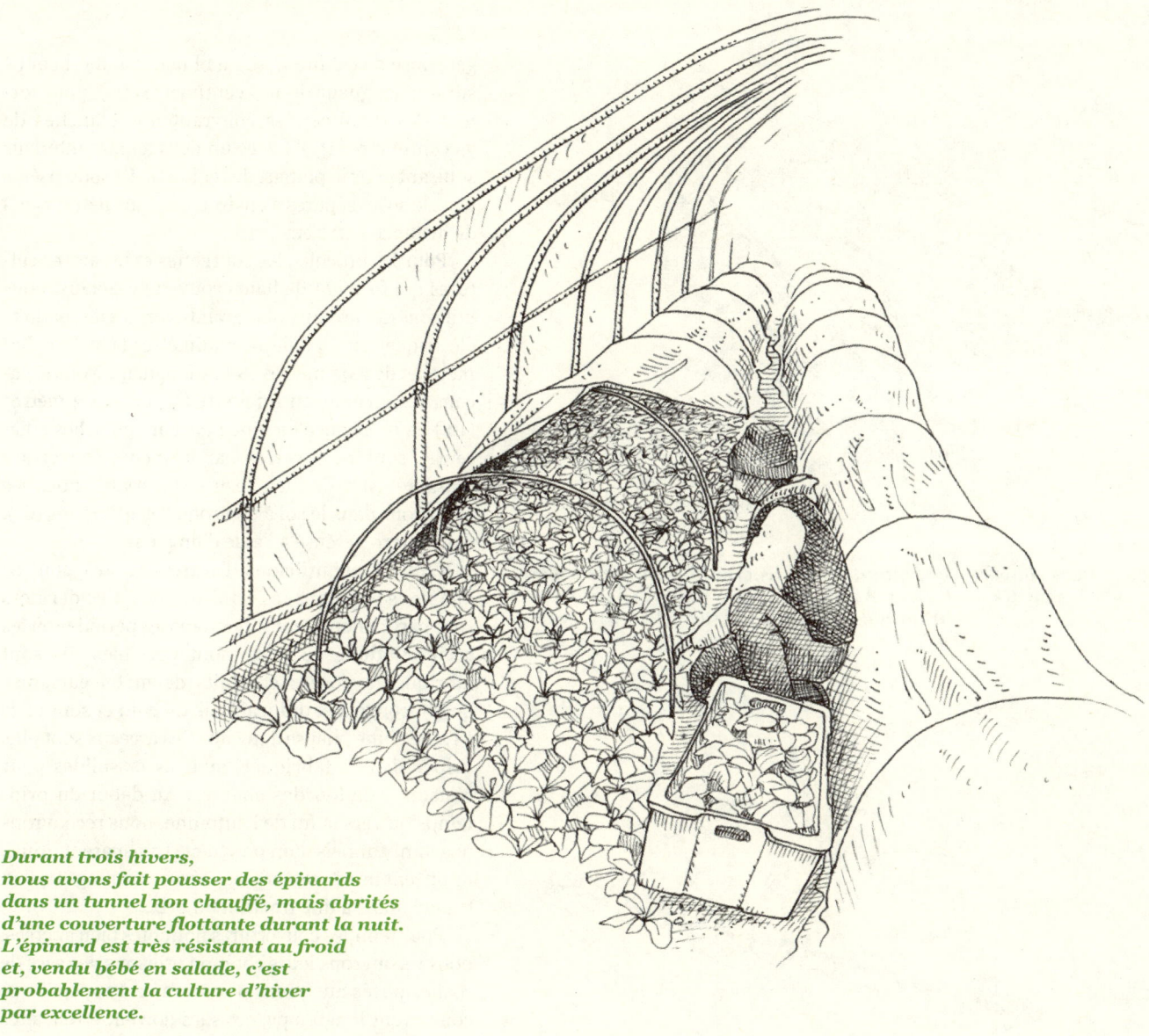

*Durant trois hivers,
nous avons fait pousser des épinards
dans un tunnel non chauffé, mais abrités
d'une couverture flottante durant la nuit.
L'épinard est très résistant au froid
et, vendu bébé en salade, c'est
probablement la culture d'hiver
par excellence.*

saison) et l'infiltration de lumière (une diminution d'environ 15 %). Nous utilisons aussi des toiles d'une épaisseur doublée comme écran thermique pour abriter les cultures durant les nuits de gel.

Au printemps, les couvertures flottantes recouvrent la totalité de notre production. Pour les semis en plein sol, nous les posons directement au sol en laissant un léger décollement qui permet au feuillage des cultures de pousser sous la toile. Pour les cultures qui sont transplantées et plus fragiles, nous supportons les couvertures flottantes à l'aide d'arceaux fabriqués en utilisant du fil marchand en acier

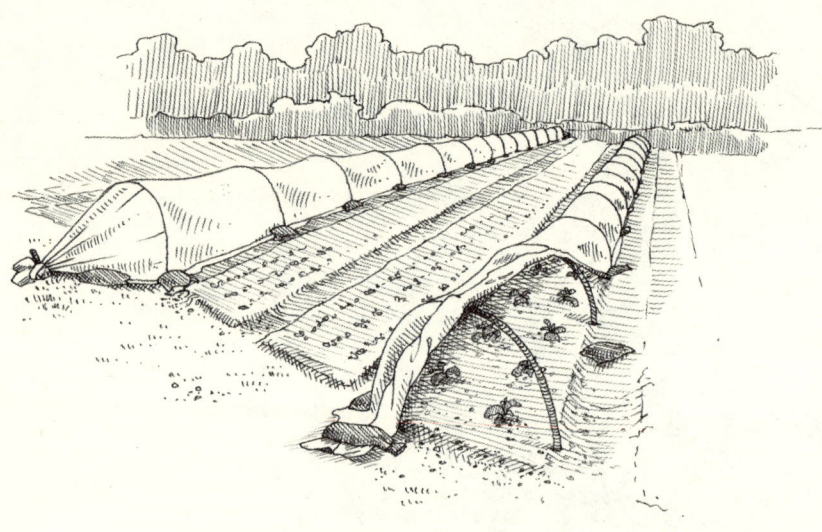

Les couvertures flottantes sont légères, faciles à installer et peu dispendieuses. À notre ferme, la réussite de plusieurs cultures est directement liée à leur utilisation.

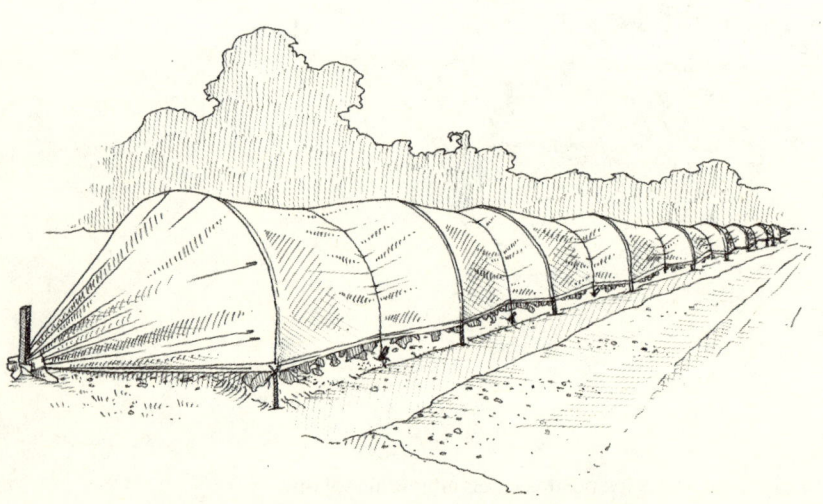

Les tunnels-chenilles coûtent une fraction du prix des tunnels. Ils fournissent un abri et de la chaleur aux cultures, en plus d'offrir un environnement aéré.

galvanisé de calibre n° 9. Le fil marchand est coupé sur une longueur de 150 centimètres (5'), pour former des demi-cercles couvrant nos planches de 75 centimètres (30") avec un dégagement intérieur suffisant pour la plupart des cultures. Ils sont insérés dans le sol et séparés à environ 80 centimètres (32") de distance entre eux.

Pour les brocolis, les courgettes et les autres cultures qui forment de hauts couverts végétaux, nous utilisons des arceaux plus grands, formés de conduits électriques en PVC de 16 millimètres (1/2") de diamètre et de 2,45 mètres (8') de longueur. Nous espaçons ces arceaux au 1,5 mètre (5') ou aux 3 mètres (10') en quinconce lorsque plusieurs planches adjacentes sont recouvertes par la même couverture flottante. Afin de bien fixer ces arceaux, nous les enfonçons dans le sol à environ 25 centimètres (6"), dans un trou creusé à l'aide d'un pieu.

Enfin, nous utilisons d'autres arceaux pour ce que nous appelons les mini-tunnels. Ces derniers sont particulièrement utiles dans les périodes où les accumulations de neige sont possibles. Ils sont fabriqués avec des conduits de métal galvanisé qu'on trouve à la quincaillerie du coin et sont pliés à l'aide d'une plieuse à tuyaux. Ces arceaux sont plus dispendieux à fabriquer, mais assez solides pour résister à de lourdes charges. Au début du printemps ou vers la fin de l'automne, nous recouvrons nos mini-tunnels d'un polythène transparent. Ainsi, ils offrent pratiquement les mêmes avantages qu'un tunnel, mais à une fraction du prix.

Pour tenir les couvertures flottantes bien ancrées, nous recouvrons leurs côtés ou utilisons des sacs de roches posés aux pieds des arceaux. Pour qu'ils se conservent longtemps, ces sacs doivent être traités aux rayons UV, un investissement qui en vaut la peine. Lors de la pose des couvertures flottantes, il est important de veiller à les tendre suffisamment afin d'empêcher le vent de battre la toile sur les cultures lorsqu'il vente fort. Malheureusement, sur notre site venteux, au printemps, l'ancrage des couvertures flottantes est continuellement susceptible de se défaire. La seule solution que nous avons trouvée à ce problème est de patrouiller régulièrement dans les jardins pour vérifier l'état des ancrages.

Lorsque nous n'avons plus besoin des couvertures flottantes, nous les rangeons dans des sacs de grains, que nous étiquetons en fonction de la largeur et de l'état de la couverture. À la fin de la saison, une de nos dernières tâches consiste à essayer de réparer les couvertures trouées en utilisant un ruban adhésif traité contre les rayons UV conçu à cet effet. La majorité de nos couvertures durent environ trois ans.

Les tunnels-chenilles

Les tunnels-chenilles constituent une autre option très intéressante pour prolonger la saison. Une chenille (*caterpillar*, en anglais) est un tunnel simple et bon marché qui comporte l'avantage d'être mobile. Comme ces structures se montent et se démontent facilement, elles peuvent être transportées n'importe où dans le jardin à n'importe quel moment de la saison. Nous utilisons les nôtres pour forcer les semis directs de carottes et de betteraves, puis nous les déplaçons pour couvrir les solanacées, qui ont toujours besoin de chaleur supplémentaire en été.

Pour construire une chenille, plusieurs techniques et matériaux peuvent être utilisés. Les plus simples ne requièrent rien d'autre que des tuyaux de PVC, des barres à béton armé et de la corde. Nous avons fabriqué les nôtres avec des tuyaux de PVC de 4 millimètres (1,5") par 6,1 mètres (20') de longueur (deux morceaux bien collés avec une union). Les arches sont espacées aux 3,5 mètres (10') et ancrées au sol en les insérant dans des tiges d'acier de 61 centimètres (24"), à moitié plantées dans le sol. Pour renforcer la structure, un câble raccorde chaque arche à son pignon et vient s'attacher à un poteau solidement planté aux deux extrémités de la chenille. Le polythène qui recouvre la structure est tenu au sol en recouvrant l'un de ses côtés de terre et en utilisant des sacs de roches de l'autre côté. Des cordes ancrées au sol et passées d'un bord à l'autre entre chaque

Comme les tunnels-chenilles sont mobiles, nous pouvons garder nos cultures à l'abri (avec les avantages que cela représente) sans compromettre la rotation de nos cultures.

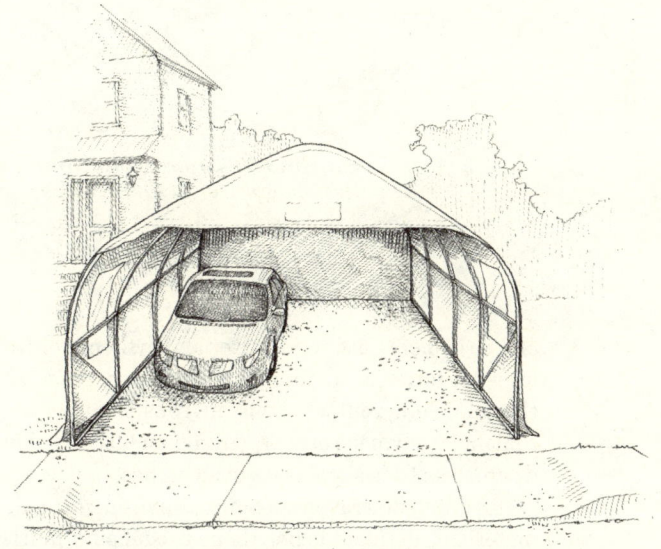

Il existe partout au Québec des abris à voitures de style « tempo » qui peuvent être achetés usagés et raccordés ensemble pour faire un tunnel simple.

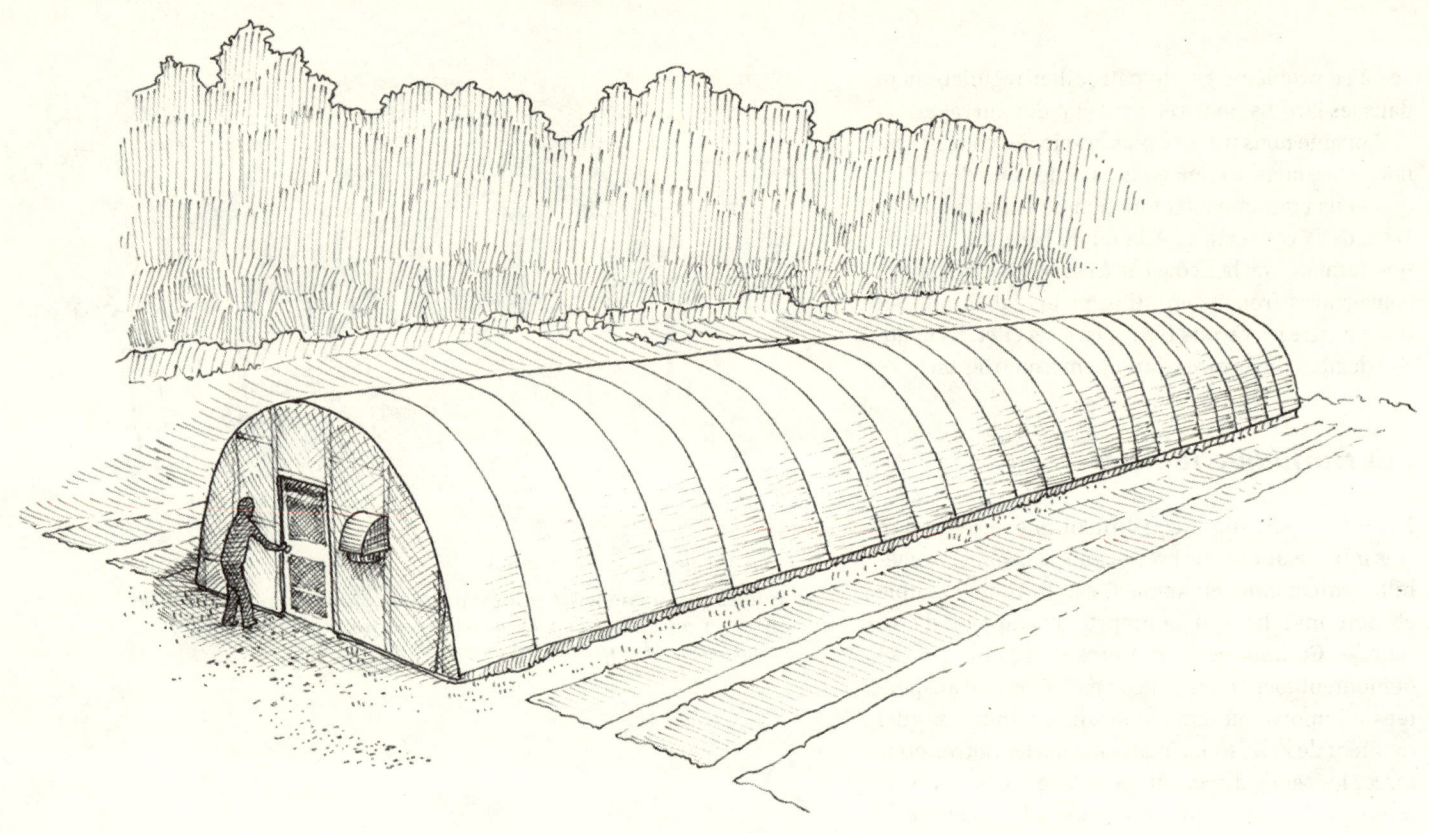

Nos deux tunnels sont aujourd'hui utilisés principalement pour la production de poivrons, de concombres et de primeurs, mais durant de nombreuses années, nous y avons fait pousser des tomates de serre avec beaucoup de succès.

arche viennent ensuite sécuriser le polythène contre les vents forts, lui conférant ainsi son apparence de chenille. Pour ventiler, nous ouvrons le tunnel en roulant le polythène et en le gardant en place à l'aide de crochets fixés à toutes les deux arches.

En 2005, nous avons déboursé environ 400 $ de matériaux, excluant le polythène usagé, pour fabriquer une chenille couvrant un espace de 3,65 mètres X 30 mètres (12' x 100'). Si l'on considère que le tunnel couvre ainsi deux planches et qu'il est déplacé trois fois dans la saison, cela représente un investissement de 0,33 $/pied carré pour couvrir

six planches : on fait une excellente affaire. Le seul désavantage des tunnels-chenilles est que leur structure n'est pas très élevée, ce qui complique le travail en position debout. De plus, il faut constamment se baisser pour y entrer et en sortir.

Les tunnels permanents

Un tunnel (*hoop house*, en anglais) est une structure permanente fabriquée d'arches d'acier semicirculaires, boulonnées et couvertes d'un film de

Double polythène ou un seul ?

Un double polythène gonflé d'air par une soufflerie ajoute un facteur d'isolation considérable à une structure de serre. Cependant, cette installation réduit aussi la transmission de la lumière à l'intérieur de l'abri. Le choix entre l'une ou l'autre de ces options n'est pas si évident et dépendra de l'utilisation du tunnel. Si du chauffage y est apporté, un double film est certainement à prévoir, mais, dans le cas contraire, il est préférable d'installer seulement un polythène et d'isoler au besoin à l'aide de couvertures flottantes.

polythène. Contrairement à une serre, les tunnels sont des structures assez basses, de construction simple et la plupart du temps non chauffées. Les tunnels dont je parle sont également différents des grands tunnels populaires pour le maraîchage sur grande surface. De façon générale, leur largeur est de 5 ou 6 mètres (16' et 20') et leur hauteur au pignon ne dépasse pas 3 mètres (10'). Un tunnel peut être de n'importe quelle longueur et peut être rallongé avec l'ajout de nouvelles sections, ce qui est particulièrement intéressant dans un contexte de démarrage.

L'un des grands avantages d'un tunnel est que c'est un abri qu'on peut utiliser à longueur d'année*. Cet abri peut donc servir à des cultures hâtives et tardives avant et après une culture d'été exigeante en chaleur. Semés au bon moment, des légumes résistants au froid, comme les épinards et autres verdures asiatiques, peuvent être récoltés malgré les périodes de gel et permettre d'allonger la production de plusieurs semaines. Il existe plusieurs modèles de tunnels et la plupart des fournisseurs de structures de serre en vendent également. Comme le coût d'une structure neuve est parfois élevé (le prix du métal semble augmenter chaque année), plusieurs petits producteurs décident de fabriquer eux-mêmes leurs tunnels en pliant des tubes d'acier à l'aide d'un plieur à métal. À mon avis, par contre, la meilleure stratégie pour diminuer le coût de cet investissement est de rechercher une structure de tunnel usagée. Bien qu'il faille souvent les démonter et prévoir un transport adéquat, le jeu en vaut la chandelle. Mais quoi qu'il en soit, l'achat d'un tunnel est l'un des meilleurs investissements que l'on puisse faire. Les cultures produites à l'intérieur de ces abris font récupérer les coûts en quelques saisons, si ce n'est dès la première.

Les tunnels sont des installations permanentes ; il est donc important de bien planifier leur localisation. Une attention particulière doit aussi être accordée à un bon drainage du sol sous le tunnel, sinon les planches de cultures risquent de demeurer humides trop longtemps au printemps. Mis à part un nivelage de terrain, qui nécessite des travaux lourds dans les jardins, l'installation de drains agricoles au périmètre de la structure est la meilleure solution à ce problème. Les nôtres sont munis d'ouvertures de côté (*roll-up*) et de grandes portes à l'avant et à l'arrière, ce qui est suffisant en termes de ventilation.

* *Dans les régions où l'accumulation de neige est importante, il faudra installer un madrier pour supporter chaque arceau du tunnel.*

La récolte et l'entreposage

Ce n'est pas tout de savoir produire, il faut aussi savoir récolter, afin de ne pas compromettre, touchant au terme, ce qui a coûté tant de travail, de dépenses et de soins... La diligence avec laquelle ce travail s'exécutera est donc de grande importance.

– L'abbé François-Xavier Jean, Les champs. Manuel d'agriculture conçu par les professeurs de l'École supérieure d'agriculture de Sainte-Anne-de-la-Pocatière, 1947

MAINTENANT QUE TOUTES LES MESURES nécessaires ont été mises en place pour faire pousser les légumes, il est temps de récolter les « fruits » de son travail... Blague à part, la récolte est sans contredit un moment fort, car tous les efforts investis et attentions portées aux détails se transforment en un résultat tangible, en un produit final. Pour ma part, rien n'équivaut à la fierté d'une culture bien réussie. Cela dit, la récolte est une partie du métier qui demande un certain savoir-faire, car la fraîcheur et la conservation des légumes y sont directement liées. Pour assurer la qualité d'une production, du jardin jusqu'à l'assiette, il faut tenir compte de certains principes de base au moment de la récolte.

Tout d'abord, il est important de récolter les légumes au bon moment de leur croissance, alors qu'ils arrivent à maturité. Récoltés trop hâtivement, les légumes auront beaucoup moins de saveur. Récoltés trop tard, ils se conserveront moins bien. Pour plusieurs cultures, cela est apparent ou sans conséquence importante, mais, pour d'autres, le moment de la cueillette fait une énorme différence. Juger de la maturité d'un cantaloup, par exemple, est loin d'être évident, mais cela fait toute la différence en ce qui concerne le goût. Pour chaque légume, il existe des signes qui témoignent de leur stade de maturité et il faut apprendre à les reconnaître. Comme ces signes sont spécifiques à chaque culture, je traiterai du sujet dans les notes culturales qui se trouvent en annexe. Quoi qu'il en soit, le moment propice pour récolter un légume n'est pas nécessairement synchronisé avec les besoins de la vente et c'est pourquoi l'usage d'une chambre froide (nous utilisons le terme frigo) est indispensable. Avec un frigo, des légumes comme les brocolis, les courgettes et les concombres, pour ne nommer que ceux-là, peuvent être récoltés à leur optimum et entreposés quelques jours avant d'être vendus.

L'autre élément important à retenir est que, une fois récoltés, les légumes continuent de « vivre », et que, si leur respiration n'est pas rapidement stoppée par le froid, ils perdront non seulement leur apparence de fraîcheur, mais aussi une grande partie de leur valeur nutritive. Il importe donc de récolter avant que la chaleur de la journée ne s'installe, à savoir le plus tôt possible le matin, et refroidir rapidement les légumes qui sortent du jardin à l'eau froide et/ou à l'air froid du frigo.

Dans notre ferme, les légumes ne sont jamais entreposés bien longtemps, puisque la récolte se fait toujours la veille d'une livraison. Notre entrepôt est un endroit frais qui garde une température d'environ 15 °C, ce qui est adéquat pour plusieurs légumes. Pour ceux qui doivent être réfrigérés, nous réglons notre frigo à une température de 2 à 4 °C. De façon générale, la procédure de récolte est relativement similaire pour l'ensemble des cultures et se divise en

Il est important de pré-refroidir les récoltes lorsqu'elles arrivent du jardin et attendent leur tour au lavage. Dans notre entrepôt, qui est bien isolé, la température ambiante reste toujours près de 15 °C, ce qui est très convenable. Les récoltes peuvent également être gardées au frais en les recouvrant d'une couverture de laine bien mouillée.

trois temps : la cueillette au jardin, l'entreposage temporaire et le lavage et, finalement, la conservation au frigo. Certains légumes demandent cependant une attention plus particulière.

LES LÉGUMES-FEUILLES ET LES LAITUES sont toujours les premiers à être récoltés et ils sont rapidement transportés à l'entrepôt. Les caisses de récoltes sont alors aspergées d'eau froide pour garder les verdures au frais avant le lavage, qui se fait plus tard dans la journée. Au lavage, les feuilles abîmées sont enlevées. On trempe ensuite le légume dans un bain d'eau froide pendant quelques secondes, puis on l'égoutte, avant de le placer délicatement dans un bac rangé au frigo.

LES LÉGUMES-RACINES VENDUS EN BOTTES sont triés et bottelés au jardin ou, lorsque le temps est chaud, apportés en vrac à l'entrepôt pour être manipulés au frais. Lors du bottelage, les feuilles et racines abîmées sont enlevées et les paquets calibrés pour être uniformes d'une botte à l'autre. Le nombre de paquets désirés est compté, en calculant au préalable le nombre d'élastiques qui devront servir (par exemple, 40 élastiques pour 40 bottes). En attendant leur tour au lavage, les caisses de récolte sont aspergées d'eau froide pour assurer que le feuillage garde un bel aspect. Au lavage, les racines des bottes sont nettoyées de leur terre avec le jet d'eau d'un pistolet d'arrosage. Les bottes sont alors placées en quinconce dans des bacs, en prenant soin de ne pas les surcharger, puis mises au frigo.

LES BROCOLIS ET LES CHOUX-FLEURS resteront fermes plus longtemps s'ils sont rapidement refroidis une fois récoltés. Dès leur arrivée à l'entrepôt, ils sont trempés dans un bain d'eau froide, puis égouttés et immédiatement rangés au frigo. Comme les récoltes de brocolis et de choux-fleurs se font au moment où ils arrivent à maturité (et non lorsque c'est jour de récolte), il est important de bien identifier la date de récolte sur chaque bac, de manière à s'assurer d'utiliser en priorité les premières récoltes au moment de la distribution.

LES HARICOTS ET LES POIS n'ont pas besoin d'être nettoyés, mais, lorsqu'ils sont récoltés en milieu de journée, ils gagnent à être aspergés d'eau

Lors de la récolte, nous essayons de ramener à chaque voyage le plus de légumes possible à l'entrepôt. Nous avons installé un parasol amovible sur notre chariot de récolte afin de nous assurer que les légumes restent à l'ombre. Nous transportons également une couverture de laine humide pour garder les légumes au frais.

> Pour que la récolte au jardin soit efficace, il faut se munir d'un bon couteau, bien affûté, pour faire des coupes franches et calculer correctement le nombre de caisses nécessaires à la récolte. Le recours à un chariot de récolte pour apporter les contenants à la station de lavage est indispensable.

fraîche avant d'être rangés au frigo. Dans ce cas, il faut s'assurer que le contenant laisse bien drainer l'eau afin d'éviter des problèmes de rouille, surtout sur les haricots.

LES CONCOMBRES seront plus croquants s'ils sont refroidis rapidement après leur récolte. Une fois rapportés des tunnels, ils sont immédiatement trempés dans un bain d'eau froide, égouttés et rangés au frigo dans un bac identifié à la date de récolte.

LES TOMATES peuvent être récoltées à n'importe quel moment de la journée, mais comme leur conservation dépend grandement du fait qu'elles ne sont pas abîmées, elles doivent toujours être cueillies avec grand soin. Pour éviter de les manipuler deux fois, les tomates sont récoltées et entreposées dans les mêmes caisses, laissées à la température ambiante de l'entrepôt.

LE MESCLUN est souvent récolté un jour différent de celui des grosses récoltes, de manière à tout ramasser dans les premières heures de la journée (c'est parfois très long...). Une fois récoltées, les verdurettes sont immergées dans un bain d'eau froide puis mélangées délicatement afin d'amalgamer les feuilles de différentes tailles et couleurs. Au bain, un tri est effectué afin d'enlever les feuilles abîmées, les mauvaises herbes et les insectes. Le mesclun est ensuite bien essoré (sinon il risque de pourrir) dans une essoreuse électrique, puis délicatement placé dans des sacs de plastique fermés et mis au frigo.

LES MELONS, comme les tomates, peuvent également être récoltés à n'importe quel moment de la journée. Ils ne sont généralement pas réfrigérés, mais plutôt laissés à mûrir à la température ambiante de l'entrepôt. Si, par mégarde, ils sont récoltés un peu trop mûrs, ils seront alors mis au frigo, bien que cela diminue quelque peu leur saveur.

LE BASILIC peut être récolté à n'importe quel moment de la journée, mais il ne doit jamais être cueilli mouillé, ni gardé dans un sac fermé, car l'humidité fait noircir les feuilles. Le basilic est entreposé au frigo dans un bac entrouvert afin d'éviter la condensation.

LES COURGETTES sont récoltées aux deux ou trois jours alors que le fruit est encore petit. Elles ne sont pas nettoyées, mais refroidies au frigo dans des bacs identifiant le jour de leur cueillette.

LES OIGNONS peuvent être récoltés à n'importe quel moment de la journée et le seront souvent lorsque le gros de la récolte est déjà fait. Ils sont bottelés au jardin puis lavés de leur terre avec les pistolets d'arrosage avant d'être rangés au frigo.

L'efficacité dans la récolte

Vers le milieu des années 1940, l'abbé François-Xavier de La Pocatière utilisait le terme « diligence » pour expliquer qu'à la récolte, il faut procéder avec empressement et efficacité. Il avait bien raison, car les récoltes sont souvent très longues, et si trop de temps est mis pour sortir certains légumes du jardin, d'autres auront le temps de se faner avant la cueillette. Bien qu'il soit toujours possible de les revigorer dans l'eau très froide, une partie de la qualité s'en trouve perdue. Durant la saison de la récolte, plus qu'à n'importe quel autre moment, la rapidité est indispensable.

Mis à part le fait de bénéficier d'une aide au jardin, le meilleur moyen d'accélérer sa récolte est d'être soi-même efficace dans sa technique de cueillette. Comme la plupart des récoltes ne sont rien d'autre qu'une répétition de petits gestes, il faut prendre le temps d'étudier l'ergonomie de ses mouvements, les décortiquer et évaluer la possibilité d'accomplir la même tâche en éliminant les mouvements inutiles. Cet exercice requiert de la pratique et un certain effort de conscientisation de soi, mais, une fois trouvée, la bonne technique permettra d'épargner des centaines d'heures de travail inutile.

Autre élément important : il faut organiser les séquences de travail de façon à limiter au maximum la manipulation des légumes. Diminuer les va-et-vient entre le jardin et l'entrepôt est particulièrement profitable et le simple fait d'y réfléchir permet souvent de trouver des solutions simples. Toujours prévoir assez de caisses à récolte et équiper en permanence son chariot d'une boîte d'élastiques, d'un parasol et/ou d'une couverture mouillée afin de couvrir les caisses de récolte et d'allonger ainsi la cueillette en sont quelques exemples. Ce qu'il faut retenir, c'est que ces petits détails de bonne planification font une énorme différence en termes de temps épargné. J'explique aux stagiaires de notre ferme que l'efficacité est souvent attribuable à un état d'esprit ; pour y arriver, il faut s'efforcer de la rechercher.

Les aides à la récolte

La récolte est assurément le moment de l'année où, dans ce métier, la main-d'œuvre externe est la bienvenue. Dans un jardin maraîcher, ces aides sont sou-

L'équipement de récolte peut vraiment accélérer le travail. Visiter d'autres fermes est une très bonne façon d'améliorer ses connaissances en la matière, mais faites également confiance à votre imagination ! Une bonne partie des outils que nous utilisons à notre ferme ont été fabriqués sur mesure pour répondre à nos besoins.

vent des personnes de passage (par exemple, des partenaires-clients qui veulent aider ou des voyageurs qu'on loge et nourrit durant quelques semaines) ou encore des employés à temps partiel engagés pour la saison. Pendant plus de dix ans, nous avons accueilli des *woofers* et des visiteurs et, bien que nous appréciions leur présence, je peux vous assurer sans hésitation que, même s'il faut débourser de l'argent, une main-d'œuvre expérimentée et formée à la récolte est bien plus rentable. Cela n'empêche pas l'aide bénévole d'être très pratique mais, dans tous les cas, certaines mesures s'imposent.

D'abord et avant tout, si une personne est inexpérimentée, une des erreurs à ne pas commettre (au risque de perdre son temps ou sa récolte !) est de supposer que celle-ci comprend ce qui nous paraît évident. J'ai vu des gens récolter le poireau en le

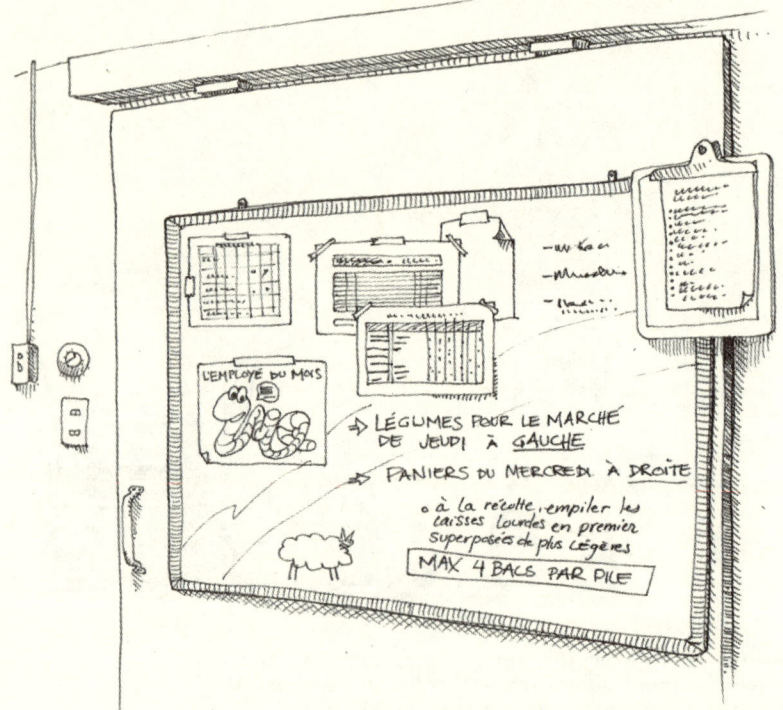

Dresser une liste des récoltes par priorité de cueillette est une façon simple de s'assurer que la récolte se fasse dans le bon ordre.

tranchant à la base ou, encore, ramasser les pois en arrachant le plant. J'aurais plusieurs histoires farfelues à raconter, mais ce que nous avons retenu de notre pratique est qu'il faut éviter de laisser ces gens sans accompagnement et toujours travailler à leurs côtés. En étant constamment avec eux, ils apprennent beaucoup (c'est pourquoi nous accueillons des stagiaires à notre ferme), mais lorsqu'il faut tout expliquer et superviser à chaque instant, ce type de main-d'œuvre est souvent plus encombrant que bénéfique.

Le scénario est différent si l'aide à la récolte provient d'un employé permanent ou, du moins, d'une personne souvent présente. Nous prenons alors le temps de bien la former afin qu'elle devienne autonome. Les choses peuvent alors avancer à bon rythme et plusieurs cultures peuvent être récoltées en même temps. Mais il faut tout de même prendre le temps d'aller régulièrement vérifier si le travail est effectué correctement. La grosseur des bottes à chausser, qui ont souvent tendance à varier au fur et à mesure que la récolte progresse, est un exemple de problème fréquent qu'il faut corriger pour éviter d'avoir à tout défaire et recommencer. Pour bien guider nos aides à la récolte, nous avons affiché des consignes claires (en gros caractères) dans les espaces de travail. Encore une fois, c'est une mesure simple qui permet d'améliorer grandement l'efficacité de nos récoltes.

La chambre froide

Comme je l'ai déjà mentionné, posséder une chambre froide est un atout inestimable pour un jardinier-maraîcher. La chambre froide sert à trois choses : refroidir par air forcé les cultures qui arrivent du jardin, permettre leur entreposage sur une plus longue période et faire en sorte que les légumes aient emmagasiné suffisamment de froid pour demeurer frais durant leur transport, malgré la chaleur ambiante du camion, jusqu'à la livraison. Pour atteindre ces objectifs de climatisation, le choix et la grandeur de l'espace réfrigéré sont très importants.

Pour l'achat d'une chambre froide, les deux meilleurs conseils que je peux donner sont d'investir dans un compresseur neuf encore sous garantie (les frigoristes facturent environ 100 $ de l'heure…) et d'acheter une chambre froide plus grande que nécessaire, je dirais le double de ce que l'on juge adéquat pour ses besoins du moment. Cela peut paraître contre-productif de réfrigérer inutilement un espace qui ne sera pas rempli, mais, avec un tel investissement, vous ne commettrez pas l'erreur de sous-estimer vos besoins futurs et l'augmentation de votre production dans les années à venir. De plus, surdimensionner le frigo comporte certains avantages non négligeables.

Premièrement, une grande chambre froide et un compresseur puissant permettent de mieux tempérer les pertes de chaleur provoquées par l'ouverture fréquente des portes lors des récoltes. Un frigo qui demeure toujours bien froid est la meilleure façon d'amener les légumes qu'on y dépose à leur température de conservation optimale.

Deuxièmement, la circulation d'air, qui est en grande partie responsable du refroidissement des légumes, est également améliorée lorsque l'espace n'est pas rempli à pleine capacité. À cet égard, il est utile de prévoir une distance d'environ 10 centimètres entre chaque pile de caisses du frigo.

Finalement, j'ajouterai que la gestion des inventaires est facilitée lorsque l'espace ne manque pas dans la chambre froide. Certaines récoltes peuvent être conservées dans une section du frigo où le diable circule beaucoup plus facilement lorsque vient le temps de transporter les bacs de récolte. À titre d'exemple, aux Jardins de la Grelinette, la chambre froide mesure 2,5 mètres X 5 mètres (8' X 16') et ce n'est qu'à notre cinquième saison de production que nous avons occasionnellement commencé à la remplir.

En ce qui concerne l'organisation d'un espace réfrigéré, un mot doit être dit sur le choix des bacs de rangement qui serviront à y entreposer les légumes. Le choix de ce type d'équipement exige de magasiner avec soin. En effet, il existe sur le marché plusieurs modèles de contenants différents. Selon moi, un bac d'entreposage idéal devrait présenter les caractéristiques suivantes :

- Être de bonne dimension, pas trop petit et surtout pas trop grand, afin de n'être pas trop lourd à transporter une fois rempli de légumes. Il peut être judicieux d'avoir trois grosseurs différentes de bac pour accommoder les légumes-feuilles, les légumes-racines et les légumes-fruits.
- Se fermer pour conserver l'humidité des légumes et éviter qu'ils ne se dessèchent au frigo.
- S'emboîter pour le rangement avec un système d'assemblage qui soit suffisamment robuste pour supporter de bonnes charges lorsque les bacs sont superposés, et ce, durant plusieurs saisons d'usage intensif.
- Être facile à nettoyer et perforé au fond pour permettre l'égouttement de l'eau de lavage.

C'est grâce à notre frigo que les récoltes peuvent être réalisées le jour précédant la livraison. Cela nous enlève beaucoup de stress et nous évite d'avoir à nous lever au chant du coq les jours de récolte. Avec un frigo, une certaine logistique de rangement s'impose.

Nous n'avons toujours pas trouvé de bacs idéaux. Nous avons expérimenté différents modèles, souvent achetés usagés, et nous les avons modifiés, mais chacun semble posséder des qualités distinctes qui devraient être réunies. La recherche du contenant parfait se poursuit donc... Lorsqu'il nous arrive d'en manquer, au moment des grosses récoltes ou lorsque beaucoup de légumes sont en conservation, nous utilisons également des caisses de récolte qui ne se ferment pas, mais qui, une fois empilées, limitent considérablement la perte d'humidité.

La planification de la production

« Si je disposais de six heures pour abattre un arbre, je consacrerais les quatre premières heures à aiguiser ma hache. »

– Citation attribuée à Abraham Lincoln

ORGANISATION = SUCCÈS. Ce vieil adage est surtout vrai lorsque vient le temps de planifier sa production. Toutefois, cet exercice se révèle particulièrement difficile quand on a peu ou pas d'expérience en maraîchage diversifié. C'est la raison pour laquelle j'ai décidé de traiter de ce sujet seulement à la fin de ce manuel, même si la planification de la production constitue en réalité la première étape de notre travail.

La planification de la production est cruciale pour l'établissement d'un jardin maraîcher rentable et j'attribue une large part de notre succès à cet exercice. Mais il n'est pas simple de savoir quels légumes faire pousser, en quelle quantité et à quel moment démarrer ses semis, surtout lorsqu'il s'agit de le faire avec précision. Pour ce faire, il est primordial de bien comprendre les différentes étapes de la planification de la production. Cela peut sembler déroutant au début, mais si on s'accroche, on comprend que le processus respecte une logique assez simple. Par la suite, il suffit de suivre le processus jusqu'au bout avec rigueur. L'étape de la planification peut s'avérer accablante, mais tous les efforts investis en valent la peine. Tout ce qui est minutieusement planifié pour l'année à venir facilite la bonne marche des opérations pendant la saison. C'est pourquoi nous organisons le plus d'éléments possible de notre production durant l'hiver, quand nous avons le plus de temps disponible.

Fixer des objectifs de production

Ce travail commence après des vacances loin des jardins et de la ferme, alors que nous sommes reposés et disposons de plusieurs jours libres pour nous concentrer sur cette tâche. La première étape consiste à élaborer notre budget annuel. Fixer nos objectifs financiers est notre priorité incontournable, car nous jardinons d'abord et avant tout pour subvenir aux besoins de notre famille et nous voulons être sûrs que notre production maraîchère générera le revenu souhaité, ou du moins, un revenu de base. Nos objectifs financiers doivent ensuite se traduire en objectifs de ventes qui, à leur tour, servent à déterminer une production conséquente. Bien que cet ordre de priorités puisse sembler évident, de nombreux agriculteurs fonctionnent pourtant à l'envers, c'est-à-dire qu'ils établissent d'abord leur capacité de production en espérant pouvoir ensuite en tirer le maximum de profit. Je déconseille fortement aux agriculteurs débutants de procéder de cette manière. Mon père disait toujours : « Un objectif sans plan s'appelle un vœu. » Comme pour n'importe quel autre emploi, fixer ses attentes en matière de revenu est important.

Lorsque l'on fait de l'ASC*, les objectifs de production s'expriment en termes de nombre de paniers, de la valeur de ceux-ci et de la durée des livraisons. À titre d'exemple, produire 60 paniers hebdoma-

---

* *La production destinée à la vente dans les marchés publics peut être calculée de la même manière que la production pour les paniers ASC.*

daires à 23 $ le panier pendant 18 semaines consécutives génère un revenu d'environ 25 000 $. Ce nombre de paniers doit tenir compte de facteurs tels que la surface cultivable disponible, la main-d'œuvre et surtout son expérience en maraîchage diversifié. C'est à ce moment que l'on détermine l'ampleur que l'on veut donner à son projet de jardin maraîcher.

L'étape suivante consiste à décider du type et de la quantité de légumes qu'il faudra cultiver pour atteindre ses objectifs de production. C'est l'exercice le plus difficile et il se fait en deux temps : en premier lieu, il faut déterminer la composition approximative des paniers d'ASC pour l'ensemble de la saison et, en second lieu, il faut calculer la surface nécessaire et les dates d'implantation pour chacun des légumes choisis. Les tableaux présentés dans ce chapitre sont en cela fort utiles.

La troisième étape vise à regrouper tous les semis par catégories, afin de s'assurer qu'il y a suffisamment de place au jardin. C'est à ce moment qu'on élabore un calendrier de production et que l'on fait le plan de ses jardins. Ces deux exercices permettent d'exploiter par la suite un système de production complexe, mais de manière simple.

Finalement, la dernière étape de la planification annuelle est le suivi par la prise de notes, qui s'effectue durant la saison de production. On peut ainsi tenir compte de ce qui s'est mal passé ou de ce qui aurait pu être mieux réglé. Ces notes auront une importance considérable au moment de planifier la prochaine saison.

Cette méthode n'est pas universelle et plusieurs maraîchers diversifiés fonctionnent différemment. Cela dit, cette logique est éprouvée et relativement simple à suivre. Voici, à titre d'exemple, comment nous mettons en œuvre les différentes étapes de la planification.

Déterminer sa production

Aux Jardins de la Grelinette, nous approvisionnons 120 familles en ASC durant 21 semaines et nous tenons un kiosque dans deux marchés fermiers durant 20 semaines. Comme il est difficile de déterminer à l'avance les ventes que nous effectuerons au marché fermier (cela dépend de la météo, de l'achalandage, etc.), nous évaluons que ce segment de clientèle équivaut à 100 familles d'ASC supplémentaires. Je reconnais que ce chiffre est un peu trompeur, car les clients du marché n'achèteront pas nécessairement les mêmes légumes que ceux des paniers ASC, mais la demande est suffisamment similaire pour que nous puissions la planifier de la sorte. C'est également la manière la plus simple de procéder.

Au total, nous visons donc à produire l'équivalent de 220 paniers toutes les semaines, chaque panier équivalant en moyenne à 26 $ de produits frais. Ce revenu estimé à 117 260 $ (220 paniers x 26 $ x 20.5 semaines) est suffisant pour répondre à nos objectifs financiers et nous permettre de profiter du mode de vie que nous avons choisi.

Quoi produire

Pour mieux visualiser notre production, nous avons créé un tableau comportant 21 « cases » vides, correspondant aux 21 semaines de livraison, que nous devons remplir de légumes différents. Le choix des légumes tient compte de paramètres objectifs, comme la disponibilité saisonnière, mais aussi de nos préférences. Une fois que le choix des légumes est fait, nous planifions de manière précise la composition des trois premiers et des quatre derniers paniers de la saison seulement. Nous procédons de la sorte parce que les dates de semis sont particulièrement importantes à respecter pour les livraisons ayant lieu au début ou à la fin de la saison.

Pour les semaines 4 à 17, nous ne calculons pas le contenu des paniers de manière aussi précise. Nous dressons plutôt un plan approximatif des légumes qui seront cultivés en succession. Lorsque la saison bat son plein et que de nombreux légumes viennent à maturité en même temps, les paniers sont remplis avec certains légumes qui se conservent (sur le plant, en terre ou au frigo) et d'autres qui doivent être récoltés et vendus sans tarder (par exemple, les pois, les haricots et les tomates). Nous calculons nos besoins différemment en fonction du type de légume.

Pour les légumes qui ne sont récoltés qu'une seule fois (les racines, la laitue, le brocoli, le céleri-rave), nous déterminons le nombre de fois que nous voulons les inclure dans nos paniers (par exemple, huit fois pour les carottes et cinq fois pour les betteraves), ce qui nous donne le nombre de semis que nous devrons inclure dans notre plan de production. Pour les légumes qui se récoltent plusieurs fois (tomates, concombres, courgettes, etc.), l'objectif est de planter suffisamment de plants pour récolter 220 unités par semaine. Pour les courgettes, par exemple, cela signifie qu'il faut avoir en tout temps 110 plants en production puisqu'un plant produit environ deux fruits par semaine.

Voici donc à quoi peut ressembler la planification des paniers pour une année donnée :

PANIER 1 (13 juin) : épinards (3 $), radis (2 $), concombres (4 $), courgettes (4 $), choux-raves (2 $), fleur d'ail (2,50 $), kale (2,50 $), roquette (4 $), coriandre (2 $). Valeur totale : 26 $.

PANIER 2 (20 juin) : laitues (2 $), navets (2,50 $), betteraves (2,50 $), concombres (4 $), courgettes (4 $), oignons verts (2 $), brocoli (3 $) moutarde (2 $), bok choi (2,50 $), aneth (2 $). Valeur totale : 26,50 $

PANIER 3 (27 juin) : laitues (2 $), épinards (3 $), radis (2 $), concombres (4 $), courgettes (4 $), kale (2,50 $), fleur d'ail (2,50 $), choux-raves (2 $), basilic (2 $), pois mange-tout (3 $). Valeur totale : 27 $

PANIER 4 (4 juillet) **À 17** (3 octobre) : laitues et, en fonction des disponibilités, carottes, navets, betteraves, concombres, tomates, courgettes, pois mange-tout, haricots, brocolis, choux-fleurs, ail, oignons, bettes à carde, basilic, aubergines, poivrons, tomates cerises, poireaux, melons, tomatilles, piments forts et fines herbes, céleris.

PANIER 18 (10 octobre) : laitues (2 $), carottes (2,50 $), navets (2,50 $), concombres (4 $), tomates (4 $), ail (2 $), poireaux (3 $), roquette (2 $), poivrons (3 $), coriandre (2 $). Valeur totale : 27 $

PANIER 19 (17 octobre) : épinards (3 $), betteraves (2,50 $), radis d'hiver (2,50 $), concombres (4 $), kale (2,50 $), choux-fleurs (3 $), céleris-raves (2 $), oignons (3 $), brocoli (3 $), persil (2 $). Valeur totale : 27,50 $

PANIER 20 (24 octobre) : épinards (3 $), carottes (2,50 $), navets (2,50 $), ail (4 $), choux chinois (4 $), choux-raves (2 $), poireaux (3 $), roquette (2 $), pommes de terre (3 $), thym (2 $). Valeur totale : 28 $

PANIER 21 (1 novembre) : épinards (3 $), carottes (5 $), kale (2,50 $), oignons (3,50 $), radis d'hiver (2,50 $), céleris-raves (2 $), courges d'hiver (4 $), persil (2 $), pommes de terre (3 $). Valeur totale : 27,50 $

Combien et quand produire

Une fois que nous avons choisi quoi produire, il faut déterminer combien et quand produire. Pour y arriver, nous calculons pour chacun des légumes le nombre de planches nécessaires pour un approvisionnement de 220 unités par semaine ainsi que le moment où le semis doit être effectué afin que la récolte puisse avoir lieu à la date désirée. Pour nous aider dans cette tâche, nous utilisons un tableau de calcul de la production, comme celui présenté à la page 154* et nous consignons scrupuleusement les données de production de chaque variété de légumes dans une liste semblable à celle présentée ci-dessous. À la fin de cet exercice, nous regroupons les semis du même légume, ce qui nous permet de connaître le total de planches que nous devons semer ainsi que les cultivars différents qui les occuperont. C'est avec ces informations que nous effectuons notre commande de semences.

N'oubliez pas que nous utilisons des espacements intensifs et que ces derniers produisent des récoltes supérieures à celles qu'on trouve dans d'autres tableaux fondés sur des systèmes de production différents.

Composition des paniers aux Jardins de la Grelinette

Le choix des légumes que nous priorisons dans nos paniers suit de près la demande. Au fil du temps, nous avons compris que nos partenaires sont heureux de recevoir certains légumes sur une base régulière et d'autres de manière plus occasionnelle.

LES RÉGULIERS : tomates, laitues, fines herbes, concombres, carottes, courgettes, poivrons, oignons.

LES SECONDAIRES : ail, betteraves, navets, radis, pois mange-tout, haricots, brocolis, choux-fleurs, pommes de terre, aubergines, verdures asiatiques, roquette, épinards, basilic, melons, tomates cerises, bettes à carde et kale.

LES OCCASIONNELS : fenouils, piments forts, tomatilles, chicorée, choux-raves, céleris-raves, céleris, radis d'hiver, courges d'hiver, fleur d'ail, maïs, choux de Bruxelles.

La composition de nos paniers suit également certains principes qui visent à rendre notre offre la plus diversifiée et appréciée possible :

- Nous proposons entre 8 à 12 articles différents par panier, à tout moment de la saison.
- Nous procurons une laitue dans chaque panier ou des épinards en début et fin de saison.
- Nous incluons une verdure par semaine (parfois deux ou trois en début de saison) avec l'objectif de ne pas offrir les mêmes deux fois de suite.
- Nous essayons de fournir deux légumes-racines par panier, et des carottes le plus souvent possible.
- Nous tentons de produire des légumes-fruits le plus tôt possible afin d'ajouter de la valeur au panier tôt en saison.
- Nous ajoutons des fines herbes dans chaque panier.

Bien entendu, le contenu des paniers ne fera jamais l'unanimité auprès de nos partenaires, mais nous restons à l'écoute pour tenter de répondre à leurs besoins. Cela dit, il faut éviter de trop se laisser influencer par les choix préférés de tout un chacun. Il faut également faire attention, la première année, de trop en faire. Selon moi, un jardinier-maraîcher peu expérimenté a plutôt avantage à limiter sa production à une vingtaine de légumes durant les premières saisons et à essayer de maîtriser d'abord la production de légumes « réguliers », qui sont les plus faciles à cultiver. Nous avons toujours acheté des pommes de terre, des courges d'hiver et, occasionnellement, des melons d'eau pour compléter nos paniers. Nos clients en sont avertis et ne s'en sont jamais formalisés.

Établir un calendrier cultural

Après avoir déterminé le nombre de planches et les dates de semis pour l'ensemble de la production, nous devons rassembler toutes les données pour établir une marche à suivre qui soit facile à comprendre et à mettre en œuvre. C'est ce que nous faisons à l'aide d'un calendrier annuel, qui doit être suffisamment grand pour y colliger toutes les informations. Pour chaque légume, nous inscrivons toutes les dates suivant la codification suivante : **R** = récolte, **S** = semis intérieur, **SD** = semis direct et **T** = transplantation.

À cette étape-ci, nous prenons aussi le temps de systématiser les autres pratiques culturales afin de les inclure dans notre calendrier. Pour chaque transplantation ou semis en plein sol, nous inscrivons également la date à laquelle il faut préparer les planches en prenant soin d'y inclure le temps nécessaire pour effectuer un faux-semis (généralement deux semaines à l'avance). Nous inscrivons aussi les interventions phytosanitaires que nous ne devons pas oublier de faire, ainsi que toute autre information susceptible de nous échapper une fois plongés dans le feu de l'action. Par exemple, si nos brocolis doivent être fertilisés avec du bore et du molybdène 10 jours après la transplantation, nous l'inscrivons dans le calendrier. Si nos tomates doivent être fertilisées chaque mois, nous le notons également, et ainsi de suite.

Un tel calendrier, s'il est bien réalisé, permet de ne rien laisser au hasard. Il nous révèle, en un clin d'œil, l'ensemble des tâches à effectuer durant la semaine. Durant toute la saison, c'est lui qui nous rappelle quoi faire et à quel moment. Au risque de me répéter, cet outil est vraiment essentiel à la réussite de notre saison de production.

Faire un plan des jardins

La dernière étape pour compléter notre calendrier de production consiste à faire un plan des jardins pour déterminer à l'avance l'emplacement exact des semis. Rappelons que nos jardins sont subdivisés en 10 parcelles de même taille qui sont organisées en familles ou groupes de légumes (*voir le chapitre 6 sur la fertilisation*) subordonnés à un plan de rota-

DATES ET QUANTITÉS DES SEMIS

R = récolte, **S** = semis intérieur, **SD** = semis en plein sol et **T** = transplantation

Épinard	R : 16 juin	S : 22 avril	T : 9 mai	2 planches (Tye)
Radis	R : 16 juin	SD : 10 mai		1 planche (Raxe)
Chou-rave	R : 16 juin	S : 6 avril	T : 3 mai	1 planche (Koridor)
Courgette	R : 16 juin	S : 26 avril	T : 16 mai	4 planches (2 – Plato, 1 – Zephyr)
Aubergine	R : août	S : 7 avril	T : 1er juin	4 planches (2 – Béatrice, 1 – Nadia)
Épinard	R : 20 oct.	S : 1er août	T : 25 août	2 planches (2 – Space)
Etc.				

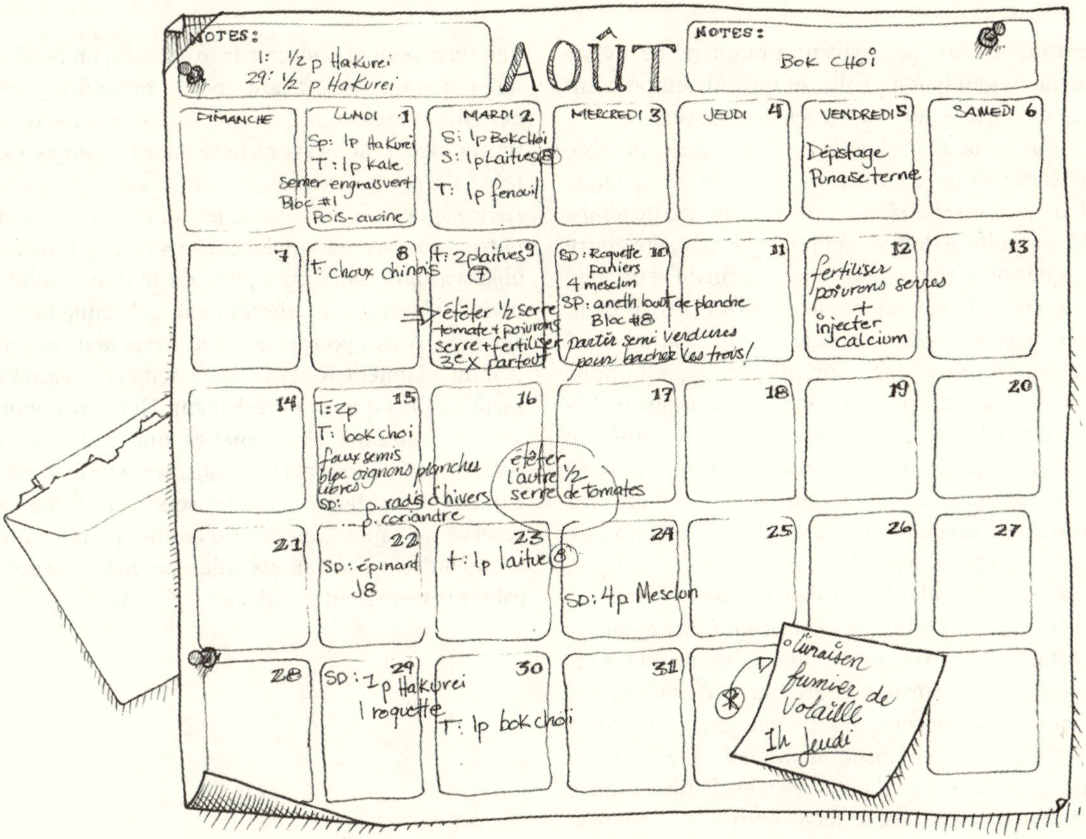

Notre calendrier de production est indispensable pour réaliser tous les travaux d'implantation et d'entretien qu'exige notre production intensive. Bien qu'il existe plusieurs manières d'organiser ses dates de semis (chiffriers informatiques, logiciels, etc.), nous préférons la clarté visuelle que nous offre un calendrier en papier.

tion prédéfini. Au moment de décrire la manière dont nous nous y sommes pris pour établir notre plan de rotation, j'ai également précisé que ce dernier pouvait être quelque peu contraignant. Maintenant que nous avons décidé des légumes que nous voulons cultiver et de la quantité nécessaire, nous devons également nous assurer qu'il y a suffisamment d'espace au jardin, et cela, dans les limites imposées par notre plan de rotation.

Notre plan des jardins représente donc chacune des 16 planches permanentes à l'intérieur de chacune de nos 10 parcelles, regroupées par famille. L'exercice consiste ensuite à trouver le meilleur endroit pour chaque semis en tenant compte de la famille botanique, mais aussi en regroupant les légumes en fonction de certaines caractéristiques qui faciliteront l'entretien des cultures. Par exemple, nous regroupons les semis à implanter le même jour, qui doivent être recouverts d'une couverture flottante, semés en plein sol ou irrigués à l'aide de nos gicleurs (ces derniers arrosent une largeur de quatre planches). Nous voulons également

CHAPITRE 13 : LA PLANIFICATION DE LA PRODUCTION

regrouper ceux qui arrivent à maturité au même moment, afin que les cultures qui suivent puissent être démarrées suivant le même processus.

Comme nous voulons faire le plus grand nombre de successions de cultures possible sur chaque planche, nous cherchons à savoir combien de temps chaque culture doit demeurer sur la planche, entre le semis ou la transplantation et la fin de la période de récolte. Pour chaque semis placé sur le plan, nous inscrivons donc la date d'implantation ainsi que la date de récolte anticipée, à laquelle nous ajoutons 14 jours pour être bien certains que la culture est arrivée à terme; puis nous traçons une ligne indiquant que la planche est à nouveau libre pour un autre semis ou une culture de couverture. Un brouillon d'un de nos plans de jardins se trouve en annexe, à titre d'exemple.

Prévoir l'emplacement de chacun des semis est un travail qui donne lieu à de nombreux essais et erreurs. C'est exigeant, mais indispensable lorsqu'on travaille sur une petite superficie cultivable. Bien que cet exercice ajoute encore plus de complexité à notre planification annuelle, il est important de le faire, car il nous permet d'utiliser notre petite surface cultivée de façon optimale. La plupart du temps, nous nous attelons à cette tâche lorsqu'il neige à l'extérieur, alors que rien ne nous presse vraiment. Ainsi, l'été, nous apprécions vraiment le fait de ne plus avoir à nous poser ce genre de questions et de travailler dans un jardin toujours bien rempli.

L'importance de la prise de notes

Une fois que notre calendrier cultural est établi, nous essayons de le suivre sans trop nous poser de questions, comme je viens de le dire. Voilà pourquoi il est important de s'appliquer au moment d'accomplir cette tâche. Cela dit, il est presque certain que nous nous apercevrons d'une erreur en cours de saison : un mauvais calcul de jours passés aux champs, une succession de cultures trop espacée, un nombre de planches insuffisant pour répondre à la demande, etc. Pour éviter que ces erreurs ne se reproduisent, nous avons opté pour un simple système de prise de notes, car nous savons d'expérience que ce qui se passe en juin sera effacé de notre mémoire en janvier… Nous consignons nos observations dans un cahier de feuilles mobiles divisé en sections correspondant à chacune de nos cultures. Ainsi, pour chaque cultivar, nous notons la date à laquelle le semis a été démarré, planté et récolté, ainsi que son rendement. Nous inscrivons aussi le nombre de planches que nous avons semées, ce qui nous permet d'ajuster le tir au besoin l'année suivante. Nous nous sommes également réservé un espace, en bas de feuille, pour y noter toutes autres observations utiles. Les fiches de notre cahier ressemblent au tableau de la page 153.

EXEMPLE DE FICHE DE NOTES

Aubergines : 1 rang espacé aux 45 cm. Fertilisation : 5 brouettes de compost et 6 litres de fumier de volaille.

Date et cultivar	Cellule et quantité	Date et lieu de transplantation	Date de la 1re récolte	Rendement par planche de 30 m
7 avril : 3 planches de Béatrice	225 pots de 10 cm	30 mai dans jardin	5-17 juillet	
7 avril : 1 planche de Nadia	75 pots de 10 cm	30 mai dans jardin	5-25 juillet	

Intervention le 5 juillet : pyrèthre pour réduire la population de punaise terne.
Intervention le 30 août : pyrèthre pour réduire la population de punaise terne.
N. B. : Béatrice donne une bonne production tout l'été, malgré la punaise terne.

Notre « système » de prise de notes est fort simple et requiert peu de temps. Il fonctionne mieux quand les informations y sont consignées sur une base régulière. Bref, des petits détails qui font une grosse différence.

CALCUL DE LA PRODUCTION

Légume	Temps de croissance*	Rendement/ planche de 30 m**	Notes
Ail	ND	600 unités	
Aubergine	100	65 unités/semaine	Calculer environ 1 fruit/plant/semaine, une fois la production bien démarrée.
Basilic	60	150 unités/semaine	Calculer 1 bouquet (12 g)/plant toutes les 2 semaines, une fois la production bien démarrée.
Bette à carde et kale	60	150 unités/semaine	Calculer 1 bouquet par 2 plants toutes les 2 semaines.
Betterave en botte	60	160 bottes	
Brocoli	75	120 têtes	
Carotte en botte	55	180 bottes	
Céleri-rave	140	300 unités	
Cerise de terre	110	ND	Deux planches couvrent nos besoins annuels.
Chou d'été	80	150 unités	
Chou-fleur	75	130 têtes	Prévoir beaucoup plus de jours au jardin pour certains cultivars.
Chou-rave	60	420 unités	*Idem.*
Concombre de serre	50	115 unités/semaine	Calculer 1,75 fruit/plant/semaine.
Courge d'été	50	100 unités/semaine	Calculer 2 fruits/plant/semaine.
Courgette	50	100 unités/semaine	Calculer 2 fruits/plant/semaine.
Épinard en vrac	40	35 kg	Calculer 16 kg lors de la 1re récolte et 18 kg lors des 2e et 3e coupes.
Fenouil	80	400 unités	
Haricot	55	30 kg/semaine	Calculer 60 kg de production totale sur 2 semaines de bonne production.
Laitue	50	250 unités	
Melon	80	100 unités et moins	Calculer 1,25 fruit/plant.
Navet en botte	40	200 bottes	
Oignon	120	182 kg	
Oignon vert	75	350 unités	
Poireau d'été	120	175 unités	Ils sont vendus en paquets de 3 ou 4.
Pois mange-tout	55	12 kg et moins/semaine	Calculer 35 kg de production totale étalée sur 3 semaines de bonne production.
Poivron	120	120 unités/semaine	Calculer environ 1 fruit/plant/semaine, une fois la production bien démarrée.
Radis	30	300 bottes	
Roquette	35	200 bottes	
Tomate	120	70 kg/semaine	Calculer 3 fruits/plant/semaine, une fois la production bien démarrée.
Verdure asiatique	60	300 unités	

* Le temps de croissance désigne le nombre de jours nécessaires pour qu'un semis donne sa première récolte. Cette expression fait référence à l'anglais *days to maturity* que l'on trouve dans plusieurs catalogues de semences. Elle ne signifie pas la même chose que les « jours aux jardins » (dont je parle dans l'annexe des notes culturales), car le temps de croissance inclut les jours passés en multicellules. Pour les semis transplantés tôt au printemps ou tard à l'automne, ces jours doivent être ajustés pour tenir compte d'une croissance plus lente des légumes.

** Les rendements hebdomadaires sont approximatifs et tiennent compte de nos espacements intensifs sur une planche de 75 centimètres de largeur et de 30 mètres de longueur. Pour des planches de mesures différentes, adaptez les ratios.

Conclusion
La politique agricole : le retour en avant

Comme une multitude de gens dans le monde, nous voulons mener une bonne vie — une vie simple, équilibrée et satisfaisante. Comme eux, notre but est de contribuer à faire de la planète un endroit où il fait bon vivre pour les générations successives d'êtres humains ainsi que pour les nombreuses autres formes de vie qu'abritent la Terre Mère, ses continents et ses océans.

– Scott et Helen Nearing, *The Good Life : Sixty Years of Self-Sufficient Living*, 1970

C'EST AVEC BEAUCOUP DE JOIE que je cite Scott et Helen Nearing en conclusion du *Jardinier-maraîcher*. Leur livre *The Good Life* est l'un de mes récits favoris et également celui de nombreux Nord-Américains qui, au cours des 40 dernières années, ont fui les villes et banlieues pour effectuer un retour à la terre. Comme moi, ces gens cherchaient à donner un sens plus profond à leur vie professionnelle, à rétablir un lien avec la nature dans leur quotidien. Le message d'autosuffisance et de simplicité des Nearing aura influencé plus d'une génération de « défricheurs », si bien qu'il est possible aujourd'hui d'être écologiste, agriculteur et sérieux à la fois…

En rédigeant *Le jardinier-maraîcher*, j'ai fait allusion au mode de vie que ce métier me procure, mais je ne voudrais pas commettre l'erreur de le présenter comme étant idéal ou idyllique. Le travail d'agriculteur est difficile et il en a découragé plus d'un. En même temps, j'ai la conviction que le contexte actuel est très différent de celui qui prévalait, il y a 20 ans encore, pour tous ceux et celles qui tentaient de s'établir à la campagne et de vivre d'une production à échelle humaine. Aujourd'hui, de nombreux citadins sont solidaires et soucieux de contribuer à une agriculture écologique et locale, et je crois que ce nombre continuera d'augmenter au fur et à mesure que nous prendrons conscience des effets néfastes de l'industrie agroalimentaire sur notre santé et notre environnement. Pour tous ceux et celles qui aimeraient s'établir en agriculture biologique, la conjoncture est des plus favorables. Cela est d'autant plus vrai qu'il existe aujourd'hui des ressources gouvernementales intéressantes pour stimuler la relève agricole.

Le gouvernement du Québec devra un jour ou l'autre moderniser la politique agricole qui a mené les agriculteurs dans le cul-de-sac où ils se trouvent présentement. Malheureusement, pour le moment, le gouvernement du Québec continue de promouvoir les fermes à vocation agro-industrielle et la conquête des marchés. Aucune mesure n'a été prise pour mettre un terme à la monoculture et prévenir la pollution des campagnes exposées aux produits toxiques et aux OGM. À court terme, il ne semble donc pas y avoir de volonté politique de faire prendre au Québec le virage d'une agriculture durable et réellement nourricière.

Je parle de politique agricole parce que je crois que beaucoup de gens fondent leur espoir en ce sens. Le militantisme a peut-être fait ses preuves par le passé, mais je crois que, cette fois-ci, les transformations souhaitées ne viendront pas du politique, c'est-à-dire « d'en haut ». Les gouvernements sont plus souvent qu'autrement à la remorque des changements sociaux et, en ce sens, il faut se tourner vers d'autres horizons pour espérer le changement.

La bonne nouvelle est que l'industrie agro-industrielle a de plus en plus de difficulté à persuader les jeunes de s'embarquer dans des projets de « fermes-usines », achetées à coup de millions de dollars... de dettes. Pendant ce temps, un nombre grandissant de personnes s'établissent en agriculture avec succès en adoptant des pratiques biologiques qu'elles mettent en œuvre dans de petites fermes. Dans les années à venir, ce sera toute une nouvelle génération de jeunes gens éduqués, politisés et motivés qui iront s'établir à la campagne et fonder leur famille dans des communautés rurales où la convivialité sera mise en valeur. Partout aux États-Unis et en France (et sûrement dans plusieurs autres pays où l'agriculture est devenue un enjeu de société), cet « exode urbain » est en cours. Au Québec, les formations en agriculture sont de plus en plus contingentées, comme si toute une génération souhaitait faire un retour à la terre. Ce sont ces futurs agriculteurs alternatifs, inspirés par le succès d'autres petits producteurs bio, qui feront éventuellement pencher la balance vers les changements souhaités.

Au moment où cette vague d'artisans de la nouvelle agriculture déferlera, il y a de fortes chances que nous assisterons alors à la fin du pétrole bon marché. Cette nouvelle réalité forcera inévitablement la société à repenser sa relation avec l'agroalimentaire et le concept des « supermarchés ». Je ne vois pas comment nous pourrions continuer à importer à bas prix des produits venus des quatre coins de la planète. Avec la montée du prix des intrants agrochimiques et celui du carburant qui nourrit les grosses machines agricoles, les agriculteurs conventionnels n'auront peut-être pas d'autre choix que d'adopter des pratiques alternatives d'agriculture biologique. Peut-être vivrons-nous alors ce que je nomme un « retour en avant » : le métier d'agriculteur retrouvera ses lettres de noblesse et les fermes familiales seront à nouveau valorisées et prospères. Il n'est pas fou de croire que cette évolution est possible et imminente.

Quoi qu'il en soit, nous pouvons dès maintenant célébrer le fait qu'une agriculture différente se pratique bel et bien aujourd'hui et, qui plus est, qu'elle est florissante. En effet, il existe de plus en plus d'organisations et de regroupements citoyens qui militent pour replacer l'agriculture vivrière écologique au cœur de la société. Les gens qui s'investissent en ce sens méritent mon plus grand respect et j'espère qu'ils seront de plus en plus nombreux. Bien entendu, il faudra qu'une partie d'entre eux décide non seulement de mettre la main à la pâte, mais également dans la terre. Dans le contexte actuel, cela constitue un acte politique en soi.

Pour ma part, je suis heureux de jardiner pour ceux et celles qui considèrent que mon travail répond à un besoin fondamental et j'espère avoir pu contribuer à ce mouvement en partageant mon savoir-faire. Sur ce, il ne me reste plus qu'à vous encourager dans vos démarches respectives et à vous souhaiter un franc succès dans vos jardins.

À la prochaine !

Jean-Martin Fortier
Saint-Armand
Avril 2012 et octobre 2014

Annexe 1
Notes culturales sur différents légumes

Ce manuel a présenté jusqu'à maintenant nos pratiques horticoles d'un point de vue général. Cela est essentiel pour comprendre le système cultural que nous avons développé et le modèle que je propose dans son ensemble. Mais la culture légumière diversifiée implique également un savoir-faire propre à chaque culture. Les légumes ont chacun leurs particularités et requièrent des soins qui leur sont spécifiques. Voici donc des notes culturales qui décrivent nos méthodes pour faire pousser certaines cultures que nous affectionnons aux Jardins de la Grelinette.

Symboles

 **CULTURE RÉSISTANTE AU FROID**

 CULTURE QUE L'ON SÈME EN PLEIN SOL

 **CULTURE QUE NOUS TRANSPLANTONS**

 **CULTURE TRÈS RENTABLE**

 CULTURE QUI POSE PEU OU PAS DE PROBLÈMES

 **CULTURE QUI BÉNÉFICIE D'UN BON COUP DE GRELINETTE**

Ail *(liliacée)*

L'ail est une culture de conservation idéale pour un jardin maraîcher. Il est populaire, rentable et très bien adapté au climat nordique du Québec. Les épiceries vendent principalement de l'ail importé de Chine et cela représente une excellente occasion de faire des affaires, car bien des gens sont prêts à débourser davantage pour un ail produit localement et qui est plus savoureux et de meilleure qualité que ce qui est proposé dans les supermarchés. Cela étant dit, la culture de l'ail n'est pas facile. Il est donc impératif de suivre les procédures appropriées pour la plantation, la récolte et l'entreposage.

Aux Jardins de la Grelinette, nous cultivons l'ail au collet dur, car il a meilleur goût et se conserve mieux que l'ail au collet mou. Il est semé avant le début de l'hiver pour être récolté l'été suivant, à temps pour nos gros marchés des mois d'août et de septembre. Dans nos jardins, l'ail est un légume que nous produisons en grandes quantités, car, en plus de nos ventes saisonnières, la plupart de nos clients et partenaires en achètent à la fin de la saison pour leurs réserves hivernales. Nous lui avons donc attribué une parcelle entière dans notre plan de rotation. Cultiver plus d'un millier de plants d'ail n'est pas une mince affaire. Il faut donc faire preuve d'un haut niveau d'organisation.

Chaque année, nous invitons nos partenaires d'ASC et nos proches à une « fête des semences » pour nous aider dans cette tâche. Avant la corvée, les bulbes sont divisés pour ne garder que les gousses saines et de gros calibre. Nous préparons nos planches en ajoutant du compost, en donnant un coup de grelinette et en travaillant le sol à une profondeur d'environ 5 centimètres pour l'ameublir et faciliter le travail. À l'implantation, la consigne est d'enfoncer les gousses de façon à ce qu'elles soient recouvertes de 3 centimètres de terre tout en pointant vers le haut. Les gousses sont plantées en respectant des espacements que nous traçons préalablement. Ensuite, nous recouvrons les planches de 10 à 15 centimètres (4 à 6 pouces) de paille. Ce paillis empêche le sol de geler trop

À noter

- Les densités recommandées sont optimales sur des planches d'une largeur de 75 cm.
- Pour une idée des dosages des amendements de fertilisation, le lecteur peut se référer au plan de fertilisation présenté à la page 68.
- Les dates de semis ne sont pas fixes et varient d'une année à l'autre ; elles sont présentées ici à titre de références pour l'élaboration d'un premier calendrier cultural. Il faut également souligner que notre site jouit d'un des climats les plus chauds du Québec et que, par conséquent, nos dates d'implantation printanière sont très précoces.

rapidement et permet aux semences de bien s'enraciner avant l'hiver.

Au début du printemps, lorsque les plantules d'ail commencent à émerger, nous enlevons une partie de la paille pour permettre au sol de se réchauffer plus facilement. Cela nous permet aussi d'éviter des problèmes liés aux maladies causées par un excès d'humidité. Dans un sol argileux ou infesté de mauvaises herbes, il serait par contre préférable d'enlever complètement le paillis pour permettre des binages fréquents. L'ail est une culture qui cohabite mal avec les mauvaises herbes et qu'il faut garder propre. C'est l'un des facteurs qui favorisent la production de gros bulbes.

Lorsqu'arrive la mi-juin, la plante d'ail développe une hampe florale (communément appelée fleur d'ail) que nous enlevons afin de nous assurer que le bulbe de la plante reçoive suffisamment d'énergie pour continuer à grossir. Nous récoltons les fleurs deux à trois fois par semaine pendant les premières semaines de juin et nous les vendons à nos premiers marchés, ce qui diversifie notre offre à un moment de la saison où les produits sont moins nombreux. Quelques semaines plus tard, nous commençons à récolter de l'ail frais (à demi-sec) que nous vendons à l'unité avec la tige entière. Finalement, à partir de la mi-juillet, nous entamons la récolte complète de notre production.

Déterminer le moment propice de la récolte de l'ail n'est pas aisé. S'il est récolté trop tôt, le bulbe ne comptera pas suffisamment de couches de papier et sera plus facilement abîmé lors de la manutention et du stockage. S'il est récolté trop tard, les bulbes risquent de se fendiller. Nous commençons notre récolte lorsqu'environ 30 % des feuilles du plant commencent à mourir, ce qui indique que la plante diminue la quantité de nutriments et d'eau qu'elle envoie aux feuilles. On reconnaît ce stade de développement lorsqu'il reste cinq à six belles feuilles sur le plant et que le reste du feuillage est jaune et sec. Vient ensuite l'étape cruciale de la récolte et du séchage des plants. La façon dont ces opérations sont effectuées joue grandement sur la durée de conservation.

Après avoir expérimenté plusieurs techniques, la procédure que nous avons adoptée pour optimiser son séchage est de nettoyer le bulbe au jardin immédiatement après la récolte. Nous tirons alors l'ail du sol et lui enlevons sa première feuille (qui se détache plus facilement que quand il est sec) afin de débarrasser le bulbe de sa terre et le rendre bien propre. L'ail est alors étalé sur un géotextile noir et laissé quelques heures à sécher au soleil. Vers la fin de la journée, nous coupons les racines des bulbes pour éviter qu'elles absorbent l'humidité et nuisent au séchage, avant de rentrer l'ail et sa tige à l'entrepôt. Nous le plaçons alors en andain sur des tables à semis superposées et fortement ventilées à l'aide de plusieurs ventilateurs. En procédant ainsi, l'ail devient totalement sec au bout de trois semaines. Nous coupons alors la tige à 1 centimètre du collet et l'ensachons dans des sacs en filet. Dans de bonnes conditions d'entreposage, un bulbe d'ail ferme, bien séché et bien enveloppé devrait se conserver entre six et huit mois, voire plus.

En ce qui a trait aux problèmes phytosanitaires, mis à part la teigne du poireau qui cause des dommages mineurs lors de sa première ponte, l'ail bien fertilisé ne devrait être sensible à aucun autre ravageur inquiétant. Les problèmes les plus fréquents avec l'ail sont plutôt les maladies fongiques et virales, à l'origine de la pourriture des bulbes. Lorsque cela se produit, trois explications sont plausibles : il y avait trop d'humidité au sol lors de la maturation du bulbe (paillis trop épais, mauvais drainage), le séchage s'est mal effectué après la récolte ou encore il y a eu une contamination virale par le biais de semence malade. Cette dernière raison est la plus fréquente, et c'est pourquoi il faut toujours s'assurer de planter des caïeux sains, exempts de toute maladie. Si de la pourriture se manifeste sur une partie de la récolte, il vaut mieux ne prendre aucun risque et renouveler sa banque de semences, même si cela est coûteux. Dans ce cas, je recommande fortement de rechercher la meilleure qualité d'ail provenant d'un maraîcher spécialisé dans cette culture et de toujours inspecter les semences avant l'achat. Les commandes postales sont à éviter pour cette raison, à moins que le fournisseur ne soit disposé à vous faire parvenir un échantillon représentatif des semences.

ESPACEMENT INTENSIF : 3 rangs (25 cm) – espacés aux 15 cm sur le rang
CULTIVARS FAVORIS : Music (le plus beau et le plus savoureux)
FERTILISATION : Culture exigeante
JOURS AU CHAMP : 75 à 90 jours à partir de mai
NOMBRE DE SEMIS : 1 (10 octobre)

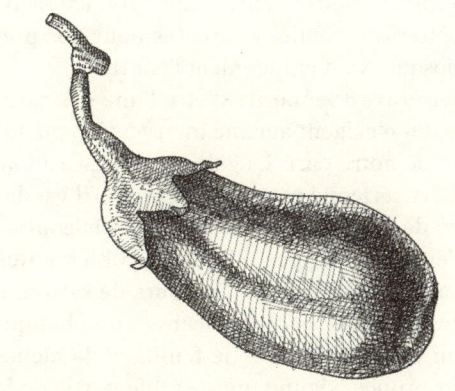

Aubergine *(solanacée)*

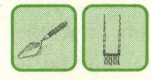

L'aubergine est un légume qui gagne en popularité au Québec. Nos partenaires sont heureux de pouvoir s'en procurer à quelques reprises au cours de l'été, et les différentes formes et couleurs des cultivars que nous étalons au marché exercent un attrait visuel souvent irrésistible. L'aubergine fait partie de la famille des solanacées et sa culture ressemble beaucoup à celle des tomates et des poivrons. Elle a besoin d'être bien fertilisée et sa croissance est maximale dans des conditions chaudes à irrigation constante. La culture sous paillis plastique lui semble donc toute désignée.

Nous cultivons nos aubergines sous un géotextile dans lequel nous avons préalablement brûlé des trous suivant l'espacement qui nous convient. Nous cultivons généralement trois planches d'aubergines et nous couvrons toute la surface, ce qui réduit la présence des mauvaises herbes au minimum. Comme pour toutes nos autres cultures sous paillis, nous irriguons à l'aide d'un goutte-à-goutte relié à une minuterie.

Avec cette culture, le défi est plutôt de se protéger contre les insectes nuisibles. L'aubergine étant parente de la pomme de terre, les plants risquent d'être ravagés par les doryphores. Pour nous en prémunir, nous installons un filet anti-insectes, supporté par des arceaux, immédiatement après la transplantation. Le filet agit également comme brise-vent, ce qui est profitable aux jeunes plants d'aubergine particulièrement sensibles aux coups de vent. Le paillis, jumelé au filet anti-insectes, permet une croissance optimale pendant les premières semaines suivant la transplantation. Lorsque les plants commencent à se charger de fleurs et que nous enlevons le filet, la présence de doryphores est alors moins intense. Si nous découvrons des foyers d'infestation, nous cueillons manuellement les larves, ce qui nous permet de contrôler la population de ce ravageur.

La punaise terne est un autre insecte à surveiller. Cette dernière est difficile à voir et est généralement responsable d'une belle production... qui ne donne aucun fruit. Elle pique les boutons floraux du plant qui tombent ensuite au sol. Pour nous en protéger, nous effectuons un dépistage deux fois par semaine en secouant un échantillon de plants (15-20) choisis parmi toutes les rangées au-dessus d'un morceau de carton blanc. Ce faisant, nous délogeons les nymphes et si nous les trouvons sur plus de 1/5 des plants, nous intervenons en utilisant un insecticide naturel.

La récolte d'aubergines peut avoir lieu à n'importe quel stade de sa croissance, le fruit étant alors plus ou moins ferme. Par contre, nous avons remarqué que les gens sont moins enclins à choisir de grosses aubergines. Nous cueillons donc les fruits de nos plants lorsqu'ils sont de tailles petites à moyennes. Nous choisissons également nos cultivars en fonction de ce critère. L'aubergine peut être récoltée sans problèmes en milieu de journée. Si c'est le cas, elle doit être refroidie rapidement pour demeurer ferme avant la vente.

ESPACEMENT INTENSIF : 1 rang – espacés aux 45 cm sur le rang
CULTIVARS FAVORIS : Béatrice (ronde), Millionnaire (de type asiatique, très hâtive), Nadia (grosse aubergine classique), Fairy Tale (violette et blanche)
FERTILISATION : Culture exigeante
JOURS AU JARDIN : Toute la saison
NOMBRE DE SEMIS : 1, transplanté après le dernier gel printanier

Betterave *(chénopodiacée)*

La betterave potagère est un autre « classique » que nos clients et partenaires disent redécouvrir. Le fait qu'elle ait généralement été vendue en conserve a probablement nui à sa réputation, mais elle revient aujourd'hui au goût du jour. Et c'est tant mieux, car en plus d'être délicieux, c'est un légume peu capricieux et simple à faire pousser.

Une des particularités de la betterave est que sa semence est composée de trois ou quatre graines collées ensemble. Semée en plein sol, c'est l'une des cultures qu'il nous faut éclaircir à la densité désirée. Il existe certains cultivars monogermes, hybridés pour éviter ce problème, mais le choix des variétés pour ces betteraves est plutôt restreint. C'est pourquoi nous préférons démarrer cette culture dans des plateaux de 128 cellules, ce qui nous permet ensuite de transplanter les jeunes plants suivant un espacement optimal. Nous assurer une production de belles betteraves rondes et grosses pour nos premiers kiosques vaut grandement l'effort.

La betterave a le mérite d'être l'une des rares cultures qui n'exigent aucune intervention phytosanitaire de notre part. La gale commune est une maladie bactérienne courante, surtout s'il y a des pommes de terre dans la rotation, mais comme nous n'en cultivons pas, c'est un problème que nous éprouvons rarement. En cours de saison, il arrive que la tache cercosporéenne, un champignon qui cerne puis troue le feuillage de taches noires et brunes, vienne infecter une partie de la production, mais cela ne semble pas trop déranger notre clientèle, qui est davantage intéressée par la racine.

La betterave est un légume qui s'adapte bien aux variations de température, ce qui permet d'en faire pousser durant toute la saison. Cette culture nous donne aussi une certaine latitude en ce qui a trait à la récolte, car elle conserve son bon goût assez longtemps au sol, mais nous préférons les récolter lorsqu'elles ont entre 5 et 6 centimètres de diamètre, puisque c'est ce que préfèrent les consommateurs. Au moment de botteler, nous enlevons les feuilles mortes et nous mettons 3 à 5 betteraves de même grosseur (pour une cuisson égale) par botte. Lorsqu'il nous reste un surplus de bottes invendues, nous coupons leur feuillage et entreposons leurs racines, que nous vendons éventuellement à rabais aux clients qui veulent en faire des conserves.

ESPACEMENT INTENSIF : 3 rangs (20 cm) – espacés aux 5 cm sur le rang
CULTIVARS FAVORIS : Early Wonder (semis hâtif), Moneta (semis en plein sol) Red Ace (se conserve bien en terre), Touchstone Gold (doré), Chiogga (trop belle)
FERTILISATION : Culture peu exigeante
JOURS AU JARDIN : 50 à 60 jours, incluant deux ou trois semaines de récoltes
NOMBRE DE SEMIS : 6 (28 mars, 18 avril, 20 avril, 10 mai, 6 juin, 30 juin) démarrés en transplants

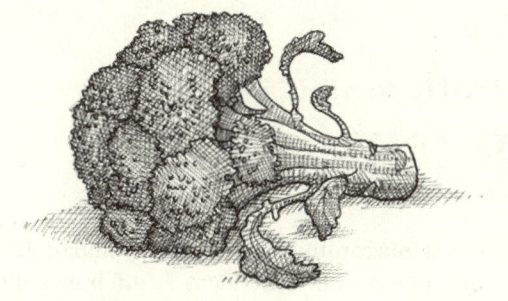

Brocoli *(crucifère)*

Le brocoli est un légume populaire et plaisant à faire pousser, mais qui pose certains défis. Tout d'abord, c'est un gros consommateur d'azote et de potasse qu'il faut fertiliser davantage qu'un autre légume. Dans notre rotation, en plus d'être amendé comme une culture exigeante, le brocoli fait partie des parcelles qui sont précédées d'un engrais vert de légumineuses. La combinaison des deux lui réussit, car nos têtes de brocoli sont toujours grosses et d'un beau vert foncé.

Le brocoli est un légume qui pousse mieux par temps frais, mais nous essayons d'en produire durant toute la saison pour répondre à la demande.

Nous effectuons deux semis successifs au printemps, puis un autre durant l'été et un autre à l'automne. Le semis d'été est le plus difficile à réussir, car la culture monte précocement en fleur lorsqu'il fait chaud, mais certains cultivars plus résistants à la montaison nous donnent des résultats satisfaisants.

Pour le mener à terme, le brocoli requiert différentes interventions systématiques. Tout d'abord, il faut souvent supplémenter la culture en bore et en molybdène, deux oligo-éléments dont la plupart des sols du nord-est de l'Amérique sont souvent carencés. Une carence en molybdène se détecte par des feuilles fragiles qui, à la manipulation, sont cassantes comme le serait du styromousse, alors que la carence en bore se détecte par un feuillage nervuré et gaufré. Dans les deux cas, une ou deux pulvérisations foliaires de bore et/ou de molybdène en cours de croissance règlent ces déficiences minérales et permettent à la culture d'atteindre sa croissance optimale. À ces applications, nous en ajoutons parfois une autre de Btk (*Bacillus thuringiensis var. Kurstaki*) qui, elle, est nécessaire si des chenilles défoliatrices se sont établies sur la culture. Cette intervention est prévue 15 jours après la transplantation et 10 jours avant que le brocoli n'arrive à maturité.

Malheureusement, un nouvel insecte redoutable est apparu sur cette culture depuis quelques saisons : la cécidomyie du chou-fleur. Cet insecte perturbe la croissance du brocoli et il suffit d'en avoir quelques-uns dans vos jardins pour rendre une récolte non commercialisable. Nous avons eu affaire à ce ravageur au cours d'une seule saison, mais les dégâts étaient assez importants pour nous obliger à agir. La seule solution consiste à protéger la culture avec un filet anti-insectes supporté par des arceaux. Ce dernier est également efficace contre la mouche du chou, les altises et la piéride. Finalement, c'est peut-être un mal pour un bien.

La réussite de cette culture dépend en grande partie du moment de sa récolte, car les têtes de brocoli arrivent à maturité très rapidement (nous les avons déjà vus doubler de taille en 24 heures!).

Pour récolter ce légume à son optimum, c'est-à-dire lorsqu'il est bien développé, charnu et dense, il faut surveiller les jardins d'un œil attentif et le cueillir juste avant que les petits bourgeons individuels du bouquet ne commencent à fleurir. À ce stade, les têtes de brocoli font généralement de 10 à 20 centimètres de diamètre. Si vous remarquez que les grappes de fleurs commencent à jaunir ou que les fleurs commencent à se séparer ou à s'ouvrir, vous devriez immédiatement couper la tête, car le plant est en train de monter en graines.

Pour allonger la période de récolte, on peut également favoriser les pousses secondaires en coupant la tête du brocoli assez haut sur la tige lors de la récolte : le pied du plant produira alors des repousses latérales qui donneront plusieurs autres petites fleurs de brocoli. Il nous arrive souvent de botteler ces fleurs ensemble et de les vendre au même prix que les têtes principales.

Une fois cueilli, le brocoli doit être immédiatement réfrigéré, car il perd rapidement sa fraîcheur. Il demeure croquant pendant plus d'une semaine s'il est conservé au frigo à température froide (environ 2 °C).

ESPACEMENT INTENSIF : 2 rangs (35 cm) – espacés aux 45 cm sur le rang
CULTIVARS FAVORIS : Packman (printemps, très hâtif), Gypsie (été), Windsor (automne)
FERTILISATION : Culture exigeante
JOURS AU JARDIN : 65 jours après la transplantation
NOMBRE DE SEMIS : 4 (17 avril, 24 avril, 28 mai, 25 juin)

Carotte *(ombellifère)*

En goûtant une carotte de jardin bio, la plupart des gens constatent immédiatement la différence de goût avec celles qui sont cultivées industriellement. La carotte est donc un bel exemple pour convaincre des bienfaits de l'agriculture biologique. La carotte est également un légume qui vaut la peine d'être soigneusement mis en marché : ainsi, la vendre en bottes avec ses fanes permet d'en demander un bon prix et de multiplier les ventes, même si elle se conserve mieux au frigo sans ses fanes. Le type de carotte a également une incidence importante sur les ventes et c'est la raison pour laquelle nous faisons pousser surtout des Nantaises qui sont, à mon avis, les plus succulentes et sucrées de toutes.

Compte tenu de sa popularité et de sa résistance au froid, la carotte est un bon légume à « forcer » pour un approvisionnement précoce et tardif en saison. Au printemps, nous en semons hâtivement dans nos tunnels pour pouvoir en vendre dès les premiers marchés. Nous utilisons le Six Row Seeder pour semer à une densité de 12 rangs par planche. Nous utilisons alors des semences enrobées pour produire des bébés carottes primeur qui se vendent comme des petits pains chauds. Notre deuxième semis hâtif est semé directement dans le jardin, mais sous la protection d'un tunnel-chenille et d'une couverture flottante. À ce stade, nous souhaitons produire de plus grosses carottes et nous augmentons l'espacement à 5 rangs par planche. Suivant nos observations, les carottes ont besoin d'environ 3,5 cm² pour atteindre 15 à 17 centimètres, qui est la taille que nous visons.

Notre dernier semis est planifié de façon à être récolté en pleine terre jusqu'à nos tout derniers paniers, en octobre. Nous protégeons les carottes du gel avec une couverture flottante, voire deux en cas de grosse gelée. Les carottes se conservent bien en terre dans la mesure où la température ne descend pas sous -7 °C. Les nuits froides rendent alors les carottes très sucrées et nos partenaires en raffolent.

La carotte pousse bien dans un sol aéré et meuble, et un bon coup de grelinette en profondeur est indispensable. La fertilisation au compost tous les deux ans semble également bien satisfaire cette plante qui n'est pas particulièrement gourmande. La carotte n'aime pas les engrais riches en azote ou le fumier frais en grande quantité. De fait, elle réagit à ce régime en formant des racines poilues. Nous leur fournissions tout de même des nutriments en appoint pour le bon démarrage du feuillage lors des semis printaniers en sol froid.

Avec cette culture, le plus grand défi est l'implantation et le désherbage. Comme la carotte prend beaucoup de temps à germer (généralement entre 8 et 15 jours), l'humidité constante du sol est très importante, afin que ce dernier ne devienne pas trop dur et/ou qu'il ne s'assèche pas au moment où les plantules fragiles émergent. Pour y parvenir, nous installons systématiquement des micro-gicleurs que nous utilisons au besoin et plaçons souvent une couverture flottante sur le sol pour aider à la levée. Considérant la valeur d'une planche de carottes, c'est un semis que nous ne voulons pas rater ! Pour ce qui est du désherbage, la meilleure stratégie que nous ayons trouvée pour limiter l'enherbement (et s'éviter des heures incalculables de désherbage à genoux) est le brûlage des mauvaises herbes en pré-émergence (voir chapitre 9). En conséquence, investir dans un pyrodésherbeur, même si c'est seulement pour la culture des carottes, en vaut la peine.

En matière de phytoprotection, la culture de la carotte n'est pas sans soucis. Deux ennemis ravageurs, la mouche et le charançon de la carotte, sont responsables des cicatrices brunâtres que l'on peut trouver sur certaines carottes. C'est la mouche de la carotte qui nous cause le plus de problèmes, mais nous la combattons efficacement avec des filets anti-insectes que nous installons sur la culture à partir de la mi-août, alors que débute la période de ponte. Quant au charançon, les dégâts qu'il nous cause sont assez minimes et les carottes affectées par cet insecte sont simplement triées et vendues comme carottes à jus à nos partenaires. Différentes maladies affectant le feuillage peuvent aussi faire leur apparition lorsque les précipitations sont importantes. La plupart du temps, ces maladies se manifestent seulement au moment où les carottes sont à un stade de maturité bien avancé, et nous ne faisons que couper le feuillage plus bas sur la botte.

Comme les carottes développent simultanément leur goût et leur couleur, leur récolte peut se faire aussitôt qu'elles sont belles. À la cueillette, le sol est ameubli avec une fourche et les carottes sont tirées du jardin puis rapportées à l'entrepôt pour être bottelées au frais. On peut aussi faciliter la récolte en irriguant juste avant de sortir les carottes de terre. Leur récolte ne doit pas être retardée trop longtemps (surtout pour les carottes d'été), car elles perdent leur saveur et leur texture change. Si elles se mettent à fendre, c'est qu'elles ont été récoltées trop tard.

En règle générale, nous attachons 8 à 12 carottes ensemble. Les carottes fourchues ou trop laides (notre sol caillouteux fait son œuvre) sont placées avec les carottes à jus. Nous stockons les carottes invendues au frigo après avoir coupé les fanes et nous les donnons à nos partenaires d'ASC lors de la dernière livraison. Les carottes ainsi stockées se conservent jusqu'à six mois.

ESPACEMENT INTENSIF : 5 rangs (15 cm) – espacés aux 3 cm sur le rang
CULTIVARS FAVORIS : Nelson (hâtif), Yaya (été), Bolero (automne), Purple Haze (mauve), Napolie (dernier semis)
FERTILISATION : Culture peu exigeante
JOURS AU JARDIN : +/- 85 jours, incluant deux ou trois semaines de récolte
NOMBRE DE SEMIS : 8 (10 avril, 25 avril, 4 mai, 25 mai, 8 juin, 23 juin, 5 juillet, 25 juillet)

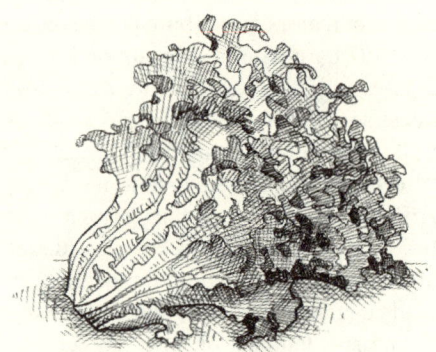

Chicorée (composé)

La chicorée est malheureusement très peu appréciée des Québécoises et des Québécois qui, dans l'ensemble, n'aiment pas beaucoup l'amer comme saveur. C'est la même chose pour le radicchio, l'endive et la scarole, qui sont encore moins connus. Mais tout cela semble vouloir changer...

Nous faisons pousser la chicorée pour l'ajouter à notre mesclun. Elle apporte beaucoup de texture et de volume au mélange, tout en étant très facile à cultiver, ce qui n'est pas le cas de plusieurs autres verdurettes. Elle est résistante au froid, mais tolère bien la chaleur, elle ne connaît aucun prédateur et offre un bon rendement par surface cultivée. Nous démarrons la culture en multicellules et nous transplantons les semis en respectant un espacement qui nous permet d'obtenir des têtes de bonne taille. La partie recherchée est le cœur, qui est formé de pousses blanchâtres échancrées et très tendres. À la récolte, nous tranchons le bouquet en entier (pour assurer une belle repousse) et le coupons ensuite en deux pour ne garder que le coeur du plant. Pour une coupe nette, nous utilisons un couteau à longue lame (notre préféré est l'Opinel) et nous nous servons du bord des caisses de récolte comme planche à découper.

Une fois coupées, les plantes génèrent de nouvelles feuilles et une deuxième coupe est possible environ 15 jours plus tard. Il nous arrive également de laisser pousser la chicoré plus longtemps afin d'avoir des cœur encore plus gros. Plus la plante prend de l'ampleur, plus les jeunes pousses sont blanches et allongées. Pour renforcer cet effet, vous pouvez attacher les feuilles extérieures avec un élastique et les laisser blanchir pendant une semaine ou deux. Pour le lavage, nous procédons de la même manière avec la chicorée qu'avec les autres verdurettes utilisées dans notre mélange à mesclun.

ESPACEMENT INTENSIF : 4 rangs (15 cm) – espacés aux 15 cm sur le rang
CULTIVARS FAVORIS : Très fine (frisée), Rhodos
FERTILISATION : Culture peu exigeante
JOURS AU JARDIN : +/- 75 jours pour trois coupes
NOMBRE DE SEMIS : 2 (11 mai, 11 juillet)

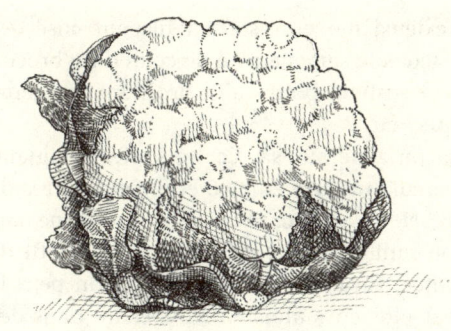

Chou-fleur (crucifère)

La culture du chou-fleur ressemble en grande partie à celle des brocolis et on peut s'y référer pour en connaître les exigences, les mesures à prendre en matière de phytoprotection et les consignes de récolte. Cependant, elle a des caractéristiques qui lui sont propres, ce qui constitue un défi supplémentaire à relever. Cette culture exige beaucoup d'entretien et il peut s'avérer difficile de la réussir les premières fois qu'on s'y attèle.

Le chou-fleur pousse bien par temps frais, mais il s'adapte moins bien aux variations climatiques que le brocoli. Il ne tolère que les faibles gelées au sol et nécessite des températures avoisinant les 15 °C. Tout stress provoque l'apparition prématurée des fleurs de sa pomme, qui deviennent du coup petites et coriaces. On dit alors que le chou-fleur « boutonne » et, si cela se produit avant que la plante n'arrive à maturité, la culture est plus ou moins ratée. Amener un chou-fleur à terme dépend des températures saisonnières et les belles récoltes ne sont jamais garanties.

Pour nous assurer de le cultiver dans des conditions climatiques optimales, nous ne planifions que deux semis de chou-fleur dans nos jardins : un premier, très hâtif au printemps, que nous recouvrons d'une couverture flottante pendant une bonne partie de sa croissance, et un deuxième, tard dans l'été, de manière à ce que les pommes atteignent leur maturité avant les grands froids. Dans les deux cas, notre culture est toujours recouverte d'un filet anti-insectes pour la protéger de la cécidomyie.

Pour réussir à produire un chou-fleur bien blanc, ce à quoi les clients s'attendent, il faut protéger sa pomme du soleil et de la pluie (pour diminuer les risques de pourriture) et faire en sorte qu'elle demeure privée de lumière jusqu'à sa récolte. Pour ce faire, on doit couvrir la tête du chou-fleur avec les feuilles latérales de la plante aussitôt qu'elle commence à se former, soit environ 5 à 10 jours avant sa récolte. On peut attacher ces feuilles ensemble, avec un élastique, ou simplement les casser pour qu'elles recouvrent bien la pomme. Nous favorisons cette dernière technique qui permet de vérifier plus rapidement le moment où le légume est prêt à être récolté. Comme pour le brocoli, il faut attendre que la pomme du chou-fleur soit bien ferme et compacte, pour le récolter à son apogée. Cela se produit juste avant son inflorescence, lorsque les têtes font 15 à 20 centimètres de diamètre. Si les têtes sont trop petites, mais qu'elles ont déjà commencé à fleurir, elles ne grandiront plus et devraient être cueillies immédiatement. Une fois cueilli, le chou-fleur doit être refroidi rapidement et entreposé au frigo avant la vente.

ESPACEMENT INTENSIF : 2 rangs (35 cm) – espacés aux 45 cm sur le rang
CULTIVARS FAVORIS : Minuteman (printemps), Bishop (automne)
FERTILISATION : Culture exigeante
JOURS AU JARDIN : +/- 80 jours après la transplantation
NOMBRE DE SEMIS : 2 (24 avril, 15 juin)

Chou-rave (crucifère)

Le chou-rave est un légume plutôt méconnu et, avec sa forme excentrique, il suscite beaucoup d'intérêt et de discussions dans nos kiosques. Mais en plus d'être sympathique, le chou-rave est surtout succulent et nutritif. Pour mousser sa vente au marché, c'est un légume que nous faisons déguster sous forme de crudité.

C'est aussi un légume dont la culture est intéressante. Il pousse rapidement, tolère le froid et peut être récolté seulement quelques semaines après avoir été transplanté. Nous ne faisons qu'un semis au printemps et un autre à l'automne, car le temps chaud et sec peut affecter son bulbe, qui tend alors à devenir dur ou piquant comme le radis. Nous gardons nos premiers semis sous une couverture flottante jusqu'à ce que les températures atteignent 23 °C le jour. La couverture flottante protège également contre l'altise, qui peut poser problème au printemps. Comme il est susceptible d'être attaqué par la cécidomyie du chou-fleur, nous faisons pousser notre deuxième semis sous un filet anti-insectes. Nous plaçons le semis à côté de celui d'un brocoli ou d'un chou-fleur pour qu'ils profitent du même filet protecteur.

De façon générale, sa récolte s'effectue quand son tubercule mesure entre 6 et 8 centimètres de diamètre. Nous vendons le chou-rave avec une partie de son feuillage (qui peut se manger) en botte de trois unités. En enlevant le feuillage, on peut le conserver plusieurs mois en le stockant dans des boîtes fermées au frigo.

ESPACEMENT INTENSIF : 3 rangs (25 cm) – espacés aux 20 cm sur le rang
CULTIVARS FAVORIS : Korridor (standard), Kolibri (mauve), Kossak (automne, gros et meilleur après une gelée)
FERTILISATION : Culture peu exigeante
JOURS AU JARDIN : +/- 40 jours après la transplantation
NOMBRE DE SEMIS : 2 (10 avril, 1er juillet)

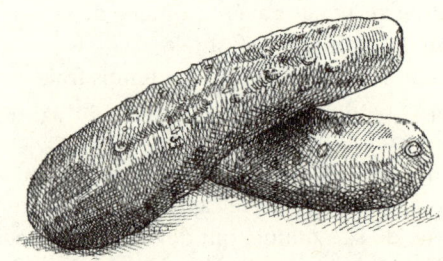

Concombre (cucurbitacée)

Nous avons essayé de faire pousser du concombre dans nos jardins, mais, après quelques saisons de frustration, nous avons décidé de le cultiver exclusivement sous abri. La protection qu'offrent les tunnels limite, voire élimine les dégâts causés par les maladies liées aux contacts avec l'humidité et les éclaboussures du sol. La structure des tunnels permet également de treillisser la culture de façon à ce qu'elle pousse à la verticale, ce qui optimise grandement l'espace de production. Avec trois planches (de 30 mètres) de production en tunnel à la fois, nous arrivons à fournir tous nos partenaires d'ASC et nos marchés fermiers. Malgré le peu d'espace qu'il occupe, le concombre est notre deuxième culture la plus rentable, après la tomate.

Le choix des cultivars de concombre de serre est vaste et intéressant, mais nous affectionnons deux types en particulier : un long anglais et un autre libanais. Ils sont sans pépins, résistent à de nombreuses maladies et n'exigent pas d'être pollinisés pour produire des fruits lorsqu'ils poussent dans un abri fermé par des moustiquaires.

Nous démarrons nos semis de concombre dans des plateaux multicellules que nous faisons germer sur des tapis chauffants. Après la levée, les plantules doivent demeurer en cellules un peu moins de 15 jours avant d'être transplantées. Mais comme le sol du tunnel est encore froid au moment de notre premier semis printanier, nous les repiquons dans de plus gros pots au lieu de les mettre directement en terre, afin qu'ils profitent de 15 jours supplémentaires dans la pépinière. Durant ce temps, nous installons un polythène translucide (ancien plastique de serre) au sol du tunnel pour le réchauffer. Pour bien démarrer leur croissance, les concombres ont besoin d'une température de sol d'au moins 18 °C.

Au moment de la transplantation et/ou du repiquage, nous nous efforçons d'être le plus délicat possible avec les plants de concombre. Ils sont fragiles, et il importe de ne pas perturber leurs racines en manipulant la motte et de ne pas mettre de la terre sur leur collet. Une fois bien transplantés dans le tunnel, nous les tuteurons à l'aide de cordes suspendues à une broche d'acier qui traverse la structure. C'est alors que commence le travail d'entretien et ce dernier exige beaucoup de rigueur de notre part.

Pendant les premières semaines, nous supprimons toutes les fleurs et/ou petits concombres jusqu'à ce que la plante ait développé six embranchements (appelés « nœuds »), ce qui lui permet de mieux développer ses racines et assure par la suite une meilleure production de fruits. Ce travail perdure jusqu'à ce que les plants aient atteint environ 60 centimètres. Ensuite, une fois que la plante a produit six nœuds, nous taillons les plants de façon à ne laisser qu'un seul fruit par deux nœuds (pour la variété libanaise, nous laissons deux fruits par nœud). Cette taille est importante, car si la plante devient surchargée, la croissance d'une bonne partie des fruits sera interrompue, ce qui causera la malformation ou la décoloration des concombres. Nous continuons de tailler de cette manière, en nous assurant d'enlever tous les drageons, jusqu'à ce que la tige atteigne la hauteur de la broche. Lorsque la tige parvient à la broche, nous la faisons passer par-dessus et laissons le dernier drageon commencer une deuxième tige. La tige principale pousse ensuite vers le bas et nous continuons de la tailler en laissant désormais un fruit par nœud (nous cessons toutefois de tailler les concombres libanais). Lorsque la tige principale développe son sixième nœud à partir de la broche, nous l'étêtons de façon à ce que la plante concentre ses énergies dans la nouvelle tige qui continue sa croissance et ainsi de suite...

Cette taille, de type « parapluie », est très commune en production de serre et elle permet théoriquement la production de fruits sur un même plant durant une saison entière. Or, nous n'y arrivons pas : après six ou sept semaines de production, une grande partie de nos plants meurent du flétrissement bactérien, une maladie virulente transmise par des chrysomèles qui réussissent à s'infiltrer dans nos tunnels en dépit de nos efforts pour boucher les ouvertures avec des moustiquaires. Comme nous ne voulons pas utiliser un insecticide à répétition pour combattre seulement quelques insectes, nous abandonnons la lutte contre ces intrus et redémarrons plutôt un nouveau semis de concombre dans l'un ou l'autre de nos deux tunnels. Entre deux semis, nous utilisons l'espace disponible dans le tunnel pour faire un court engrais vert.

Il nous est également arrivé d'avoir affaire à d'autres insectes nuisibles, comme les thrips et le tétranyque. Nous introduisons alors des acariens prédateurs (appelés auxiliaires) pour qu'ils se nourrissent des larves de ces deux ravageurs. Pour permettre aux auxiliaires de se multiplier, nous avons dû équiper nos tunnels d'un système de brumisation simple. Cette stratégie de lutte biologique implique un déboursé additionnel, mais elle a déjà donné des résultats concluants.

La fertilisation de nos concombres ressemble à celle de nos tomates : un mélange de vermicompost et de fumier de poulet biné au pied des plants. Cependant, nous le fractionnons en seulement deux doses : une à la préparation du sol et une autre quatre semaines après la transplantation. La deuxième dose inclut du sulfate de potasse pour le bon développement des fruits. Nous irriguons la culture au goutte-à-goutte et couvrons le sol avec des bâches comme nous le faisons pour les tomates. En procédant ainsi, un plant nous donne de deux à trois concombres par semaine (deux fois plus pour la variété libanaise), en fonction des conditions climatiques extérieures.

Nous récoltons les concombres anglais lorsqu'ils font entre 20 et 35 centimètres de longueur et les libanais, environ 15 centimètres. La cueillette se fait habituellement tous les deux jours, ou tous les trois jours si le temps est nuageux. Immédiatement après leur récolte, nous trempons les concombres dans un bain d'eau froide et les rangeons au frigo dans des caisses fermées qui se drainent. Ainsi traités, ils resteront fermes pendant environ une semaine. Il est également possible de les conserver croustillants plus longtemps en les emballant individuellement dans une pellicule de plastique cellophane.

ESPACEMENT INTENSIF : 1 rang – espacés aux 45 cm sur le rang

CULTIVARS FAVORIS : Sweet Success (anglais), Jawel (libanais)
FERTILISATION : Culture exigeante
JOURS AU JARDIN : 55 à 75 jours avant un autre semis
NOMBRE DE SEMIS : 2 (25 mars, 10 juillet)

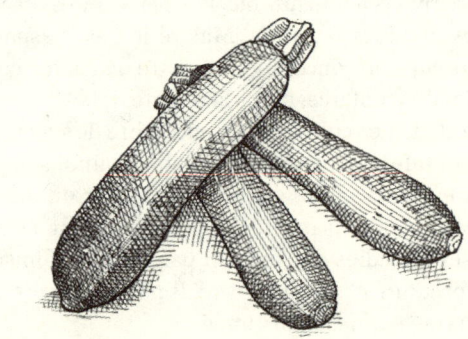

Courgette *(cucurbitacée)*

Au Québec, la plupart des gens connaissent la courgette sous le nom de « zucchini », un fruit de forme allongée et vert sombre. Il s'agit en fait du même légume. Par contre, les courgettes sont plus variées dans leurs formes et leurs couleurs, et elles sont récoltées plus petites. C'est une culture simple et rentable, surtout lorsqu'on profite du grand nombre de cultivars différents offerts par les semenciers. C'est cette diversité qui rend la courgette attrayante et populaire dans nos kiosques. C'est également un légume qui pousse en grandes quantités, et il nous arrive d'en avoir plus que nécessaire à certains moments de la saison. Nous invitons alors nos partenaires à en prendre autant qu'ils en veulent, mais nous ne les imposons pas dans les paniers, car sinon ils ne savent plus quoi en faire et ils s'en lassent.

Nous planifions trois semis successifs dans notre calendrier cultural. Notre premier semis est très hâtif et s'effectue en tunnel de manière à faire notre première récolte à la fin mai ou au début juin. Notre deuxième se fait au jardin assez tôt en mai et c'est le plus délicat à réussir, car la courgette est une plante de climat chaud qui tolère mal les nuits froides et encore moins les gelées. Pour y parvenir, nous couvrons la culture d'une couverture flottante installée sur des arceaux. Toutefois, en raison de la dimension d'un plant de courgette mature, ces arceaux doivent être installés assez haut, ce qui augmente l'effet de serre à l'intérieur du mini-tunnel. Cela donne de bons résultats pour réchauffer l'air et le sol, mais peut également donner un coup de chaleur aux transplants encore fragiles. Pour y remédier, nous trempons nos plateaux de transplants dans une solution d'argile blanche au moment d'implanter la culture. Cette poudre soluble à base de kaolin (un produit naturel et biodégradable) diminue considérablement la transpiration des jeunes plants et facilite leur acclimatation à la chaleur. Nous nous assurons également de bien irriguer la terre d'accueil et de surveiller la plantation durant les journées ensoleillées. À certaines occasions, nous serons obligés de déshabiller la culture pour qu'elle ventile.

Les jeunes plants de courgette sont particulièrement appétissants pour la chrysomèle rayée du concombre, qui peut rapidement infester la culture et causer des dommages importants. Notre objectif est donc de garder les plants abrités sous des couvertures flottantes le plus longtemps possible, jusqu'à l'apparition de leurs premières fleurs. À ce moment, il faut découvrir définitivement les courgettes pour permettre aux insectes pollinisateurs d'assurer une bonne nouaison des fruits. Les plants sont alors assez développés pour ne plus succomber à la prédation de la chrysomèle, même si ce ravageur reste un problème : c'est lui qui transmet le flétrissement bactérien, une maladie qui fait « fondre » en quelques jours les plants infectés.

Une fois la culture de courgettes dévoilée, le seul moyen de prévenir cette maladie est de diminuer la population de chrysomèles. Pour y arriver, nous les brûlons à l'aide d'une torche (de propane à gâchette) alors qu'elles se trouvent à l'intérieur des fleurs de la plante. Nous ne brûlons que les fleurs mâles (qui n'affecteront pas les récoltes). Il faut s'y mettre très tôt le matin, quand l'insecte est peu actif et que les abeilles ne sont pas encore sorties de leurs ruches pour butiner les fleurs de courgette. Cette stratégie donne de bons résultats si elle est répétée plusieurs fois par semaine, mais elle ne fait que retarder l'inévitable. C'est principalement pour cette raison que nous planifions un autre semis au milieu de l'été. Cela est une bonne chose de toute manière, car le rendement des plants diminue considérablement après quatre à cinq semaines de bonnes récoltes.

Nous récoltons les courgettes quand elles font entre 15 et 20 centimètres de longueur, selon les cultivars. À cette taille, elles sont plus tendres, se vendent mieux et à meilleur prix. Pour éviter qu'elles deviennent trop grosses, la cueillette doit s'effectuer tous les deux ou trois jours, ce qui les empêche de devenir bulbeux et favorise du même coup la production de nouveaux fruits. Pour cueillir de manière efficace, nous utilisons un sac de plantation d'arbres qui nous permet de circuler dans les allées avec les mains libres, en portant les fruits récoltés. Les fleurs de courgettes sont également prisées pour la fine restauration et c'est un produit que recherche souvent notre clientèle dans les marchés. Nous sélectionnons donc quelques plants de courgettes pour leur production de fleurs. La récolte doit se faire au lever du jour lorsque la fleur commence à déployer ses pétales au soleil. Cette tâche alourdit notre charge matinale, mais, étant donné le bon prix de vente des fleurs de courgettes, cela en vaut la peine.

Au frigo, la courgette reste ferme pendant environ une semaine. La fleur de courgette est très fragile et doit être mise en marché le jour même.

ESPACEMENT INTENSIF : 1 rang – espacés aux 60 cm sur le rang
CULTIVARS FAVORIS : Plato, Zephyr (très beau), Sunburst (pâtisson), Portofino (succulent), Costata

Romanesco (prolifique pour la production de fleurs mâles)
FERTILISATION : Culture exigeante
JOURS AU JARDIN : 70 jours après la transplantation
NOMBRE DE SEMIS : 3 (4 avril, 3 mai, 20 juin)

Épinard *(chénopodiacée)*

Les jardiniers-maraîchers qui doivent composer avec des hivers rigoureux connaissent la valeur de l'épinard. Non seulement il s'agit d'une culture très résistance au froid (il survit à -7 °C), mais c'est aussi un légume connu et apprécié de tous, contrairement aux verdures asiatiques et au kale.

Nos dates de semis sont fixées de façon à produire des épinards avant et après les laitues de saison. Même si la demande pour ce légume reste bonne tout au cours de l'été, c'est une culture difficile à réussir en été. Lorsque la photopériode s'intensifie et qu'il fait chaud (à partir de juillet), la plante monte en graines souvent précocement. De plus, l'épinard que nous apprécions est tendre et sucré, deux qualités que seul le froid lui procure.

Bien que l'épinard soit une culture qui s'implante habituellement par un semis en plein sol, son taux de germination est très variable et nous préférons le transplanter. Cette opération représente une charge de travail supplémentaire, mais les rendements optimaux que l'espacement parfait procure en valent la peine. Notre premier semis printanier est toujours recouvert d'une couverture flottante pour qu'il soit le plus hâtif possible.

Nous vendons nos épinards en vrac. Au moment de la récolte, nous cueillons les grosses feuilles de chaque plant plutôt que de récolter tout le bouquet. Cette façon de faire est plus fastidieuse, mais elle assure au total un meilleur rendement par plant. Nous lavons les épinards seulement si c'est nécessaire, lorsqu'ils sont boueux par exemple. Si tel est le cas, il est important de bien les essorer, car ils doivent être secs pour se conserver dans un sac fermé. Dans de telles conditions, les épinards en vrac se gardent facilement plus d'une semaine au frigo.

Lorsque nous voulons intégrer des épinards à notre mélange de mesclun, notre technique de production est différente. Nous les implantons avec le semoir Six Row, mais en ne remplissant qu'un godet sur deux (donc, six rangs sur la planche). La récolte et le lavage suivent le même procédé que ceux du mesclun, décrits ultérieurement dans les notes culturales. Pour la production tardive, les dates d'implantation du semis doivent tenir compte de la photopériode qui diminue à l'automne. Sur notre site, la mi-septembre est la date-butoir pour en semer en tunnel froid si on a l'intention d'effectuer plus d'une récolte avant l'arrivée de l'hiver.

Il est impossible de vendre des épinards en vrac sans entendre parler des nombreux cas de contamination à la bactérie *E. coli*. À ce sujet, il faut rassurer les clients inquiets en leur rappelant que les épinards ne sont pas plus susceptibles d'être infectés par cette bactérie mortelle que n'importe quel autre légume cru.

ESPACEMENT INTENSIF : 4 rangs (15 cm) – espacés aux 15 cm sur le rang
CULTIVARS FAVORIS : Space (feuille lisse, semis printanier), Tyee (feuille frisée, semis d'automne et de printemps)
FERTILISATION : Culture peu exigeante
JOURS AU JARDIN : 30 à 50 jours après la transplantation, incluant 2 ou 3 coupes
NOMBRE DE SEMIS : 4 (1er avril, 25 avril, 25 juillet, 5 août)

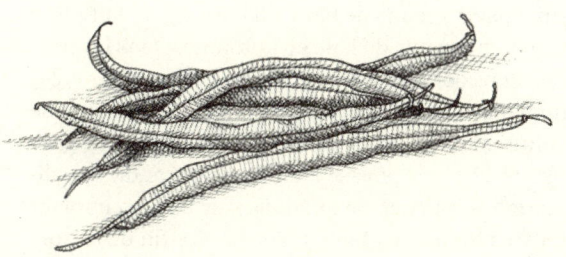

Haricot *(légumineuse)*

Ha, le haricot… populaire, mais ô combien laborieux ! Le haricot frais est un légume fort apprécié des clients, mais que plusieurs maraîchers évitent de faire pousser en raison de la charge de travail que la récolte représente. Je les comprends et, en même temps, il faut souligner que la rareté de ce légume dans les marchés permet d'en demander un bon prix. C'est d'ailleurs la raison pour laquelle un jardinier-maraîcher devrait s'astreindre à en faire pousser.

Comme le haricot ne tolère aucune gelée, nos premiers semis ne sont jamais très hâtifs. Notre stratégie est d'en produire en milieu de saison, alors que se termine notre production de pois mange-tout. Nous visons un approvisionnement constant au marché et nous souhaitons les intégrer à plusieurs reprises dans nos paniers. Pour y parvenir, nous limitons la récolte à une planche pendant deux semaines avant d'y implanter un nouveau semis (nous favorisons les haricots nains, qui sont plus productifs à court terme). Comme les haricots doivent absolument être récoltés toutes les deux semaines (sinon ils deviennent trop gros, perdent leur saveur et sont filandreux), il importe alors de bien calculer les dates d'implantation afin d'éviter que deux semis soient prêts à être récoltés en même temps. Pour y arriver, nous semons simultanément deux cultivars ayant des durées de maturation différentes.

Semer le haricot est une chose simple avec le Earthway et je connais plusieurs maraîchers qui possèdent ce semoir uniquement pour cette culture. Le semis qu'il produit est dense, mais l'éclaircissement nécessaire à un espacement optimal sur le rang n'est pas trop long à effectuer. Le haricot apprécie un sol bien réchauffé en début de croissance et, pour les semis très hâtifs, l'utilisation d'une couverture flottante est incontournable. Mis à part la récolte, le sarclage des mauvaises herbes est le seul entretien qu'exige la culture des haricots nains. Il faut biner régulièrement en début de culture, car la plante pousse vite, et il devient rapidement impossible de désherber entre les deux rangs. Sinon, le haricot pousse bien sans fertilisation d'appoint et il n'a pas d'ennemis ravageurs dans nos jardins. La rouille et le mildiou sont des maladies fongiques communes de cette culture, mais nous n'avons jamais eu ces problèmes. Cela est probablement dû au fait que nous n'étirons pas très longtemps la production d'un même semis, ce qui est une autre bonne raison de planifier plusieurs successions de cultures.

Pour que le haricot soit fin et non filamenteux (ses qualités), il faut le récolter lorsqu'il n'est pas plus gros que la circonférence d'un crayon ou, à tout le moins, avant que les grains soient bombés dans la cosse. Cela exige que la récolte se fasse tous les trois ou quatre jours. Une fois récoltés, les haricots doivent être refroidis au frigo dans des caisses hermétiques. Idéalement, il ne faut pas les mouiller, car cela peut provoquer la formation de moisissure. Dans de bonnes conditions, les haricots se conservent environ une semaine après leur cueillette.

ESPACEMENT INTENSIF : 2 rangs (35 cm) – espacés aux 15 cm sur le rang
CULTIVARS FAVORIS : Provider (bon, hâtif et fiable), Maxibel (filet), Jade (été) Rodcor (jaune), Edamame (soya)
FERTILISATION : aucune
JOURS AU JARDIN : +/- 70 jours incluant deux ou trois semaines de récolte
NOMBRE DE SEMIS : 5 (23 mai, 6 juin, 21 juin, 4 juillet, 20 juillet)

Kale et bette à carde *(crucifère et chénopodiacée)*

Bien que le kale et la bette à carde (que nous appelons aussi « bette ») soient de familles différentes, nous les cultivons essentiellement de la même manière et je prends la liberté de les associer pour en parler. Ce sont, avec les épinards et les différents légumes asiatiques, les deux principales verdures que nous cultivons pour diversifier l'offre dans nos paniers. Le kale est le plus populaire des deux, surtout auprès des adeptes de l'alimentation vivante (crudivorisme), pour qui ce légume très riche en vitamines, en minéraux et même en protéines est très apprécié, voire emblématique.

Le kale et la bette à carde sont des cultures semi-pérennes, c'est-à-dire que les feuilles d'un plant peuvent être récoltées plusieurs fois au cours de la saison. Un premier semis de kale au printemps est suivi par un semis de bette en été qui, lui, fait place à un autre semis de kale en automne. Dans les trois cas, nous démarrons les semis en multicellules et les implantons par transplantation. Cette succession de cultures exploite les qualités de chacune des deux plantes. Le kale pousse bien dans des conditions climatiques fraîches, ce qui nous permet d'en implanter très tôt au printemps. Pour notre fin de saison, le kale est encore plus intéressant, car il résiste au gel (il peut supporter jusqu'à -10 °C) et demeure à l'extérieur jusqu'à la fin de la saison. Entre ces deux semis, la bette fournit la verdure dont nous avons besoin, car c'est une culture qui ne monte pas en graines durant les grosses chaleurs, et nous pouvons la récolter tout l'été.

Le kale et la bette à carde sont deux cultures peu gourmandes qui ne requièrent habituellement pas beaucoup d'entretien. Cela dit, l'altise peut se révéler un problème et causer des dégâts importants, en particulier lorsque les étés sont secs et chauds. Pour ne prendre aucun risque, nous protégeons ces deux cultures à l'aide d'un filet anti-insectes. Quant aux maladies, seule la bette exige un suivi plus attentif de notre part, car elle peut souffrir de brûlures cercosporéennes, une maladie fongique que l'on retrouve également sur les betteraves. Si nous dépistons ce champignon assez rapidement, nous éliminons les feuilles atteintes et cela permet de limiter la propagation. Mais si l'infestation est généralisée, nous intervenons périodiquement avec un fongicide jusqu'à la fin de la culture.

À la récolte, tant pour le kale que pour la bette, nous faisons des bouquets en coupant les feuilles extérieures de la plante au fur et à mesure qu'elles grandissent. Il en pousse alors de nouvelles à l'intérieur et la cueillette peut se poursuivre ainsi durant plusieurs semaines. De manière générale, les légumes-feuilles doivent rapidement être mis au froid après leur récolte et on peut les conserver plus d'une semaine au frigo. Le kale et la bette à carde ne font pas exception à la règle.

ESPACEMENT INTENSIF : 3 rangs (25 cm) – espacés aux 30 cm sur le rang
CULTIVARS FAVORIS : Red Russian (Kale printemps), Dinosaure (Kale automne), Bright Lights (Bette à carde)
FERTILISATION : Culture peu exigeante
JOURS AU JARDIN : +/- 90 jours, incluant 5-6 semaines de récolte
NOMBRE DE SEMIS : 3 (9 avril, 10 juin, 5 juillet)

Laitue *(composé)*

La laitue est la plus populaire de nos cultures. La presque totalité des clients qui défilent à nos kiosques en achète au moins une et nos partenaires d'ASC aiment en avoir une ou deux chaque semaine dans leur panier. La laitue est, avec le concombre et la tomate, un légume très profitable pour le jardinier-maraîcher. C'est une culture qui pousse vite, qui donne beaucoup de rendement par surface et qui n'est pas compliquée. Par contre, elle exige beaucoup de suivi lorsque l'objectif est d'en récolter chaque semaine.

Nous planifions une succession de semis à 15 jours d'intervalle et nous choisissons, pour chaque semis, deux cultivars à durée de croissance différente (par exemple, 45 et 52 jours). De cette manière, nous nous assurons aussi que nos récoltes de laitues seront échelonnées sans avoir à subir les aléas des cultures de succession. Lorsque nous démarrons nos semis, notamment en été, nous plantons 30 % plus de plants que nécessaire, afin de parer aux imprévus, telles une mauvaise germination ou la perte de jeunes plantules à la transplantation. Comme les graines de laitues sont généralement bon marché, cette police d'assurance en vaut la peine. En ce qui a trait à l'entretien, la culture de la laitue est assez simple. Nous planifions un faux-semis avant la transplantation et nous utilisons nos houes colinéaires (qui sont bien pratiques pour désherber autour des têtes de laitue) afin d'empêcher la prolifération des mauvaises herbes.

Dans nos jardins, la laitue est parfois attaquée par des limaces et par des punaises ternes, mais jamais de façon assez sévère pour nous obliger à intervenir. Certaines années, l'apparition spontanée de mildiou nous a fait perdre plusieurs semis. Mais il ne s'agit pas d'un problème récurrent et nous cherchons encore la meilleure solution au cas où il se produirait régulièrement.

En ce qui concerne l'entretien, il faut savoir que la laitue est très sensible au manque d'eau, qui la rend amère. Si cela se produit, notre clientèle ne l'apprécie pas et nous le fait savoir ! Par conséquent, la laitue est devenue notre culture baromètre pour déterminer quand nous devrions irriguer nos jardins. Nous y plaçons un pluviomètre et, s'il n'a pas assez plu durant une semaine donnée, nous n'hésitons pas à ouvrir nos gicleurs. La montaison prématurée peut également se révéler un problème, mais le choix de cultivars mieux adaptés est une solution éprouvée. D'ailleurs, les cultivars de laitue sont tellement nombreux qu'il est intéressant d'en essayer des nouveaux chaque année.

La laitue devrait toujours être la première culture récoltée, car c'est elle qui est le plus rapidement affectée par la chaleur de la journée. Nous coupons d'abord le pied de la pomme au couteau, puis nous la trempons dans un bain d'eau froide et la laissons s'égoutter. Nous rangeons ensuite les laitues dans un bac fermé que nous plaçons au frigo, où elles resteront belles et croustillantes pendant environ une semaine.

ESPACEMENT INTENSIF : 3 rangs (25 cm) – espacés aux 30 cm sur le rang
CULTIVARS FAVORIS : Salad Bowl (feuille de chêne rouge ou verte), Jericho (romaine d'été), Nevada (batavia), Buttercrunch (Boston), Vulcan (feuille rouge), Grand Rapid (frisée)
FERTILISATION : Culture peu exigeante
JOURS AU JARDIN : 30 à 45 jours après la transplantation
NOMBRE DE SEMIS : 8 à 15 jours d'intervalle, de la mi-avril jusqu'à la mi-août

Melon *(cucurbitacée)*

Quiconque a déjà goûté un melon de jardin bien mûr ne peut qu'en redemander ! Ce fruit est très populaire auprès des gens et c'est la raison pour laquelle nous le cultivons, car, en réalité, sa culture occupe beaucoup d'espace aux jardins et offre peu de rendement. Nous faisons donc une entorse à nos propres « règles », car je crois que nos clients et partenaires ne nous le pardonneraient pas si nous cessions d'en produire !

Nous démarrons les semis de melon comme nous le faisons avec les courgettes. Ces deux cultures se ressemblent sur plusieurs points, et le lecteur peut se référer aux notes culturales de la courgette en ce qui concerne l'implantation et la phytoprotection de la plante. En revanche, les melons sont plus sensibles que les courgettes à la température du sol et, à l'instar des concombres, ils gagnent à être transplantés dans un sol bien réchauffé. Pour toutes ces raisons, notre semis de melon n'est pas très hâtif et il est implanté sur un paillis de plastique noir. Comme le plant de melon s'étend rapidement, il devient vite impossible de biner le sol, ce qui est une autre bonne raison d'avoir recours à un paillis.

Le défi, avec le melon, est de le récolter juste à point ; trop vert, il n'a aucune saveur, et trop mûr, il devient aqueux et perd de sa qualité. Pour déterminer le moment propice, il faut détecter certains signes sur le fruit. Les melons au miel et les cantaloups sont prêts lorsqu'ils commencent à changer de couleur et à tendre vers le jaune. Il se forme alors une crevasse (cerne ou fendillement) au pédoncule, ce qui indique que le fruit est sur le point de se détacher. À ce moment, son odeur commence à se développer et on peut réellement « sentir » que le melon est prêt. S'il se détache par lui-même, le melon est souvent trop mûr. Pour le melon d'eau, c'est différent. Quand il est mûr, il produit un son creux lorsqu'on le frappe. Si, en le retournant, on aperçoit une marque pâle à l'endroit où le fruit était en contact avec le sol, c'est également bon signe ; la marque passe du pâle au jaune au fur et à mesure de la maturation. Dans tous les cas, en goûter quelques-uns demeure la meilleure façon de connaître leur stade de développement!

Les melons récoltés au bon moment se conservent à la température de la pièce pendant une semaine tout au plus. S'ils ont été récoltés trop mûrs, nous les réfrigérons pour éviter qu'ils se gâchent. Par contre, ils perdent alors beaucoup de leur parfum et de leur saveur. Les melons d'eau se conservent plus longtemps, soit environ deux semaines, à une température d'entrepôt.

ESPACEMENT INTENSIF : 1 rang – espacés aux 45 cm sur le rang
CULTIVARS FAVORIS : Cavaillons (Charentais) Halona (melon brodé), Sivan (charentais), Honey Yellow (melon au miel), Sweet Beauty (melon d'eau)
FERTILISATION : Culture exigeante
JOURS AU JARDIN : 65-85 jours après la transplantation
NOMBRE DE SEMIS : 1 (24 mai)

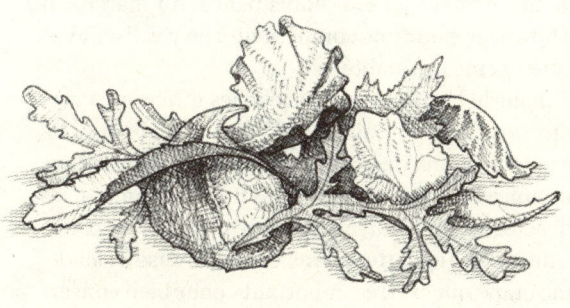

Mesclun *(composé)*

Le nom « mesclun » vient de l'occitan (ancienne langue de Provence) mesclom, qui a lui-même pour racine le mot latin misculare signifiant « bien mélangé ». En France, en particulier dans le sud du pays, le mesclun est un mélange bien défini de bébés laitues, de chicorée, de roquette et d'oseille. Mais au Québec, les gens n'ont aucune attente envers ce que devrait être un mesclun et ce dernier peut être composé de n'importe quelles verdurettes disponibles aux jardins. L'essentiel est que celles-ci soient courtes (de 5 à 10 centimètres) pour pouvoir être mangées en une bouchée et que le mélange soit de couleurs et de textures variées pour attirer l'œil dans l'assiette. Dans notre « recette », nous utilisons des verdures asiatiques au printemps et à l'automne, ainsi qu'un mélange de laitues en été. À ces ingrédients de base, nous ajoutons en alternance du bébé bette à carde, de la chicorée et du kale.

Le mesclun est une culture parfaitement adaptée au jardin maraîcher. Elle est rapide et procure en 30 jours de très bons revenus proportionnellement à la surface cultivée. C'est également l'une des seules cultures qu'un jardinier-maraîcher du Québec peut espérer produire et vendre à l'année comme étant « un produit frais », sans avoir à lui fournir un minimum de chauffage. Pour toutes ces raisons, nous avons décidé de nous spécialiser dans cette culture et d'en produire en semi-gros pour différents restaurants et l'épicerie de notre région. Notre objectif est de garantir à ces clients un approvisionnement hebdomadaire et, pour y parvenir, il faut réussir chacun des semis qui se succèdent, et ce, peu importe les conditions climatiques. Pour y arriver, nous planifions un nouveau semis tous les 15 jours et faisons la récolte d'une même planche à deux ou trois reprises. Cette approche semi-pérenne nous permet d'échelonner la production et de récolter ce que nous voulons sur différentes planches à chaque semaine. En automne, nos dates de semis sont cependant plus rapprochées, car la photopériode diminue et limite la croissance des verdurettes malgré les températures confortables du tunnel.

Nous implantons la culture avec un semis en plein sol en utilisant le semoir Six Row. En deux passages, ce dernier sème 12 rangs sur la planche, ce qui nous permet d'obtenir une culture très intensive (environ 20 kilos par planche de 30 mètres,

selon les verdures). Cette technique nous assure un excellent rendement, mais elle comporte certains inconvénients. D'abord, il faut tenir compte du fait que jusqu'à 70 grammes (environ 2 onces) de graines peuvent être utilisés sur une longueur de 30 mètres, ce qui fait grimper le coût des semences que l'on doit acheter. Ensuite, il faut veiller à maintenir la « propreté » des planches, car aucun sarclage de la culture n'est possible avec de tels espacements. Pour garder l'enherbement au minimum, nous préparons nos planches à semer longtemps d'avance et effectuons systématiquement un faux-semis. Cette pratique est tellement nécessaire à la réussite de la culture qu'il nous arrive souvent d'irriguer et de couvrir le faux-semis d'une couverture flottante afin de favoriser une levée maximale de mauvaises herbes que nous détruirons au moment d'implanter le mesclun.

En ce qui a trait aux maladies et aux insectes nuisibles, le seul problème que nous rencontrons est l'altise, mais, en général, la succession de verdures asiatiques/salades/verdures asiatiques permet de déjouer le cycle de ce ravageur. Nous couvrons également nos planches de mesclun d'une couverture flottante ou d'un filet anti-insectes immédiatement après les semis. En plus de cette mesure préventive, nous effectuons régulièrement des dépistages, car une infestation d'altise peut rapidement causer suffisamment de dommages aux verdurettes pour mettre en péril toute la culture. Il nous est déjà arrivé d'utiliser un insecticide sous le filet, car l'insecte y était enfermé. Il faut être vigilant.

Depuis toujours, nous récoltons notre mesclun avec un couteau bien aiguisé, en prenant soin de faire une première coupe uniforme, pour garantir une belle repousse. C'est une méthode éprouvée, mais c'est un long travail qui, sur plusieurs heures de récolte, devient dur pour le dos et les genoux. Nous utilisons désormais une récolteuse à mesclun alimentée par une perceuse électrique, qui tranche rapidement les feuilles à la base. Cet outil assez simple nous permet d'accomplir le travail proprement et diminue le temps de récolte de plus de 80 % (pour une récolte hebdomadaire, nous avions besoins de trois personnes travaillant 3 heures chacune alors qu'il suffit maintenant d'une personne qui travaille moins de 2 heures). Nul besoin de préciser que cette récolteuse représente un bon investissement !

En plus de ce gain de productivité, nous avons également appris à sélectionner les variétés qui ajoutent le plus densité au mélange et qui résistent le mieux au lavage et à la manutention. Nos ingrédients favoris sont les jeunes pousses de laitue romaine, de laitue feuille de chêne, de kale, de bette à carde et de chicorée. Nous récoltons également de jeunes têtes de laitue (que nous coupons trois ou quatre fois) ainsi que quelques autres verdures rarement utilisées : des fleurs de crucifères, des fleurs de pois, des cœurs de laitue trop mûrs et des jeunes pousses de chou. Nos clients apprécient la diversité et la créativité, mais, en définitive, il n'y a qu'une seule chose qui importe : la qualité de chaque ingrédient. Nous écartons toutes les verdurettes devenues trop grosses, trop piquantes, coriaces, trouées ou simplement jugées moins belles. Au marché, il est difficile pour nos compétiteurs de rivaliser avec cette norme de qualité.

Pour le lavage, nous plaçons les différentes verdurettes dans un bain rempli d'eau froide et nous les mélangeons délicatement avec les mains. Nous prenons alors soin d'enlever les feuilles abîmées, les insectes et les mauvaises herbes. Les verdurettes sont ensuite égouttées dans une essoreuse à salade, une étape qui est très importante pour bien conserver le mélange au frigo. Dans le passé, nous avons utilisé une laveuse à linge pour essorer le mesclun jusqu'à ce qu'un inspecteur du ministère de l'Alimentation vienne nous l'interdire. Ce dernier a fait valoir que cette machine n'avait pas été conçue à des fins alimentaires et que cette activité n'était pas sanitaire. Aujourd'hui, nous sommes contraints de fonctionner avec une essoreuse à salade... inutilement dispendieuse.

Le mesclun que nous vendons en épicerie est emballé dans des sacs portant le logo des Jardins de la Grelinette et gonflé d'air pour le protéger de l'entassement sur les tablettes. Bien qu'il soit plus coûteux, notre mesclun se vend beaucoup plus que celui importé de la Californie, souvent pourri à l'achat ou en passe de le devenir. Un mesclun de fabrication artisanale, cultivé selon les recommandations proposées ci-dessus, devrait rester beau pendant plus d'une semaine. Au bout du compte, cette qualité semble avoir persuadé une majorité de gens d'opter pour un produit local.

ESPACEMENT INTENSIF : 12 rangs (6 cm) – espacés au 1 cm sur le rang
CULTIVARS FAVORIS : verdure asiatique (Ruby Streaks, Tatsoi, Mizuna), laitue (Tango, Buttercrunch, Lollo rossa, Firecracker), roquette (Arugula), kale (Red Russian), bette à carde (Rainbow), épinard (Space), salanova (mini-tête)
FERTILISATION : Culture peu exigeante
JOURS AU JARDIN : +/- 45 jours pour deux coupes
NOMBRE DE SEMIS : Extérieur, tous les 15 jours de la mi-avril à la mi-septembre. En tunnels (5 mars, 10 mars, 20 mars, 28 mars, 25 septembre, 5 octobre, 10 octobre)

Navet *(crucifère)*

Le navet est un secret bien gardé, car les chaînes d'alimentation n'offrent pas encore les cultivars sucrés que les gens découvrent avec plaisir et stupéfaction. Le navet hakurei est depuis nos débuts l'un de nos meilleurs vendeurs au marché et l'un des grands favoris dans nos paniers. En France, les petits navets sont appelés rabioles, un nom qui sonne bien et que nous avons adopté. Le navet est un légume de climat frais ; il devient beaucoup moins tendre et plus piquant l'été. C'est pour cette raison que nous effectuons seulement des semis printaniers et automnaux, même si nous pourrions en vendre beaucoup durant tout l'été. Comme c'est une culture qui endure bien le froid, incluant une légère gelée, nous en faisons souvent pousser tard en saison, dans nos tunnels.

Même si nous implantons les navets par semis en plein sol, leur levée est rapide et ils sont faciles à désherber et à entretenir. Deux insectes redoutables leur font cependant la vie dure : l'altise et surtout la mouche du chou, qui nous ont déjà fait perdre des récoltes entières. Aujourd'hui, nous ne prenons aucun risque et abritons toujours nos semis de navets d'une couverture flottante ou d'un filet anti-insectes. Au sujet des filets anti-insectes, l'altise est un très petit insecte et il importe de choisir un filet dont les mailles sont suffisamment serrées pour le bloquer. La dimension de ces mailles devrait être de 0,35 millimètres. L'avantage d'un filet, comparativement à une bâche, est qu'il ne crée aucun effet thermique en été.

Dans nos jardins, les navets sont récoltés progressivement, en débutant par les plus gros. Comme notre semoir les plante de façon assez serrée sur le rang, le fait d'en enlever quelques-uns permet aux autres de prendre de la place et du volume. Cependant, au-delà de trois semaines, ils deviennent fibreux et moins tendres. En général, il vaut mieux faire des successions que d'étirer la récolte trop longtemps. Comme tous les autres légumes-racines, le feuillage des navets ne reste beau qu'environ une semaine au frigo. Il faut donc les vendre assez rapidement.

ESPACEMENT INTENSIF : 4 rangs (20 cm) – espacés aux 3 cm sur le rang
CULTIVARS FAVORIS : Hakurei (à manger cru), Milan (moins tendre, mais très beau), Scarlet Queen (rouge)
FERTILISATION : Culture peu exigeante
JOURS AU JARDIN : Entre 35 et 50 jours, incluant plus d'une semaine de récolte
NOMBRE DE SEMIS : 5 (22 avril, 6 mai, 23 mai, 5 août, 25 août)

Oignon (liliacée)

Nul besoin de statistiques pour savoir que l'oignon est un des légumes les plus utilisés, au Québec comme ailleurs. La plupart des recettes commencent par faire revenir un oignon à la poêle! Frais, l'oignon peut se vendre à tout moment de la saison et, une fois séché, la plupart des clients veulent en faire des provisions pour l'hiver. Toutefois, comme c'est un aliment de base, l'oignon se vend souvent à des prix très bas. Nous nous démarquons des gros producteurs commerciaux en offrant une grande diversité. Les variétés populaires comme les échalotes et les cipollinis ne se trouvent pas en épicerie, mais les fins gourmets de notre région savent qu'ils peuvent se les procurer à notre kiosque. Pour satisfaire à la demande élevée, nous cultivons d'abord des oignons verts à salade (que nous appelons « échalotes » au Québec), puis se succèdent différents cultivars, que nous sélectionnons pour la vente au frais. Arrive enfin le moment de récolter les oignons de conservation.

Nous semons tous ces oignons à la fin mars à la volée dans des plateaux ouverts, ce qui nous fait économiser beaucoup d'espace. En cours de croissance, à une ou deux reprises, nous taillons les feuilles à 10-12 centimètres de longueur pour leur donner de la vigueur. La transplantation se fait au début du mois de mai dans un sol que nous fertilisons au fumier de poulet, riche en azote. À ce moment, il faut s'assurer que le terreau des transplants et la terre d'accueil sont bien mouillés, car cela aide les plantules d'oignon à bien s'établir dans le sol. En même temps, il faut veiller à les planter le moins profondément possible dans la terre, tout juste de façon à ce qu'elles tiennent bien dans le sol, car elles n'apprécient guère d'être enfouies loin de la surface du sol.

Auparavant, nous transplantions les jeunes plants d'oignons en rangs, suivant un espacement de 5 à 6 centimètres, comme le font la plupart des producteurs. Aujourd'hui, nous avons accru l'espacement et nous les transplantons plutôt en motte de trois ou quatre plutôt qu'un seul à la fois. C'est une façon optimale d'espacer la culture, mais aussi d'accélérer grandement le travail de transplantation. En outre, cela facilite énormément le désherbage à la binette par la suite. Même si cet espacement peut sembler serré, les oignons n'auront aucune difficulté à se développer et à occuper l'espace dont ils ont besoin pour former des bulbes de bonnes grosseurs dans un sol meuble et sarclé régulièrement. Pour des récoltes hâtives, nous couvrons une bonne partie de nos semis d'une couverture flottante (supportée par des arceaux) immédiatement après leur transplantation. Cette protection climatique fait une énorme différence en début de croissance et permet à la culture de « décoller » rapidement. Bien établir le semis et favoriser une croissance rapide du feuillage est le secret de la réussite d'une belle production d'oignons.

Le contrôle des mauvaises herbes est le véritable défi que pose cette culture. En fait, il s'agit d'une culture dont le couvert végétal ne parvient jamais à occulter les mauvaises herbes. De plus, à un moment donné, il devient difficile de biner sans endommager la plante. Malheureusement, je ne connais pas de meilleures solutions que de biner fréquemment en début de croissance et de repasser une ou deux fois par la suite pour retirer manuellement les mauvaises herbes qui ont poussé sur le rang. Fait à noter : mieux on gère les mauvaises herbes sur les parcelles qui précèdent la culture des oignons (l'année précédente), plus il sera facile de lutter contre les mauvaises herbes l'année suivante. C'est une des choses qu'il faut garder à l'esprit quand on conçoit un plan de rotation. Dans nos jardins, nous arrivons à garder notre parcelle d'oignons propre, mais la mauvaise herbe (surtout le galinsoga) nous met à l'épreuve !

En ce qui a trait à la phytoprotection, l'oignon doit affronter un seul insecte nuisible, à savoir la mouche de l'oignon. Nous avons déjà eu affaire à ce ravageur, mais comme notre production est recouverte d'une couverture flottante au moment de la ponte (le moment le plus dommageable pour les cultures), les dégâts ne sont jamais bien graves. Par ailleurs, l'oignon est sensible à de nombreuses maladies fongiques, notamment le mildiou et le botrytis qui, à nos débuts dans ce métier, nous ont souvent fait perdre une partie importante de nos récoltes. Depuis, nous avons appris qu'il vaut mieux prévenir que guérir. Lorsque le temps demeure pluvieux trop longtemps ou qu'il grêle et que les feuillages des plants sont abîmés, ou dès que nous dépistons un début de maladie fongique, nous appliquons chaque semaine un traitement de cuivre et de soufre, en alternance, sur les plants. Ces dernières années, nous avons aussi expérimenté un biofongicide qui inocule le sol et la plante de bactéries (*bacillius subtillis*) empêchant les champignons pathogènes de se développer.

L'oignon peut se récolter à n'importe quel stade de sa croissance, ce qui nous confère une certaine marge de manœuvre quant au moment de la récolte. Si les ventes ne sont pas au rendez-vous lors d'une semaine donnée, nous les faisons sécher et les vendons à un autre moment. Les oignons de conservation, eux, requièrent un peu plus de soins, car ils doivent être récoltés et séchés au bon moment. Ces derniers sont prêts lorsque leur feuillage commence à mourir et à s'affaiser. Nous les tirons du sol et coupons leurs tiges (en laissant 3 centimètres de queue au-dessus du collet). Nous les laissons sécher au soleil, dans les jardins, pendant quelques jours avant de les transporter à l'entrepôt où ils continuent à sécher, comme nous le faisons pour l'ail. L'oignon est bien sec lorsque son collet n'est plus vert et qu'il est totalement refermé. Ensuite, nous les ensachons dans des sacs de filet en prenant soin de mélanger les bulbes de différentes grosseurs et de rejeter ceux qui sont abîmés. S'ils ont été séchés correctement et manipulés avec soin (une « prune » sur un oignon le fera pourrir, lui et ceux avec lesquels il est en contact), ils se conserveront de quatre à sept mois dans un endroit sombre et frais.

ESPACEMENT INTENSIF : 3 rangs (25 cm) – espacés aux 25 cm sur le rang
CULTIVARS FAVORIS : Purplette (primeur, oignon vert à salade), Sierra Blanca (sucré et gros, vendu frais), Ailsa Greg (type espagnol), Redwing (rouge, de conservation), Gold Coin (cippolini), Ambition (échalote française)
FERTILISATION : Culture exigeante
JOURS AU JARDIN : 50 à 110 jours après la date de transplantation, selon les cultivars
NOMBRE DE SEMIS : 1, transplanté au début du mois de mai

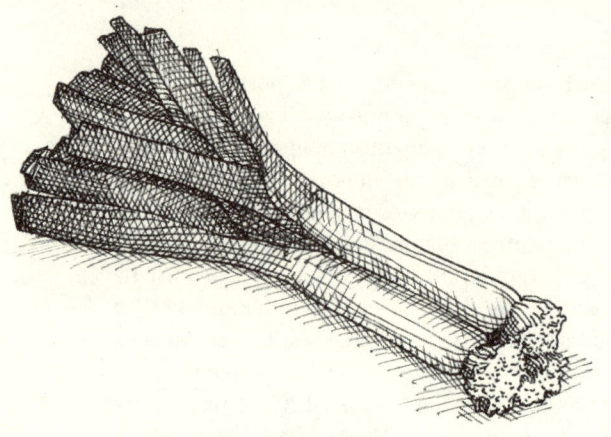

Poireau *(liliacée)*

Il nous a fallu quelques saisons avant de comprendre comment faire pousser des poireaux de grande qualité. Pas parce que c'est une culture si difficile ou problématique, mais parce que la majorité de nos clients ne mangent que la partie blanche de la tige. Après avoir pris conscience de cette réalité, nous avons appris à produire des poireaux avec de longs fûts bien blancs.

Nous semons nos poireaux très tôt au printemps. Ils sont démarrés en premier, en même temps que les tomates, non pour les récolter plus tôt (les poireaux ne se vendent bien qu'à l'arrivée de l'automne), mais parce que nous voulons que nos plants soient le plus longs possible avant de les transplanter. Nous précédons essentiellement de la même manière que pour les oignons, sauf que nous ne les taillons pas lors de leur séjour en caissette. Nous utilisons également des contenants plus profonds afin de permettre aux racines des plantules de se développer davantage. Nous effectuons un seul semis de poireaux (mais nous utilisons des variétés à différents jours de croissance) que nous transplantons aux jardins au début du mois de mai. Cela leur donne environ 10 semaines pour atteindre la grosseur d'un crayon et au moins 25 centimètres de longueur, ce qui est ce que nous souhaitons.

Comme je l'ai mentionné, l'obtention d'un long fût est tributaire de la profondeur de la tige sous le sol. Cela explique pourquoi le poireau est traditionnellement rechaussé au fur et à mesure de sa croissance. Pour procéder ainsi, les espacements doivent tenir compte des sillons nécessaires au buttage. Sur une largeur de 75 centimètres, cela veut dire deux rangs par planche. La technique que nous utilisons nous permet de cultiver trois rangs par planche et nous évite tout rechaussement.

Voici comment nous procédons : à la transplantation, nous utilisons un goujon pour faire un trou de 25 millimètres de diamètre et de 20 centimètres de profondeur dans le sol. Nous coupons ensuite les racines des jeunes plants de poireaux à une longueur d'environ 2 centimètres avant de les déposer dans le trou, tels quels. Il est alors vraiment important de ne pas combler les trous. Nous arrosons plutôt les poireaux avec un tuyau d'arrosage de manière à ce qu'un peu de terre se dépose sur les racines. Ces derniers se rempliront naturellement au cours des semaines suivantes avec les passages de la binette.

Les premières fois que nous avons essayé cette méthode, nous pensions que les jeunes plantes ne recevraient peut-être pas suffisamment de lumière, car les feuilles qui sortent du trou ne font que 5 centimètres. Il n'y a toutefois pas lieu de s'inquiéter. Tout ce travail se traduit par des longs fûts de 20 centimètres complètement blancs. Les poireaux ne sont pas aussi gros qu'ils le pourraient, mais en cultivant trois rangs au lieu de deux, nous augmentons significativement la productivité au mètre carré. Pour nos poireaux d'automne, nous augmentons cet effet en recouvrant le sol de paille autour des plants de poireaux à la mi-saison. Grâce à cette technique, nous arrivons à produire des poireaux avec un fût bien blanc d'environ 30 centimètres de longueur. Nos clients en sont bien contents et nous le font savoir !

Le poireau est moins sensible aux maladies que l'oignon et il a peu d'ennemis ravageurs, à l'exception de la teigne du poireau. Il s'agit d'un papillon de nuit dont les larves creusent des galeries à travers le fût du poireau, le rendant alors invendable. Comme cet insecte vient toujours visiter nos jardins, nous couvrons nos poireaux d'un filet anti-insectes au moment où la ponte est la plus forte, soit à la fin août-début septembre. Mis à part l'utilisation des filets, le seul entretien requis par cette culture est le désherbage régulier à la binette, car il est essentiel de maintenir les mauvaises herbes à distance lorsqu'on recourt à des espacements aussi rapprochés.

Le poireau est une des cultures les plus flexibles. On peut les récolter à n'importe quel stade de leur développement et ils tolèrent assez bien le froid pour demeurer en terre jusqu'à la fin de la saison. La récolte des poireaux d'été ou d'automne s'effectue lorsque nous jugeons qu'ils sont assez gros (environ 3 centimètres de diamètre) et que nous avons une demande. Nous les vendons attachés en paquet dont le nombre varie en fonction de leur taille. Pour soigner la présentation, nous taillons leurs racines et tranchons les feuilles du haut en V. Au frigo, les poireaux se conservent plusieurs mois sans problème.

ESPACEMENT INTENSIF : 3 rangs (25 cm) – espacés aux 15 cm sur le rang
CULTIVARS FAVORIS : Varna et King Richard (d'été), Megaton (automne)
FERTILISATION : Culture exigeante
JOURS AU JARDIN : 75 à 130 jours après la date de transplantation
NOMBRE DE SEMIS : 1, transplanté au début du mois de mai

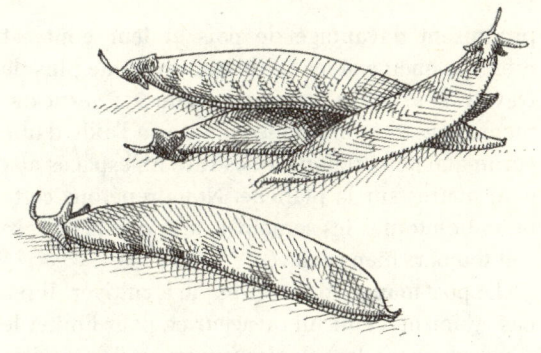

Pois mange-tout (légumineuse)

Les pois mange-tout sont ceux que l'on mange avec la cosse, et souvent crus, pour en apprécier l'extraordinaire fraîcheur. Leur arrivée dans nos kiosques marque le début d'une nouvelle saison de légumes et leur goût de jardin est toujours très populaire. Cependant, à l'instar des haricots, c'est une culture qui représente une charge de travail considérable, en raison de leur récolte laborieuse, mais aussi de l'installation des piquets et de leur tuteurage. Nous évitons donc d'avoir à cueillir des pois mange-tout et des haricots en même temps, en planifiant leur culture successive au jardin. Aussi, il ne faut pas hésiter à vendre les pois mange-tout à un bon prix. S'il arrive que des clients rouspètent, nous répondons que les nôtres ne sont pas importés de Chine et que ce prix est notre condition pour en faire pousser!

Comme le pois mange-tout est une culture qui germe bien dans un sol frais, notre premier semis au jardin est très hâtif, soit dès le début du mois d'avril, et il est recouvert d'une couverture flottante. Nous implantons cette culture par semis en plein sol et nous semons les plants à la main, sur un seul rang, mais de façon très serrée. Cet espacement n'est pas optimal en termes de production, mais il facilite énormément la récolte et le désherbage.

Nous préférons les cultivars indéterminés à ceux qui sont nains, car ils durent plus longtemps, produisent davantage de pois et leur goût est meilleur, même si les treillisser implique plus de travail. Pour aider la culture à pousser verticalement, nous supportons les plantes à l'aide d'une corde que nous relions à des tuteurs espacés aux cinq mètres sur la planche. Nous répétons cette opération toutes les semaines, afin que la culture soit toujours bien enclavée.

Le pois mange-tout est simple à cultiver. Il n'a pas vraiment d'ennemi ravageur et, pour limiter le développement de maladies fongiques, il faut éviter de le récolter lorsque le feuillage des plants est mouillé de rosée ou de pluie. Pour un maximum de goût, il faut le cueillir lorsque le grain fait gonfler la cosse et qu'il est bien rond. Dépassé ce stade, il devient fibreux. C'est la raison pour laquelle il faut récolter cette culture tous les deux ou trois jours. Par souci d'ergonomie et d'économie de temps, la cueillette des pois devrait toujours être effectuée des deux mains, et avec une certaine concentration. C'est un message que nous martelons sans cesse aux aides à la récolte qui participent à cette tâche. Une fois placé au frigo, le pois mange-tout demeure croustillant pendant environ une semaine ; il faut donc le vendre rapidement.

ESPACEMENT INTENSIF : 1 rang – espacés aux 1 cm sur le rang
CULTIVARS FAVORIS : Super Sugar Snap (fabuleux)
JOURS AU JARDIN : +/- 85 jours, incluant deux ou trois semaines de récolte
FERTILISATION : aucune
NOMBRE DE SEMIS : 2 (19 avril, 13 mai)

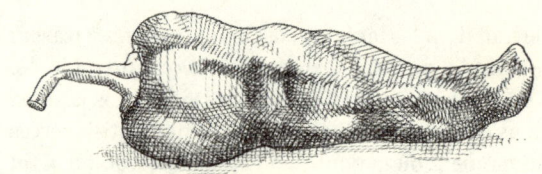

Poivron *(solanacée)*

Le poivron est un légume qui aime la chaleur et qui, comme la tomate, développe ses qualités gustatives lorsqu'il mûrit sur le plant. Son goût devient très sucré et tout le monde en raffole, en particulier les enfants qui le mangent cru avec le même engouement que pour une pomme ou un melon. Le prix d'un poivron rouge est également très intéressant, et c'est l'une des raisons qui nous poussent à en produire en primeur dans nos tunnels. Toujours dans l'optique d'obtenir un prix plafond, nous choisissons des cultivars qui produisent des fruits de calibre moyen. D'expérience, nous savons que la plupart des gens grimacent lorsqu'ils déboursent 3 $ pour un poivron, mais qu'ils ne sont pas du tout ennuyés de payer 4 $ pour en acheter deux...

Nos poivrons sont cultivés en grande partie en tunnels afin de hâter leur production. Les semis sont démarrés de la même manière que les tomates, c'est-à-dire que nous attendons environ huit semaines avant de les transplanter dans un sol réchauffé (*voir l'entrée concombre*). Une fois transplantés, les plants sont tuteurés à l'aide de poteaux de 1,50 mètre (pour qu'ils se tiennent mieux lorsqu'ils seront chargés de fruits) et sont drageonnés à quelques reprises en début de croissance pour permettre à la plante de développer son système racinaire. Nous les irriguons quotidiennement au goutte-à-goutte et leur fournissons l'équivalent de 2 centimètres de pluie par semaine. Le poivron est une culture moins gourmande que la tomate et le concombre, et contrairement à ces derniers, une seule dose de fertilisation initiale suffit à combler ses besoins nutritifs.

À la mi-août, les plants sont étêtés (la partie supérieure de chaque tige principale est coupée au-dessus du dernier fruit) afin que la production de nouveaux fruits soit stoppée et que la plante concentre ses énergies à faire mûrir ceux qu'elle porte déjà.

Un des problèmes les plus fréquents avec le poivron est la pourriture apicale, qui se manifeste par une tache noire (ou beige) en dessous du fruit, ce qui le rend souvent invendable. Ce problème n'est pas une maladie en soi, mais plutôt un désordre physiologique dû à une carence en calcium, elle-même causée par un stress hydrique durant une forte poussée de croissance. Durant les mois de la mise à fruits, alors que les poivrons grossissent rapidement (juillet à mi-août), nous injectons hebdomadairement un supplément de calcium à l'aide du goutte-à-goutte. Cette technique, appelée fertigation, est toute simple ; il suffit de se procurer un injecteur qui diffuse lentement les doses de calcium soluble à la plante. Le tout se raccorde à une robinetterie extérieure commune.

En ce qui a trait aux insectes nuisibles, les plants de poivrons sont tout aussi susceptibles d'être ravagés par la punaise terne que le sont les aubergines. C'est vraisemblablement le cas lorsque les plants sont beaux, mais qu'ils ne donnent aucun fruit. Cela dit, il est important d'établir un bon diagnostic avant d'intervenir, car d'autres raisons peuvent être en cause dans ce problème. Dans nos tunnels, les moustiquaires semblent empêcher l'insecte d'y pénétrer, car les infestations ne sont jamais aussi étendues que chez les aubergines poussant à l'extérieur. Certaines années, les pucerons peuvent également causer des dégâts importants et nuire à la croissance des plants. Pour éviter qu'une infestation de pucerons devienne un problème majeur (surtout en départ de culture), il faut détecter les foyers d'infestation et intervenir rapidement. Si le dépistage a été effectué avant que leur population n'explose, l'introduction de coccinelles (qui raffolent des pucerons !) dans le tunnel règle souvent le problème. En attendant la livraison de coccinelles (ce qui peut prendre plus d'une semaine), nous pulvériserons du pyrèthre sur chaque plante susceptible d'abriter des pucerons.

Étant donné qu'un poivron bien mûr ne se conserve pas longtemps au frigo (environ 10 jours), il est préférable d'écouler rapidement les récoltes. Une fois la production démarrée, nous procédons à la cueillette des fruits qui sont bien rouges à raison de deux fois par semaine. En plus des poivrons sucrés, nous faisons également pousser quelques plants de piments forts pour répondre à la demande (surtout la nôtre !).

ESPACEMENT INTENSIF : 1 rang – espacés aux 23 cm sur le rang
CULTIVARS FAVORIS : Orion (très hâtif, pas trop gros), Carmen (de type italien et délicieux), Round of Hungary (côtelé), Mandarin (jaune), Hungarian Hot Wax (piment fort)
FERTILISATION : Culture exigeante
JOURS AU JARDIN : Saison entière
NOMBRE DE SEMIS : 1, transplanté à la fin du mois de juillet dans un tunnel

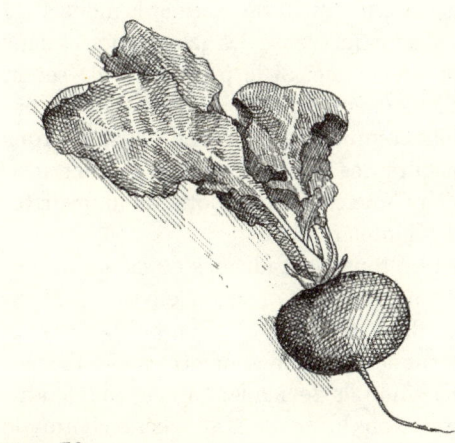

Radis *(crucifère)*

Contrairement à ce que l'on pourrait croire, les radis sont très appréciés et se vendent bien dans nos kiosques. Cela s'explique peut-être par le choix des cultivars que nous utilisons. La couleur franche et vive des bottes de radis que nous vendons attire l'œil. Le radis est un légume qui se cultive sans complication et se récolte rapidement. C'est d'ailleurs la seule culture que nous semons parfois en intercalaire au pied d'autres cultures plus lentes à s'implanter, comme les courgettes, les concombres, les pois, etc.

Tout comme la plupart des crucifères, le radis est une culture de climat frais et nous évitons d'en faire pousser l'été. Son goût devient alors trop piquant et le plant monte en graines de manière précoce, ce qui rend la racine plus fibreuse. Par conséquent, nous planifions nos semis pour les récoltes du printemps, de la fin de l'été et de l'automne. Nous planifions également un semis de radis « d'hiver ». Ce dernier type de radis n'est pas très connu, mais il gagnerait à l'être. En plus d'être délicieux et très coloré (sa chair est d'un fuchsia très beau), ce légume résiste bien aux gelées légères et lorsqu'il est abrité d'une couverture flottante, il peut demeurer aux jardins très tard, jusqu'à nos derniers paniers.

Le seul souci avec la culture du radis, c'est qu'elle sera presque assurément ravagée par la mouche du chou et sa larve qui creuse des galeries noires dans la racine du légume. Si le printemps est sec et chaud, l'altise peut également devenir problématique. Tout comme pour le navet, nous couvrons donc toujours nos semis de radis d'un filet anti-insectes ou d'une couverture flottante immédiatement après l'implantation.

Nous récoltons nos radis dès qu'ils ont atteint une grosseur moyenne, à savoir environ 5 centimètres de diamètre. Bien que l'on puisse étirer la cueillette sur deux semaines, mieux vaut les récolter petits, car sinon ils deviennent spongieux, fendus ou coriaces. Nous les vendons attachés en bottes de 6 à 12 radis, en ne prenant que les plus beaux. Il nous arrive également de faire des mélanges de couleurs avec différents cultivars pour les rendre encore plus attrayants.

ESPACEMENT INTENSIF : 5 rangs (15 cm) – espacés aux 3 cm sur le rang
CULTIVARS FAVORIS : Raxe (printemps), Pink Beauty (rose), French Breakfast (long, européen), Red Meat (hiver)
FERTILISATION : Culture peu exigeante
JOURS AU JARDIN : +/- 45 jours, incluant deux récoltes
NOMBRE DE SEMIS : 4 (10 mai, 23 mai, 11 juillet, 20 août)

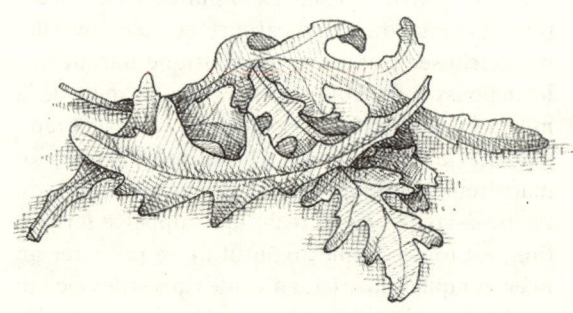

Roquette (crucifère)

La roquette n'est plus méconnue des Québécois, qui en ont entendu parler ou qui l'apprécient pour son goût poivré et piquant assez particulier. C'est un légume en vogue et probablement la verdure la plus populaire dans nos kiosques. La roquette pousse rapidement et, comme elle est assez résistante au gel (-5 °C), on peut toujours compter sur elle pour des récoltes hâtives et tardives. Cependant, son goût devient très prononcé en été et c'est pourquoi nous préférons l'éviter durant les mois chauds. Néanmoins, la demande pour cette verdure est constante et il serait sûrement profitable d'en faire pousser durant tout l'été, dans une partie plus sombre et fraîche du jardin ou sous une bâche ombrelle.

La roquette est particulièrement susceptible d'être ravagée par l'altise, qui la crible de trous et la rend beaucoup moins attrayante à la vente. Nous la gardons donc recouverte d'un filet anti-insectes ou d'une couverture flottante en tout temps. Nous la vendons en vrac, lavée et essorée comme le mesclun, ou en bottes avec ses racines. Par souci de qualité, nous ne faisons jamais plus de deux coupes sur une même planche de roquette.

ESPACEMENT INTENSIF : 5 rangs (15 cm) – espacés aux 3 cm sur le rang
CULTIVARS FAVORIS : Arugula, Astro (hiver)
FERTILISATION : Culture peu exigeante
JOURS AU JARDIN : +/- 45 jours, incluant deux récoltes
NOMBRE DE SEMIS : 4 (10 mai, 20 mai, 25 août, 1er septembre)

Tomate *(solanacée)*

La tomate vendue en épicerie a très mauvaise réputation : le fruit est peut-être beau et bien rond, mais son goût est trop souvent fade et décevant. Un jardinier-maraîcher peut tirer profit de cette situation. Un des grands avantages de la vente directe, contrairement à celle qui est destinée aux grandes chaînes d'alimentation, est de pouvoir récolter des tomates ayant mûri sur leur plant. Ces dernières se conservent moins longtemps, mais elles développent toute leur saveur. Et comme la plupart des gens sont prêts à mettre le prix pour de « vraies » tomates, cela en fait une des cultures les plus rentables à cultiver.

Nous ne cultivons plus de tomates des champs depuis plusieurs années et concentrons toute notre production dans une serre chauffée vouée à cette culture. Cette façon de faire nous a permis d'éliminer la plupart des maladies qui minent habituellement cette culture au jardin et nous a permis de prolonger notre saison de près de deux mois. Nos dates de semis sont calculées pour l'obtention d'une production débutant à la mi-juin alors que le prix pour la tomate est très bon. Cultiver des tomates dans un environnement contrôlé augmente la qualité des fruits récoltés et surtout la quantité : en respectant les techniques de culture en serre, la production peut être multipliée par dix. Bien que cela nécessite un investissement en argent et en temps, le jeu en vaut amplement la chandelle. Bien entendu, je parle ici de tomates de serre qui ont poussé dans un sol vivant et non pas dans des bacs ou de façon hydroponique, ce qui les rend trop souvent sans saveur.

Une description détaillée des opérations relatives à notre production de tomates serait trop longue pour ce genre de manuel. Tant de facteurs techniques s'y rattachent que l'on pourrait dire que c'est un métier en soi. Je préfère donc référer le lecteur à des sources plus spécifiques sur le sujet, notamment les bulletins Tom'Pousse produits par le Réseau d'avertissements phytosanitaires du Québec (RAP) dans les années 2000. La référence se trouve en bibliographie. Cela étant dit, voici tout de même, à titre indicatif, les grandes lignes de nos pratiques.

Pour parvenir à produire des tomates pour nos premiers marchés du mois de juin, nous démarrons nos premiers semis à la fin février à l'intérieur de notre chambre à semis et nous les transplantons dans la première semaine d'avril. Pour réussir une belle production, il faut veiller à avoir des transplants de grande qualité, et nous faisons tout ce qui est en notre pouvoir pour que ce soit le cas. Nous chauffons notre pépinière (du moins une partie de celle-ci : *voir le chapitre 6*) à la température optimale (18 °C la nuit et 25 °C le jour) pour favoriser la croissance. Les plantules sont également piquées dans des pots de 15 centimètres, leur assurant ainsi un maximum d'espace racinaire et de nutriments possible. Nous attendons que les plants soient vigoureux, de couleur vert foncé et d'une hauteur de 2,5 à 3 mètres avant de les transplanter.

Nous procédons également au greffage de nos tomates. Cette opération simple, mais précise, consiste à couper deux plants aux caractéristiques différentes (un porte-greffe au large système racinaire résistant à plusieurs maladies et un greffon qui, lui, donne le fruit du cultivar désiré) et à les joindre à l'aide d'une micro-pince. Si la greffe réussit, les plants fusionnent pour offrir le meilleur des deux mondes. Le greffage vise principalement à éviter la plupart des maladies de racine, notamment la racine liégeuse engendrée par l'absence de rotation. La greffe augmente également significativement la productivité du plan, ce qui rend cette technique rentable, problèmes racinaires ou non. On trouve facilement des documents de référence qui expliquent la procédure de greffage en détail, mais la meilleure manière d'apprendre est de le faire directement auprès d'un producteur expérimenté.

Dans la serre, nous avons modifié la largeur de nos planches de façon à ce qu'elles soient plus petites que celle des allées (planches de 60 centimètrem et allées de 1 mètre). Cet espacement facilite beaucoup la récolte et nous permet de tuteurer la culture en V, les plants partant du centre de la planche vers chaque côté des allées. Nous visons un objectif de densité de 2,5 plants par mètre carré, ce qui revient à un espacement d'environ 22 centimètres entre chaque plant. Cet espacement intensif nécessite un système de treillis robuste (un plant porte environ 4,5 à 5,5 kilos de fruits et nous avons plus de 100 plants par planche). Nos plants sont tuteurés à une corde rattachée à l'un des deux fils d'acier qui traversent chaque planche dans le sens de la longueur. Ces broches sont espacées de 75 centimètres et leur hauteur est d'environ 2,5 mètres. L'important est que ces fils d'acier soient solides (au minimum de calibre nº 9) et bien tendus pour supporter le poids des tomates.

Comme ce sont des plants indéterminés, ils continuent à pousser en hauteur au fur et à mesure que nous les enroulons autour de la corde. Les plants sont drageonnés chaque semaine et effeuillés toutes les deux semaines. Les grappes sont taillées pour maximiser le calibre de chaque fruit et l'équilibre du plant. Lorsque les plants atteignent le fil, nous abaissons le plant d'environ 30 centimètres en le penchant sur le côté, de manière à pouvoir continuer de le tuteurer. Huit semaines avant la fin de la récolte, nous coupons la tête des plants afin de permettre aux derniers fruits de se rendre à maturité. Toutes ces opérations sont effectuées en fonction des températures extérieures et exigent suivi et rigueur. Pour nous aider à optimiser la gestion de tous ces paramètres, nous avons engagé un club-conseil spécialisé en production de serre. Faire appel à un professionnel sur une base régulière nous a permis d'en apprendre énormément sur les bonnes pratiques de la production en serre.

Étant donné qu'elle est très intensive, notre production de tomates exige une fertilisation généreuse. Pour nous assurer que la matière fertilisante réponde bien aux besoins de la plante, nous fractionnons nos doses en déposant tous les mois un mélange de vermicompost, de fumier de volaille et de sulfate de potasse au pied des plants et nous les incorporons au sol avec un binage léger. Pour que ces amendements se minéralisent adéquatement, il est important de conserver un sol humide. Pour y arriver, nous couvrons le sol avec des bâches en polyéthylène (traité UV) de 1,20 mètre, qui couvrent les allées et la moitié des planches (jusqu'à la base de la plante). Chaque côté de la bâche est d'une couleur différente. Le côté blanc est tourné vers le haut pour refléter la lumière du soleil vers les plants et le côté noir est tourné vers le sol. Les vers de terre aiment la noirceur et jouent alors un rôle essentiel en ameublissant la structure du sol près des plants de tomate. Tous les mois, alors que nous retirons les bâches pour épandre du compost, nous sommes toujours agréablement surpris de constater à quel point leur contribution est importante.

En ce qui a trait à la phytoprotection, la plupart des maladies de la tomate sont dues à des conditions humides et/ou un feuillage qui demeure mouillé trop longtemps. Le grand pas que nous avons fait pour diminuer ce problème est de chauffer la serre chaque matin, durant un peu moins d'une heure, beau temps, mauvais temps, avec les ouvertures des côtés légèrement entrouvertes, afin de laisser sortir l'humidité de la nuit et sécher le feuillage des plants. Depuis que nous avons adopté cette stratégie, notre serre reste saine jusqu'à la fin de la saison.

Quant aux insectes ravageurs, notre serre de tomates n'a pas eu à affronter de problème, si ce n'est les chenilles qui se manifestent occasionnellement et que nous éliminons facilement avec une application de BTK.

Une fois la production entamée, la récolte de tomates se fait tous les deux ou trois jours durant une bonne partie de la saison. Les variétés Beefsteak sont récoltées en laissant le calice sur le fruit. Quant aux tomates grappes, on les récolte en coupant la tige principale de la grappe. Ce sont le calice et la tige de la grappe qui donnent aux tomates leur saveur particulière. Nous utilisons un chariot de récolte dimensionné pour circuler dans les allées et sur lequel sont posées des caisses pour tomates de serre. Les tomates ainsi récoltées se garderont environ une semaine à température ambiante. Nous ne réfrigérerons jamais les tomates, car elles perdent ainsi une bonne partie de leur texture et de leur saveur.

ESPACEMENT INTENSIF : 1 rang – espacés aux 23 cm sur le rang
CULTIVARS FAVORIS : Macarena (grosses et bonnes), Trust (fiables), Red Delight (cocktails), Favorita (tomates-cerises)
FERTILISATION : Culture exigeante
JOURS AU JARDIN : Saison entière
NOMBRE DE SEMIS : 2, transplantés à la mi-avril et à la mi-mai

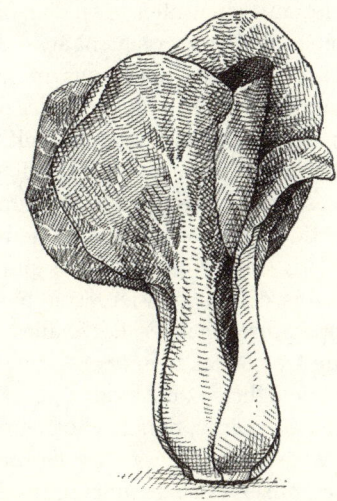

Verdures asiatiques (crucifères)

Depuis nos tout premiers marchés, nous cultivons différentes verdures asiatiques que nous avons fait découvrir à plusieurs de nos partenaires et clients. Ces verdures sont appétissantes, riches en vitamines, elles poussent rapidement et sont endurantes au froid. Bref, elles présentent de nombreuses qualités qui les rendent intéressantes du point de vue de la production. Si seulement elles pouvaient être plus populaires auprès des consommateurs…

Dans notre calendrier de production, ce sont des cultures fort importantes, car elles nous permettent de diversifier notre offre lors de nos premiers et derniers kiosques, alors que peu d'autres légumes sont disponibles. Nos verdures asiatiques sont démarrées tôt dans notre pépinière intérieure et sont transplantées au jardin sous une couverture flottante, même lorsque les températures risquent encore de descendre sous zéro. Ces cultures sont rarement affectées par les maladies, mais l'altise et la chenille du chou raffolent de leurs feuilles tendres. Nous les recouvrons donc toujours d'une couverture flottante au printemps ou d'un filet anti-insectes en été. Les limaces risquent aussi de poser problème. Si tel est le cas, nous nous en débarrassons à la main ou en utilisant des granulés de phosphate de fer. Hormis cela, ce sont des cultures qui ne requièrent aucune autre attention particulière.

Comme les autres brassicacées, la plupart des verdures asiatiques poussent mieux par temps frais (la chaleur leur donne un goût plus piquant et amer). Toutefois, certaines variétés sont bien adaptées aux températures chaudes. Les feuilles de moutarde font de très belles fleurs comestibles, dont nous faisons de délicieux bouquets que nous vendons au marché. À l'exception du chou chinois, qui peut se garder des mois au frigo, les verdures asiatiques ne se conservent pas longtemps. Elles se maintiennent mieux en terre, ce qui nous offre une certaine latitude pour le moment de leur récolte.

ESPACEMENT INTENSIF : 3 rangs (25 cm) – espacés aux 30 cm sur le rang
CULTIVARS FAVORIS : Monument (chou chinois), Black Summer (bok choy), Hon Tsai Tai (moutarde d'été), Tatsoy (collard)
FERTILISATION : Culture peu exigeante
JOURS AU JARDIN : 40 à 60 jours après la transplantation
NOMBRE DE SEMIS : 4 (1er avril, 15 avril, 8 juillet, 25 août)

Les oubliés

Comme je l'ai mentionné à quelques reprises dans ce manuel, il y a plusieurs cultures importantes que nous avons décidé de ne pas faire pousser et, à défaut de décrire comment mener à terme ces cultures, j'estime qu'il est important d'expliquer pourquoi nous ne les cultivons pas.

Commençons avec la pomme de terre, qui présente tous les attributs d'une culture intéressante à produire. C'est effectivement un légume populaire et rentable par surface cultivée. Cependant, il est beaucoup plus efficace de le récolter à l'aide d'une récolteuse. Pour un jardinier-maraîcher, il est donc quasiment impossible d'être aussi productif qu'un maraîcher « mécanisé » dans cette culture et le prix de vente de la pomme de terre ne refléterait pas adéquatement l'effort investi. Cela dit, la pomme de terre grelot primeur est une culture à considérer. En faire pousser dans un tunnel, très tôt au printemps, pour être le premier à en offrir au marché serait assurément un bon coup.

Le maïs est une autre culture populaire et très appréciée. Cependant, elle occupe beaucoup d'espace au jardin pour peu de rendement. Dans la mesure où la surface cultivable n'est pas limitée, le créneau d'un « blé d'Inde » biologique et non OGM pourrait s'avérer une bonne affaire.

La courge d'hiver est un légume indispensable au menu d'automne, mais là encore, c'est une culture

qui prend beaucoup d'espace et de temps de croissance au jardin. Compte tenu des ramifications importantes de la plante, il serait plus facile d'entretenir cette culture sur des planches plus larges que 75 centimètres.

Le céleri est apprécié de nombreux consommateurs (nous les premiers!), mais c'est une culture que nous n'arrivons pas à produire de façon satisfaisante. Produire des céleris aux longs pieds croustillants, semblables à ceux que les gens connaissent, exige un savoir-faire que nous n'avons pas encore maîtrisé. C'est un défi que nous relèverons plus tard.

L'asperge est un autre légume vert que nous apprécions beaucoup, mais nous n'avons aucun marché à desservir au moment de sa récolte.

Finalement, soulignons que les cerises de terre, les tomates-cerises, le basilic, le céleri-rave, le fenouil, le chou de Bruxelles ou le rutabaga, que nous cultivons, présentent tous un bon potentiel commercial sur une petite surface maraîchère.

Annexe 2
Fournisseurs d'outils et de matériel

Voici la liste de plusieurs outils et autre matériel que nous utilisons dans nos jardins. Plusieurs d'entre eux ne sont pas distribués dans les commerces de jardinage traditionnel et, pour se les procurer, on doit les importer des États-Unis ou d'Europe. D'ici quelques saisons, j'espère trouver des fournisseurs recommandables au Québec et au Canada.

Bâches et filets anti-insectes

Les bâches (ou couvertures flottantes) que nous utilisons sont surtout les **Novagryl Plus P-19** achetées chez Dubois Agrinovation de Saint-Rémi.

Les filets anti-insectes dont nous nous servons contre la teigne du poireau ont une grandeur de maille de 1,35 millimètre et ont été taillés sur mesure pour nos besoins. Achetés aussi chez Dubois Agrinovation.

Binette

Les binettes que nous utilisons sont munies d'une lame acérée carrée et oscillantes disponibles en trois largeurs : 9, 13 et 18 centimètres. Elles sont de la marque **Glaser** et fabriquées en Suisse.

Binette sur roue

Un modèle de binette sur roue durable, robuste et d'un bon rapport qualité-prix est fabriqué par la compagnie américaine **Hoss**. L'outil permet de changer de lames oscillantes, qui sont disponibles en largeur de 15, 20 et 30 centimètres. La lame peut aussi être remplacée par une griffe ou par une charrue utile pour faire des sillons.

Équipement pour système d'irrigation

La compagnie **Dubois Agrinovation**, de Saint-Rémi, ont des consultants fort compétents et disponibles pour faire des plans d'irrigation. Nous avons beaucoup bénéficié de leur expertise au moment de concevoir notre propre système. Nous avons acheté là-bas les gicleurs à faible débit **Naan**, les microgicleurs **Dan** ainsi que tous nos tuyaux, raccords camlock et goutte-à-goutte.

Le **Groupe horticole Ledoux** tient aussi beaucoup de fournitures pour la production en serre : pinces et crochets à tomates, substrat, géotextiles, tapis chauffants, etc. Leur catalogue est intéressant.

Grelinette

La grelinette que nous préférons est fabriquée au Québec par la compagnie **Growers**. L'outil fait 61 centimètres (24 pouces) de longueur et est muni d'une fourche avec cinq dents paraboliques de 30 centimètres. J'ai fait mes propres recommandations à l'artisan afin qu'il fabrique un outil de première qualité.

Motoculteur commercial

Les motoculteurs de type commercial les plus distribués en Amérique du Nord sont ceux de la compagnie italienne **BCS**. Nous recommandons le modèle 853, qui permet l'installation de la plupart des outils disponibles en largeur de 75 centimètres.

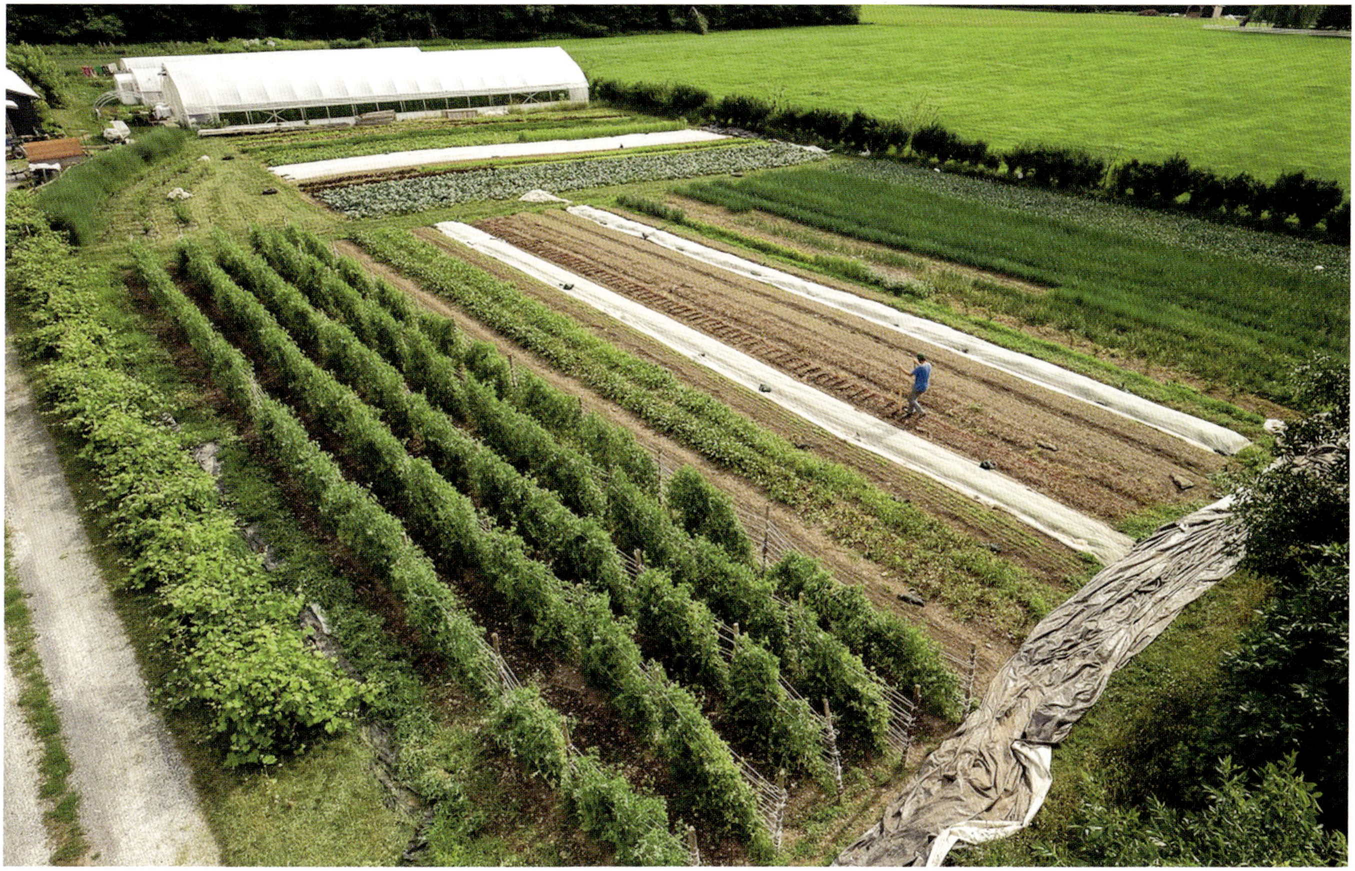

© Alex Chabot

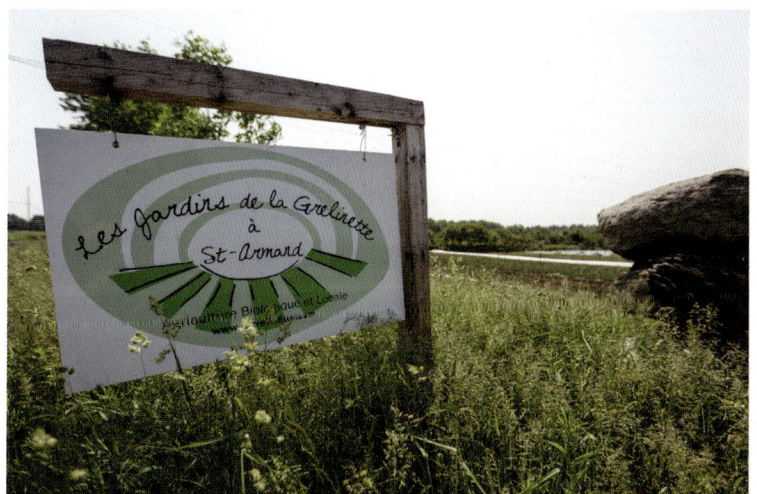

Notre ferme est située à Saint-Armand, un petit village des Cantons-de-l'Est, une région du sud-ouest du Québec.

© Alex Chabot

© Alex Chabot

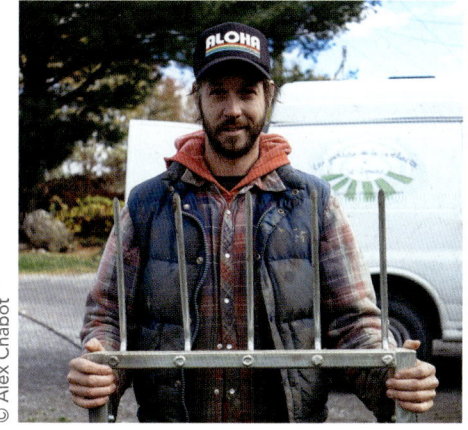

André Grelin, inventeur de la grelinette. Le brevet de cet outil a été déposé en France en 1963.

Jean-Martin et Maude-Hélène, fermiers de famille des Jardins de la Grelinette.

Au début des années 2000, nous avons visité des organoponicos à Cuba ; ce système de production en planches permanentes que l'on trouvait partout en ville et en campagne a été une de nos plus importantes influences en agriculture biologique.

La binette sur roue est un outil vraiment fantastique.

Avec un peu de rigueur et de stratégie, nos jardins demeurent « propres ».

Durant plus de cinq saisons, nous avons « bâti » nos sols en y ajoutant des quantités importantes de matière organique.

Depuis nos tout débuts, nous achetons un excellent compost d'un fabricant dont c'est la spécialité.

Après 10 années de travail minime du sol en planches permanentes, la structure de notre sol est d'une qualité exceptionnelle.

En agriculture bio-intensive, l'objectif est que le feuillage des cultures se touche une fois parvenu aux trois-quarts de sa croissance. Ainsi, les cultures deviennent rapidement couvre-sol.

Dans nos jardins, la transplantation des cultures s'effectue manuellement.

Nos planches permanentes font 75 centimètres de largeur et nos allées, 45 centimètres.

Les bâches couvre-sol sont d'une grande utilité pour la préparation de nos sols.

Pyrodésherbage en pré-émergence d'une culture de carottes.

Nos outils sont simples, peu dispendieux et ils nous permettent d'avoir une production de plus de 80 000 $/hectare sans recourir au tracteur.

Notre semoir à vacuum nous fait économiser des centaines d'heures annuellement.

Le motoculteur est utilisé par tout le monde à la ferme.

Les cultures de 100 jours et plus sont plantées sous paillis biodégradable.

Le grand maraîcher Eliot Coleman, 75 ans, accompagné de Forest Fortier, 10 ans.

Malgré un espacement intensif, nous réussissons à récolter des carottes d'un bon calibre.

Les oignons plantés en mottes de trois sont un bel exemple d'intensification des cultures.

Le concombre de serre est une de nos cultures les plus rentables.

Nos planches permanentes sont travaillées en surface à l'aide d'une herse rotative.

© Alex Chabot

Récolte à l'aide de sac de plantation d'arbres.

La canopée créée par l'intensification des cultures procure un couvre-sol bénéfique aux cultures.

Nous nettoyons et équeutons l'ail lors de la récolte, puis le laissons sécher à l'extérieur pendant quelques heures, avant de l'entreposer pour un autre séchage.

Récolte de mesclun en culture intensive.

Lavage de notre mesclun, notre culture « signature ».

L'intensification des cultures n'affecte pas négativement le calibre des légumes.

Le bois raméal fragmenté (BRF) dans les allées d'un engrais vert de pois et d'avoine.

Notre production de tomates de serre est au moins dix fois plus élevée que celle de tomates de champ.

Maude-Hélène Desroches et Jean-Martin Fortier à leurs débuts, sur une terre louée.

Au Québec, Benoit Thivierge, des Équipements Thivierge, de Drummondville, importe la plupart des outils utilisables sur les motoculteurs BCS. Il s'y connaît d'expérience et est bien avisé sur le choix des différents tracteurs et leurs principaux outillages.

Pulvérisateur à pompe (style sac à dos)

Notre pulvérisateur est fabriqué par la compagnie suisse **Birchmeier**. Nous utilisons le modèle qui possède une capacité de 20 litres.

Pyrodésherbeur

Le pyrodésherbeur avec lequel nous faisons des désherbages en pré-émergence provient d'une compagnie américaine, **Flame Weeders**, située en Virginie. Nous travaillons avec le modèle à cinq torches qui fait 75 centimètres.

Récoltes

DEUX COUTEAUX QUE NOUS APPRÉCIONS BEAUCOUP :

Couteau de récolte de type mini-machette, utilisé pour récolter brocolis, choux-fleurs et laitues. Vendu chez **William Dam Seeds**.

Couteau **Opinel** n° 10. Un couteau français de grande qualité. Léger et fort agréable à manier.

Le chariot qui transporte nos bacs de récoltes des jardins à l'entrepôt est fabriqué par la compagnie américaine **Vermont Carts**. Les roues de ce chariot s'alignent parfaitement sur les rangs de nos planches (1,2 mètre ou 4 pieds, de centre à centre). Durable, ergonomique et indispensable.

Récolteuse à mesclun

La récolteuse à mesclun électrique que nous avons achetée est commercialisée sous le nom Quick Cut Greens Harvester et fabriquée par la compagnie américaine **Farmer's Friend LLC**.

Semences

Nous commandons la plupart de nos semences de ces compagnies :

LÉGUMES DIVERS

Ferme coopérative Tournesol,
<www.fermetournesol.qc.ca/fr>

Johnny's Selected Seeds,

High Mowing Organic Seeds,

SEMENCES DE LÉGUMES EN SERRE

Groupe horticole Ledoux,

Plant Prod,

Semoirs

Tous les semoirs que nous utilisons dans nos jardins, le **Earthway**, le **Glazer** ainsi que le **Six Row**, sont vendus au Canada chez Johnny's Selected Seeds.

Serres et tunnels

Différentes compagnies fabriquent des serres et des tunnels de qualité.

Lors de notre dernier projet, nous avons opté pour celle que fabrique **Les serres Guy Tessier**.

Multi Shelter Solutions offre des tunnels simples et économiques.

Annexe 3
Plan des jardins

Faire un plan des jardins qui détermine à l'avance l'emplacement exact des semis constitue une étape importante d'une bonne planification de la production (voir le chapitre 13 sur la planification de la production). Rappelons que nos jardins sont subdivisés en 10 parcelles de 16 planches organisées en familles ou groupes de légumes. Voici l'exemple d'un de nos plans.

SD = SEMIS EN PLEIN SOL   **T** = TRANSPLANTATION   **R** = RÉCOLTE

JARDIN 1 : ROTATION CUCURBITES ET CRUCIFÈRES PRIMEURS

Brocoli	T : 15 mai	
Brocoli	T : 15 mai	
Brocoli	T : 15 mai	
Bok choy	T : 9 mai	
Chou-rave	T : 9 mai	Engrais vert de pois et d'avoine semé au début du mois d'août; fauché et incorporé à la fin du mois d'octobre.
Kale	T : 9 mai	
Brocoli	T : 20 mai	
Brocoli	T : 20 mai	
Brocoli	T : 20 mai	
Brocoli	T : 20 mai	
Brocoli	T : 20 mai	
Courgette	T : 18 mai	
Courgette	T : 18 mai	
Courgette	T : 18 mai	
Chou-fleur	T : 1er juin	
Chou-fleur	T : 1er juin	

JARDIN 2 : ROTATION VERDURES-RACINES

Mesclun	SD : 15 avril – 10 juin	Betterave	SD : 30 juin – à la fin de la saison
Mesclun	SD : 15 avril – 10 juin	Betterave	SD : 30 juin – à la fin de la saison
Pois	SD : 19 avril – 15 juillet	Mesclun	SD : 27 juillet – 10 septembre
Pois	SD : 19 avril – 15 juillet	Mesclun	SD : 27 juillet – 10 septembre
Pois	SD : 19 avril – 15 juillet	Mesclun	SD : 27 juillet – 10 septembre
Pois	SD : 19 avril – 15 juillet	Mesclun	SD : 27 juillet – 10 septembre
Carotte	SD : 20 avril – 1er août	Mesclun	SD : 10 août – 25 septembre
Carotte	SD : 20 avril – 1er août	Mesclun	SD : 10 août – 25 septembre
Betterave	SD : 20 avril – 1er août	Mesclun	SD : 10 août – 25 septembre
Navet	SD : 22 avril – 20 juin	Mesclun	SD : 10 août – 25 septembre
Épinard	T : 22 avril – 22 juin	Carotte	SD : 23 juin – à la fin de la saison
Mesclun	SD : 22 avril – 20 juin	Carotte	SD : 23 juin – à la fin de la saison
Mesclun	SD : 22 avril – 20 juin	Carotte	SD : 23 juin – à la fin de la saison
Épinard	T : 16 mai – 10 juillet	Mesclun	SD : 13 juillet – 1er septembre
Épinard	T : 16 mai – 10 juillet	Mesclun	SD : 13 juillet – 1er septembre
Épinard	T : 16 mai – 10 juillet	Mesclun	SD : 13 juillet – 1er septembre

ANNEXE 3 : PLAN DES JARDINS

JARDIN 3 : ROTATION AIL

Ail	T : octobre ; R : juillet de l'année suivante	
Ail		
Ail		
Ail		
Ail		
Ail		Engrais vert de pois et d'avoine semé au début du mois d'août ; fauché et incorporé à la fin du mois d'octobre.
Ail		
Ail		
Ail		
Ail		
Ail		
Ail		
Ail		
Ail		
Ail		

JARDIN 4 : ROTATION VERDURES-RACINES

Engrais vert de vesce et d'avoine semé le 15 avril et enfoui au début du mois de juin.	**Mesclun**	SD : 29 juin – 15 août	**Ail**	T : 15 octobre
	Mesclun	SD : 29 juin – 15 août	**Ail**	T : 15 octobre
	Mesclun	SD : 29 juin – 15 août	**Ail**	T : 15 octobre
	Mesclun	SD : 29 juin – 15 août	**Ail**	T : 15 octobre
	Haricot	SD : 21 juin – 1er sept.	**Ail**	T : 15 octobre
	Haricot	SD : 21 juin – 1er sept.	**Ail**	T : 15 octobre
	Haricot	SD : 21 juin – 1er sept.	**Ail**	T : 15 octobre
	Haricot	SD : 21 juin – 1er sept.	**Ail**	T : 15 octobre
	Carotte	SD : 8 juin – 1er octobre	**Ail**	T : 15 octobre
	Carotte	SD : 8 juin – 1er octobre	**Ail**	T : 15 octobre
	Carotte	SD : 8 juin – 1er octobre	**Ail**	T : 15 octobre
	Carotte	SD : 8 juin – 1er octobre	**Ail**	T : 15 octobre
	Laitue	T : 15 juin – 15 juillet	**Ail**	T : 15 octobre
	Laitue	T : 15 juin – 15 juillet	**Ail**	T : 15 octobre
	Laitue	T : 28 juin – 15 août	**Ail**	T : 15 octobre
	Laitue	T : 28 juin – 15 août	**Ail**	T : 15 octobre

JARDIN 5 : ROTATION SOLANACÉES

Aubergine	T : 30 mai – à la fin de la saison
Aubergine	T : 30 mai – à la fin de la saison
Aubergine	T : 30 mai – à la fin de la saison
Aubergine	T : 30 mai – à la fin de la saison
Aubergine	T : 30 mai – à la fin de la saison
Cerise de terre	T : 30 mai – à la fin de la saison
Cerise de terre	T : 30 mai – à la fin de la saison
Piment fort	T : 30 mai – à la fin de la saison
Poivron	T : 30 mai – à la fin de la saison
Poivron	T : 30 mai – à la fin de la saison
Melon	T : 6 juin – à la fin de la saison
Melon	T : 6 juin – à la fin de la saison
Melon	T : 6 juin – à la fin de la saison
Melon	T : 6 juin – à la fin de la saison
Melon	T : 6 juin – à la fin de la saison
Melon	T : 6 juin – à la fin de la saison

JARDIN 6 : ROTATION VERDURES-RACINES

Haricot	SD : 23 mai – 10 août	Épinard	T : 15 août – à octobre
Haricot	SD : 23 mai – 10 août	Épinard	T : 15 août – à octobre
Radis	SD : 23 mai – 1 juillet	Laitue	T : 12 juillet – 12 août
Navet	SD : 23 mai – 10 juillet	Laitue	T : 12 juillet – 12 août
Carotte	SD : 25 mai – 20 août	Roquette	SD : 25 août – octobre
Carotte	SD : 25 mai – 20 août	Moutarde	SD : 25 août – octobre
Roquette	SD : 20 mai – 5 juillet	Bette	T : 10 juillet – à octobre
Roquette	SD : 20 mai – 5 juillet	Bette	T : 10 juillet – à octobre
Laitue	T : 31 mai – 1er juillet	Haricot	SD : 20 juillet – mi-sept.
Laitue	T : 31 mai – 1er juillet	Haricot	SD : 20 juillet – mi-sept.
Betterave	SD : 6 juin – 25 août	Roquette	SD : 1 sept. – à la fin
Betterave	SD : 6 juin – 25 août	Roquette	SD : 1 sept. – à la fin
Haricot	SD : 6 juin – 20 août	Épinard	T : 25 août – à la fin
Haricot	SD : 6 juin – 20 août	Épinard	T : 25 août – à la fin
Haricot	SD : 6 juin – 20 août	Épinard	T : 25 août – à la fin
Haricot	SD : 6 juin – 20 août	Épinard	T : 25 août – à la fin

JARDIN 7 : ROTATION CUCURBITES ET CRUCIFÈRES D'ÉTÉ

	Brocoli	T : 25 juin
	Brocoli	T : 25 juin
	Brocoli	T : 25 juin
	Brocoli	T : 25 juin
	Chou d'été	T : 25 juin
	Chou d'été	T : 25 juin
Engrais vert de vesce et d'avoine semé le 15 avril et enfoui au début du mois de juin.	Chou de Bruxelles	T : 25 juin
	Courgette	T : 5 juillet
	Chou-fleur	T : 14 juillet
	Chou-fleur	T : 14 juillet
	Brocoli	T : 14 juillet
	Brocoli	T : 14 juillet
	Brocoli	T : 14 juillet
	Brocoli	T : 14 juillet
	Chou-rave	T : 27 juillet
	Chou-rave	T : 27 juillet

JARDINS 8 : ROTATION VERDURES-RACINES

Carotte	SD : 4 mai – 25 juillet	**Laitue**	T : 27 juillet – 27 août
Carotte	SD : 4 mai – 4 août	**Laitue**	T : 27 juillet – 27 août
Carotte	SD : 4 mai – 4 août	**Laitue**	T : 12 août – 12 septembre
Carotte	SD : 4 mai – 4 août	**Laitue**	T : 12 août – 12 septembre
Coriandre / aneth	SD : 15 mai – 4 août	**Mesclun**	SD : 24 août – à octobre
Navet	SD : 6 mai – 1er juillet	**Mesclun**	SD : 24 août – à octobre
Radis	SD : 10 mai – 1er juillet	**Mesclun**	SD : 24 août – à octobre
Roquette	SD : 10 mai – 1er juillet	**Mesclun**	SD : 24 août – à octobre
Betterave	SD : 10 mai – 10 août	**Mesclun**	SD : 7 sept. – à la fin de la saison
Betterave	T : 16 mai – 10 août	**Mesclun**	SD : 7 sept. – à la fin de la saison
Chicorée	T : 11 mai – 10 août	**Mesclun**	SD : 7 sept. – à la fin de la saison
Pois	SD : 13 mai – 10 août	**Mesclun**	SD : 7 sept. – à la fin de la saison
Pois	SD : 13 mai – 10 août	**Mesclun**	SD : 7 sept. – à la fin de la saison
Pois	SD : 13 mai – 10 août	**Chou chinois**	T : 15 août – à la fin de la saison
Pois	SD : 13 mai – 10 août	**Chou collard**	T : 15 août – à la fin de la saison
Laitue	T : 16 mai – 25 juin	**Fenouil**	T : 28 juillet – à la fin de la saison

ANNEXE 3 : PLAN DES JARDINS

JARDIN 9 : LILIACÉES

Oignon vert	T : 1er mai	
Oignon vert	T : 1er mai	
Oignon vert	T : 1er mai	
Oignon vert	T : 1er mai	
Oignon vert	T : 1er mai	
Oignon vert	T : 1er mai	Engrais vert de pois et d'avoine semé au début du mois de septembre et laissé comme couvre-sol pour l'hiver.
Poireau	T : 5 mai	
Poireau	T : 5 mai	
Poireau	T : 5 mai	
Poireau	T : 5 mai	
Oignon de conservation	T : 8 mai	
Oignon de conservation	T : 8 mai	
Oignon de conservation	T : 8 mai	
Oignon de conservation	T : 8 mai	
Oignon de conservation	T : 8 mai	
Oignon de conservation	T : 8 mai	

JARDIN 10 : VERDURES-RACINES

Mesclun	SD : 4 mai – 20 juin	Carotte	SD : 5 juillet – à la fin de la saison
Mesclun	SD : 4 mai – 20 juin	Carotte	SD : 5 juillet – à la fin de la saison
Mesclun	SD : 4 mai – 20 juin	Haricot	SD : 4 juillet – à la fin de la saison
Mesclun	SD : 4 mai – 20 juin	Haricot	SD : 4 juillet – à la fin de la saison
Mesclun	SD : 18 mai – 5 juillet	Radis d'hiver	SD : 11 juillet – à la fin de la saison
Mesclun	SD : 18 mai – 5 juillet	Radis d'hiver	SD : 11 juillet – à la fin de la saison
Mesclun	SD : 18 mai – 5 juillet	Radis d'hiver	SD : 11 juillet – à la fin de la saison
Mesclun	SD : 18 mai – 5 juillet	Chicorée	T : 11 juillet – à la fin de la saison
Mesclun	SD : 1er juin – 15 juillet	Kale	T : 5 août – à la fin de la saison
Mesclun	SD : 1er juin – 15 juillet	Kale	T : 5 août – à la fin de la saison
Mesclun	SD : 1er juin – 15 juillet	Chou chinois	T : 8 août – à la fin de la saison
Mesclun	SD : 1er juin – 15 juillet	Chou chinois	T : 8 août – à la fin de la saison
Mesclun	SD : 15 juin – 1er août	Persil	T : 5 août – à la fin de la saison
Mesclun	SD : 15 juin – 1er août	Navet	SD : 5 août – à octobre
Mesclun	SD : 15 juin – 1er août	Radis	SD : 20 août – à octobre
Mesclun	SD : 15 juin – 1er août	Navet	SD : 25 août – à la fin de la saison

TUNNEL 1

Mesclun	SD : 5 mars – 10 avril
Mesclun	SD : 5 mars – 10 avril
Mesclun	SD : 5 mars – 10 avril
Mesclun	SD : 10 mars – 20 avril
Mesclun	SD : 10 mars – 20 avril
Betterave	T : 20 avril – 1er juillet
Carotte	SD : 20 avril – 1er juillet
Courgette	T : 24 avril – 15 juillet
Concombre	T : 25 avril
Concombre	T : 25 avril
Concombre	T : 25 juillet
Concombre	T : 25 juillet
Mesclun	SD : 25 septembre
Mesclun	SD : 25 septembre
Mesclun	SD : 25 septembre

TUNNEL 2

Mesclun	SD : 20 mars – 27 avril
Mesclun	SD : 20 mars – 27 avril
Mesclun	SD : 20 mars – 27 avril
Mesclun	SD : 28 mars – 5 mai
Mesclun	SD : 28 mars – 5 mai
Poivron	T : 1er mai
Poivron	T : 1er mai
Poivron	T : 1er mai
Concombre	T : 15 juin
Concombre	T : 15 juin
Mesclun	SD : 5 octobre
Mesclun	SD : 5 octobre
Mesclun	SD : 5 octobre
Mesclun	SD : 10 octobre
Mesclun	SD : 10 octobre

SERRE

	Tomate	T : 16 avril
	Tomate	T : 16 avril
	Tomate	T : 16 avril
PÉPINIÈRE	**Tomate**	T : 20 mai
	Tomate	T : 20 mai
	Tomate	T : 20 mai
	Basilic	T : 20 mai

ANNEXE 3 : PLAN DES JARDINS

Annexe 4
Glossaire

Acarien

Minuscule insecte prédateur utilisé en lutte biologique, principalement dans la culture en serres.

Agent de lutte biologique

Organismes vivants, généralement des insectes, utilisés pour lutter contre les organismes nuisibles des cultures. Par exemple, le trichogramme est une minuscule guêpe qui parasite la pyrale du maïs au stade larvaire (chenille).

Alternariose

Maladie causée par un champignon qui infeste le feuillage et pouvant provoquer le dépérissement de la plante. On l'identifie par l'observation de taches brunes en forme de cercles concentriques. Courante chez les tomates.

Altise

Groupe de petits coléoptères à carapace noire et luisante qui sautent lorsque dérangés. On reconnaît facilement les dommages que font les altises adultes par les feuilles criblées de petits trous plutôt ronds qu'elles laissent après leur passage.

Amender

Incorporer dans le sol des substances (matières organiques, argile, chaux, etc.) qui en améliorent la fertilité physique et biologique, à la différence des fertilisants qui améliorent sa fertilité chimique.

Basalte

Roche volcanique, de couleur noire, utilisée comme fertilisant sous forme de poudre.

Bilan hydrique

Le rapport, sur une période déterminée, entre l'eau qui s'accumule dans le sol par les précipitations et l'eau qui est perdue par évapotranspiration. Il permet donc d'estimer les réserves d'eau dans le sol qui sont disponibles pour les besoins de la plante.

Binage

Action d'ameublir et d'aérer la couche superficielle du sol autour des cultures.

Bio-activateur

Les différentes préparations de micro-organismes (mycorhizes, bactéries, etc.) qui augmentent la fertilité des sols, entre autres par l'augmentation de la disponibilité des nutriments déjà présents dans le sol. Le terme « biostimulant » est un équivalent.

Biodynamie

Approche de l'agriculture dont les bases ont été posées par l'anthroposophe Rudolf Steiner en 1924 (1861-1925). Les principales pratiques agricoles propres à la biodynamie sont l'ajout de préparats biodynamiques (ex. : « bouse de corne ») dans le compost et sur les plantes pour stimuler les interactions bénéfiques (ex. : micro-organismes), l'utilisation d'un calendrier pour la planification des opérations en fonction des phases de la lune et des constellations, et la mise en place d'un cycle complet de la vie à la ferme, comprenant la culture des plantes et l'élevage des animaux.

Biopesticide

Catégorie de produits de protection des plantes qui sont composés d'extraits de plantes (ex. : pyrèthre) ou de micro-organismes ou de leurs dérivés (ex. : *Bacillus thuringiensis* ou Bt). Ces produits se retrouvent généralement sous forme liquide ou de poudre mouillable.

Brassicacées

Famille botanique, également appelées « crucifères », qui comprend de nombreux légumes tels les brocolis, les choux, les navets, les radis, etc. On les reconnaît à leur fleur en forme de croix (d'où le terme « crucifère »).

Bois raméal fragmenté (BRF)

Le BRF est un mélange non composté de résidus de broyage de rameaux de bois qui désigne également, par extension, une technique culturale visant à recréer un sol riche en humus, à l'image des sols forestiers. Cette technique consiste à introduire dans le sol des rameaux (de moins de 7 centimètres de diamètre) de bois francs fraîchement coupés et déchiquetés.

Btk

Le *Bacillus thuringiensis var. kurstaki* (Btk) est une espèce de bactérie qui vit naturellement dans les sols et qui est utilisée comme biopesticide pour réprimer les populations de divers insectes ravageurs agricoles et forestiers. En maraîchage, on s'en sert principalement pour lutter contre la famille des lépidoptères (papillons).

Butter

Former un monticule de terre (une « butte ») au pied d'une plante.

Canopée

En horticulture, strate supérieure des plantes où se trouve le feuillage. Si les cultures sont plantées de manière serrée, ce « parapluie » végétal crée un microclimat et limite la croissance des plantes adventices.

Capillarité

Désigne un phénomène relatif au comportement des liquides qui remontent le long de parois du sol. La remontée capillaire s'effectue dans les micropores formés par le plombage du sol en surface et elle permet donc à l'humidité en profondeur d'atteindre la zone de croissance des plantes.

Carence

Phénomène qui se produit lorsqu'une plante est en manque d'une substance essentielle à sa croissance. La cause peut être le manque de nutriments dans le sol ou la non-disponibilité de ceux-ci. La carence se manifeste par divers symptômes, notamment une décoloration des feuilles. À ne pas confondre avec des problèmes phytosanitaires (ex. : champignons et bactéries pathogènes, insectes ravageurs, virus).

Cercosporose

Maladie fongique foliaire que l'on trouve fréquemment sur la carotte et la betterave. Le champignon pathogène produit une tache brun foncé qui se transforme éventuellement en nécrose localisée (tissu mort, sec). Dans de graves cas, ces taches peuvent se multiplier et causer la mort du feuillage de la culture.

Chaulage

Action d'amender le sol avec de la chaux ou une autre substance calcique. Cette pratique est souvent nécessaire dans les sols trop acides ou dépourvus de calcium.

Chiendent

Mauvaise herbe vivace de la famille des graminées. Elle est difficile à contrôler dans les cultures en raison de la vigueur de ses rhizomes qui se propagent rapidement et qui se multiplient lorsqu'ils sont coupés par l'action d'une binette ou d'un outil rotatif.

Chisel

Outil de travail du sol en profondeur qui est tiré par la force d'un tracteur. L'outil est muni de dents fixes qui déchirent le sol et permettent de l'ameublir sans le retourner. Il a été inventé en remplacement de la charrue afin de préserver un couvert de résidus de cultures à la surface du sol pour le protéger de l'érosion. Sa création remonte à la période du *Dust Bowl*, une série de tempêtes de poussière qui se sont abattues sur les États-Unis dans les années 1930.

Chrysomèle rayée du concombre

Principal insecte ravageur des cucurbitacées. Au stade adulte, il possède une tête noire et un corps jaune ou orange rayé de trois bandes noires.

Compaction

Augmentation de la densité du sol causée par un tassement de sa couche supérieure. En maraîchage, le poids et le nombre de passages des outils ainsi qu'un travail excessif du sol en sont les principales causes. Le terme « plombage » (du sol) est un équivalent.

Cotylédon

Nom que l'on donne aux premières feuilles qui apparaissent sur la plantule lors de sa sortie de la graine. À noter : les dicotylédones (ex. : légumineuses) possèdent deux cotylédons alors que les monocotylédones (ex. : graminées) n'en possèdent qu'un seul.

Cucurbitacées

Famille de plantes à tiges rampantes souvent charnues et à gros fruits (ex. : citrouille, courgette, concombre, melon, etc.).

Cultivar

Variété d'une espèce végétale développée par l'humain via la sélection génétique dans le but de favoriser certaines caractéristiques dont l'esthétique, la productivité, la vitesse de croissance, la résistance à certaines maladies, etc. Les termes « variété » et « cultivar » sont utilisés d'une manière interchangeable dans le milieu.

Dumping

Pratique commerciale qui consiste à vendre un produit à un prix inférieur à son prix de revient (vente à perte) dans le but d'écouler de la marchandise ou de casser la concurrence. De façon générale, elle est considérée comme déloyale.

Éclaircir

Supprimer une partie des plantules pour permettre aux autres de mieux se développer. Le but de cette opération (généralement effectuée à la main et en appui sur les genoux!) est d'atteindre une densité optimale après un semis en plein sol. On utilise également le terme « démarier ».

Efficacité énergétique

Stratégie visant l'économie d'énergie par différents moyens. Dans le cas d'une serre, il est surtout question d'améliorer l'isolation du bâtiment, d'éliminer les infiltrations d'air et d'avoir recours à des écrans thermiques ainsi qu'à des tapis chauffants.

Endurcir

Consiste à exposer les transplants à des conditions climatiques difficiles, de manière à accroître leur résistance une fois qu'ils seront plantés aux jardins. On utilise également le terme « acclimater ».

Engrais

Produit organique ou minéral incorporé au sol pour en maintenir ou en accroître la fertilité.

Engrais vert

Culture qui vise à amender le sol, à le protéger de l'érosion et du lessivage de ses nutriment et/ou à combattre les mauvaises herbes (ex. : par étouffement ou par allélopathie). Cette culture n'est pas destinée à la vente.

Érosion

Dégradation du sol par l'action d'agents atmosphériques, principalement le vent et l'eau, causant la perte des premières couches du sol arable, soit les plus productives en maraîchage. Au Québec, le principal facteur d'érosion est la pluie qui crée un phénomène de ruissellement en surface du sol lorsque celui-ci n'est pas maintenu en place par les racines des plantes. À noter : l'érosion suit un mouvement horizontal, alors que le lessivage suit un mouvement vertical.

Étêter

Couper l'extrémité de la tige principale d'un plant pour qu'il cesse son développement foliaire et concentre plutôt ses énergies sur le développement des fruits qu'il porte. Cette technique permet aux fruits (tomate, poivron, concombre, chou de Bruxelles, etc.) d'arriver à maturité plus tôt que prévu.

Étiolée

Se dit d'une plante qui a manqué de lumière et qui, pour compenser, a cherché à pousser en hauteur. Les plantules étiolées sont donc anormalement allongées, mais aussi décolorées et moins vigoureuses. On dit également « pousser en orgueil ».

Fanes

Nom que l'on donne au feuillage de certains légumes, surtout celui des carottes.

Fonte des semis

Maladie qui se manifeste par des plantules dont la tige se dessèche et devient filiforme, ce qui entraîne son affaissement, puis sa mort. Elle est courante dans les pépinières, mais il existe peu de moyens pour la combattre, d'où l'importance des mesures préventives.

Forcer une culture

L'expression « forcer une culture » nous vient des maraîchers de Paris, au XIXe siècle. Bien que moins courante aujourd'hui, elle désigne le fait d'utiliser différentes techniques horticoles en vue de récolter une culture avant la fin de sa durée de croissance normale. Ainsi, c'est en forçant une culture qu'on obtient des légumes primeurs.

Fertigation

Technique consistant à appliquer, par un système d'irrigation, des éléments fertilisants solubles dans l'eau. Le terme est d'ailleurs une combinaison des mots « fertilisation » et « irrigation ».

Goutte-à-goutte

Désigne un tuyau en polyéthylène dans lequel plusieurs émetteurs (appelés « goutteurs ») font écouler l'eau au pied des plantes de manière lente et contrôlée. Ce système d'arrosage est beaucoup plus précis et plus économe (en eau) que les systèmes par gicleurs. Aussi nommé « micro-irrigation ».

Grelinette

Longue fourche en forme de U munie de plusieurs dents qui s'enfoncent verticalement dans le sol. Cet outil de jardinage (ergonomique) permet de travailler le sol en profondeur sans le retourner, en utilisant la force du levier.

Herse rotative

Outil de travail superficiel du sol muni de dents qui tournent selon un axe vertical (à la différence du rotoculteur dont les dents suivent un axe horizontal). Il sert principalement à préparer les lits de semence.

Inflorescence

Organe d'une plante qui regroupe plusieurs fleurs telles que celles que l'on trouve au centre des brocolis et des choux-fleurs.

Jardinier-maraîcher

Artisan de la terre qui exerce son activité sur une petite surface cultivée sous serres et en pleins champs. Il produit une grande variété de légumes qu'il vend directement à des consommateurs.

Loam

Type de sol composé d'un mélange relativement équilibré de particules sableuses, limoneuses et argileuses. Selon les proportions exactes de celles-ci, on parlera de loam sablonneux, limoneux ou argileux.

Maraîcher

Agriculteur dont le métier est la production commerciale de légumes, qu'ils soient cultivés en serres ou dans les champs.

Matière organique

Désigne toute matière vivante ou morte d'origine animale et végétale qui se trouve dans le sol. Elle est présente dans la plupart des sols à des taux variables (généralement entre 0,5 % et 10 %). La matière organique fraîche est composée de feuilles, de brindilles, de résidus de cultures, de racines, de micro-organismes, etc. La fraction de la matière organique qui est décomposée constitue l'humus du sol.

Microclimat

Conditions climatiques particulières régnant dans une zone restreinte (une vallée, un site, une exploitation...) et qui sont différentes de celles du reste de la région. On parle ainsi de microclimat favorable à une culture (en raison de facteurs tels que l'humidité, la température, l'ensoleillement...).

Mildiou poudreux (ou Blanc)

Maladie causée par des champignons microscopiques, apparaissant sous forme de taches blanches duveteuses et affectant surtout le feuillage des cucurbitacées, généralement en fin de saison. À ne pas confondre avec le « vrai » mildiou qui affecte les pommes de terre et les tomates, entre autres.

Minéralisation

Libération des éléments minéraux (azote, potassium, phosphore, etc.) contenus dans la matière organique sous l'action de l'activité biologique du sol. La minéralisation a pour effet de rendre disponibles les nutriments nécessaires à la croissance des plantes.

Mise à fruit

Période durant laquelle une plante forme ses fruits.

Matières résiduelles fertilisantes

Nom donné à toutes substances organiques ou minérales issus de l'activité humaine et ayant un potentiel fertilisant. En font notamment partie les boues d'usine d'épuration (aussi appelées « biosolides ») et les composts. La gestion des MRF (ex. : entreposage, épandage) est encadrée par des normes gouvernementales.

Montaison

Processus au cours duquel une plante produit sa semence et monte en graines. Si ce processus s'effectue prématurément, la récolte peut être perdue.

Les conditions climatiques extrêmes sont généralement à l'origine de ce désordre physiologique.

Nœud

Partie de la plante où se développe une nouvelle feuille à partir de la tige principale.

OGM

Organisme dont le génome a été modifié par le génie génétique pour lui procurer des propriétés dont il est naturellement dépourvu. La présence d'organismes génétiquement modifiés dans l'alimentation et l'environnement est l'objet de nombreuses préoccupations.

Ombrelle

Bâche ou filet à mailles plus ou moins serrées avec lequel on couvre une culture pour la protéger du soleil et, par extension, de la chaleur. Quand les températures sont élevées, elle permet de maintenir de bonnes conditions pour les cultures de climat frais.

Panier

En Agriculture soutenue pas la communauté (ASC), le panier fait référence à la part de récolte qui est distribuée chaque semaine aux partenaires de la ferme. Un panier est généralement composé de 8 à 12 légumes et fines herbes différents.

Partenaire

Nom que l'on donne au « client » d'une ferme participant au programme ASC. À la différence d'un client, un partenaire achète à l'avance une part des récoltes et partage avec le fermier une partie des risques inhérents à l'agriculture. Également appelé « membre » de la ferme.

Pédoncule

Point d'attache entre le fruit et la tige d'une plante.

Pépinière

Endroit, généralement une serre, où l'on cultive des jeunes végétaux destinés à être transplantés.

Permaculture

Conception des systèmes agricoles développée dans les années 1970 par les Australiens Bill Mollison et David Holmgrem. S'appuyant sur les principes de l'écologie et du design, la permaculture vise à créer des systèmes agricoles autogérés, productifs et énergétiquement efficaces. Aujourd'hui, elle s'applique à toutes les sphères des activités humaines par le biais d'initiatives comme les Villes en transition.

Phénologie

Étude de l'influence des climats sur le développement des végétaux (feuillaison, floraison, fructification) et des animaux.

Phytoprotection

Ensemble des stratégies préventives et curatives qui visent à protéger les cultures des organismes nuisibles, en tenant compte de leur seuil de rentabilité.

Planche

La culture en planches est une technique qui consiste à organiser le jardin en plates-bandes séparées par des allées de passage. La largeur d'une planche est prédéterminée et mesurée à partir du centre d'une allée au centre de l'autre.

Plantule

Jeune plante qui n'a que quelques feuilles. Dans une pépinière, on parle indifféremment de « plantule » ou de « semis intérieur ».

Pourriture apicale

Maladie physiologique courante chez le poivron et la tomate. Elle survient généralement après une alternance de temps sec et de temps humide. Elle est provoquée par un manque de calcium dans le sol ou par un arrosage irrégulier qui limite sa disponibilité pour la plante. Elle se manifeste par une tache noire et circulaire qui se développe à la base du fruit. Il est fréquent de voir des champignons opportunistes coloniser cette zone fragilisée.

Primeurs

Désigne les tout premiers légumes d'une culture récoltés en dehors de leur saisonnalité normale. Au marché, la production de primeurs peut donner un avantage compétitif important, d'où le défi d'utiliser différentes techniques (couverture flottante, tunnel, serre, etc.) pour arriver à en produire.

Pyrèthre

Poudre insecticide extraite des fleurs séchées du chrysanthème et faiblement toxique pour les humains.

Pyrodésherbeur

Appareil muni de flammes et utilisé pour éliminer les mauvaises herbes par choc thermique, et non par calcination.

Ravageurs

Nom que l'on donne aux insectes et autres organismes (ex.: oiseaux) qui sont nuisibles pour les cultures.

Repiquage

Action de transplanter les plantules qui se trouvent dans des contenants à semis dans des contenants plus grands afin de leur procurer l'espace nécessaire à leur croissance.

Révolution verte

Désigne le bond technologique qui a été réalisé en agriculture au cours de la période 1960-1990. La révolution verte est caractérisée par une forte spécialisation des cultures qui, conjuguée à l'utilisation d'engrais chimiques et de pesticides de synthèse, a provoqué une augmentation spectaculaire de la productivité agricole.

Rigole

Petit canal en pente servant à l'écoulement des eaux.

Rotation

Succession de différents groupes de culture sur une même parcelle.

Roténone

Insecticide issu des racines d'un arbre de la famille des légumineuses qui est utilisé en agriculture biologique depuis longtemps. Son innocuité est aujourd'hui remise en question.

Rotoculteur

Outil de travail du sol qui, par l'action de dents coudées montées sur un axe horizontal, retourne et mélange la terre.

Ruissellement

Écoulement des eaux de pluie qui ne se sont pas infiltrées dans le sol ou évaporées dans les airs. Le ruissellement des eaux est une des causes de l'érosion des sols : en s'écoulant, l'eau entraîne dans son sillage des particules de sol plus ou moins grosses, tout dépendant du débit de l'eau et de l'inclinaison de la pente.

Sarcler

Racler le sol en superficie, à l'aide d'une binette ou d'un autre outil, pour éliminer les mauvaises herbes. Biner et sarcler sont des termes souvent utilisés de manière interchangeable, car on peut se servir des mêmes outils pour les deux techniques. Cependant, l'objectif du binage est d'aérer le sol, pas de le désherber.

Semis

Jeunes plants issus de la germination des graines. Un semis peut s'effectuer directement au jardin (en plein sol) ou par transplant (semis intérieur).

Serriculteur

Maraîcher spécialisé dans la culture sous serre.

Solanacées

Famille botanique qui comprend, entre autres, la pomme de terre, la tomate, le poivron, l'aubergine et la cerise de terre.

Sulfate de potassium

Roche broyée utilisée comme engrais naturel en agriculture biologique.

Système cultural

Ensemble des procédés adoptés par un maraîcher pour sa production légumière. Il existe différents pratiques constituant le système cultural : le recours aux planches permanentes, la rotation des cultures, l'inclusion de successions, etc.

Techniques horticoles

Méthodes utilisées en production légumière. Le faux-semis, le pyrodésherbage et la taille des plants de tomates en sont des exemples. Également appelées « pratiques culturales ».

Terreau

Substrat de culture utilisé pour les semis intérieurs. Il est composé de terre mélangée à des matières minérales, végétales ou animales décomposées (tourbe, perlite, vermiculite, compost, etc.).

Tourbe

Matière organique spongieuse résultant de la décomposition lente de végétaux (sphaignes) dans des milieux humides, acides et pauvres en oxygène, c'est-à-dire les tourbières.

Transplantation

Technique horticole qui consiste à démarrer un semis intérieur dans un terreau puis à le planter dans les jardins quand il est arrivé au stade de plantule.

Verdurette

Nom que l'on donne à une jeune pousse de verdure.

Vesce

Plante de la famille des légumineuses que l'on cultive comme engrais vert. La vesce commune est une espèce annuelle tandis que la vesce velue est biannuelle. À ne pas confondre avec la vesce jargeau qui est une mauvaise herbe.

Yourte

Tente de forme ronde traditionnellement utilisée comme maison par les peuples nomades de l'Asie centrale (ex. : Mongolie). Fabriquées en canevas ou encore mieux en acrylique, elles font d'excellents abris temporaires dans un climat tempéré.

Zones de rusticité

L'échelle de rusticité est composée d'une série de cotes attribuées aux plantes ornementales basée sur leur capacité à résister au gel. Les zones sont découpées en fonction d'une formule qui tient compte de plusieurs facteurs météorologiques influant sur la rusticité d'une plante dans un endroit donné. Les températures minimales durant l'hiver constituent l'élément le plus important par rapport à la survie d'une plante.

Bibliographie commentée

Voici quelques-uns des ouvrages sur lesquels je me suis appuyé pour rédiger *Le jardinier-maraîcher,* et d'autres que je juge pertinents à l'établissement et à l'opération d'une microferme maraîchère. La plupart de ces documents concernent le maraîchage ou le jardinage biologique car, pour un jardin maraîcher, de bonnes idées peuvent émaner de ces deux échelles de production. Plusieurs autres documents de référence et articles disponibles en version électronique ont été placés dans la section « Outils et ressources » du site web **<www.lejardiniermaraicher.com>**. C'est également sur le blogue de ce site que je continuerai à commenter les nouveaux ouvrages que je découvre. S'informer sur les meilleures pratiques horticoles est une façon essentielle de contribuer au succès d'un jardin maraîcher.

Guide de l'autoconstruction. Outils pour le maraîchage biologique, ADABio-ITAB, 2012. Adabio est un collectif d'agriculteurs biologiques français qui partagent les plans de leurs machines agricoles, le tout libre de droits. Ce manuel d'instructions présente des outils conçus pour le tracteur, mais il vaut la peine d'être consulté, notamment en raison de sa grande qualité.

ALTIERI, Miguel A., Clara I. NICHOLLS et Marlene A. FRITZ. *Manage Insects on Your Farm. A Guide to Ecological Strategies,* Belstville, Sustainable Agriculture Handbook Series, 2005. Miguel Altieri est un chef de file états-unien de la recherche des stratégies écologiques de phytoprotection. Ce livre explique comment aménager sa ferme de façon à diminuer l'impact de certains insectes nuisibles. En attendant un tel ouvrage pour le Québec.

ASSELINEAU, Eléa et Gilles DOMENECH. *Les bois raméaux fragmentés. De l'arbre au sol,* Arles, Éditions du Rouergue, 2007. Le BRF est une technique de régénération des sols qui a été inventée et développée au Québec. Ce livre explique bien comment et pourquoi ajouter un aspect forestier à des pratiques maraîchères permet d'apporter un fort apport de mycorhizes aux sols. À lire.

BOURGUIGNON, Claude et Lydia. *Le sol, la terre et les champs. Pour retrouver une agriculture saine,* Paris, Éditions Sang de la Terre, 2008. Les deux auteurs, qui comptent parmi les rares spécialistes de la microbiologie des sols, s'intéressent aux effets de l'agriculture conventionnelle sur la vie souterraine. Bien que rempli de notions agronomiques pointues, ce livre est facile d'approche. Un document phare de l'agroécologie française.

BYCZYNSKI, Lynn. *Market Farming Success.* Lawrence, Fairplain Publications, 2006. Ce livre, qui dresse un portrait sommaire de l'agriculture de proximité aux États-Unis, s'adresse à des gens qui veulent en faire leur gagne-pain. Un des chapitres aborde les revenus que l'on peut espérer obtenir en fonction de l'échelle de production.

CALDWELL, Brian, Emily BROWN ROSEN, Eric SIDEMAN, Anthony M. SHELTON et Christine D. SMART. *Resource Guide for Organic Insect and Disease Management,* Ithaca, Cornell University Press, 2005. Pour le moment, l'un des seuls guides de référence qui décrit les différents biopesticides, leur provenance et leurs effets, ainsi que les maladies et les insectes nuisibles. Le site web du livre est également riche d'informations : **<http ://web.pppmb.cals.cornell.edu/resourceguide/>**.

COLEMAN, Eliot. *The New Organic Grower. A Master's Manual of Tools and Techniques for the Home and Market Gardener,* White River Junction, Chelsea Green Publishing, 1995 [1989]. Reconnu comme l'une des publications les plus importantes dans le contexte de la renaissance de l'agriculture de proximité aux États-Unis, ce livre est un classique. C'est le premier ouvrage de maraîchage que j'ai lu et celui qui m'a le plus influencé. Bien que l'information technique présentée soit parfois incomplète, l'ouvrage demeure une bonne introduction au concept de maraîchage sur petite surface. Écrit par un producteur, pour un producteur.

COLEMAN, Eliot. *Des légumes en hiver. Produire en abondance, même sous la neige,* Arles, Actes Sud, 2013. Un autre de mes livres préférés, cet ouvrage est un testament des 40 années d'expériences et d'innovations horticoles de Coleman. Lorsque l'on cherche à prolonger considérablement sa saison de production, ce livre est une ressource inestimable.

Collectif du CRAAQ. *Guide de référence en fertilisation,* 2ᵉ édition, Québec, Centre de référence en agriculture et agroalimentaire du Québec (CRAAQ), 2010. Ce document technique fournit, entre autres, les grilles de références utilisées pour connaître et calculer les exigences des cultures. Conçu pour appuyer une fertilisation conventionnelle, mais adaptable à une régie biologique.

DUVAL, Jean et Anne WEIL. *Le maraîchage biologique diversifié. Guide de gestion globale.* Montréal, Équiterre et le Club Bio-Action, 2010. Ce guide dresse un portrait assez complet et fidèle des pratiques culturales des maraîchers du Québec ayant adopté la formule des paniers bio. Écrit par deux des agronomes les plus compétents en bio du Québec, c'est un ouvrage de référence très complet.

EDEY, Anna. *Solviva. How to Grow $500,000 on One Acre, and Peace on Earth.* Vineyard Haven, Trailblazer Press, 1998. Livre peu connu, mais très intéressant.

ELLIS, Barbara W. et Fern Marshall BRADLEY. *The Organic Gardener's Handbook of Natural Insect and Disease Control. A Complete Problem-Solving Guide to Keeping Your Garden and Yard Healthy Without Chemicals,* Emmaus, Rodale Books, 1996. En attendant un livre consacré à la lutte biologique contre les insectes et les maladies nuisibles du Québec, celui-ci est très complet.

ÉQUITERRE. *L'Agriculture soutenue par la communauté,* Austin, Éditions Berger, 2011. Présentation très complète de ce qu'est l'ASC, comme nous la pratiquons au Québec. Un ouvrage également rempli d'informations pertinentes pour structurer et organiser sa formule de panier bio.

FORTIN, J. André, Christian PLENCHETTE et Yves PICHÉ. *Les Mycorhizes. La nouvelle révolution verte,* Québec, Éditions MultiMondes, 2008. Ce livre explique de manière exhaustive le rôle des champignons microscopiques en horticulture. La conclusion de l'ouvrage est simple : il faut repenser la presque totalité des pratiques agricoles à la lumière du rôle des mycorhizes.

FUKUOKA, Masanobu. *L'agriculture naturelle. Théorie et pratique pour une philosophie verte,* Dornecy, Éditions Trédaniel, 1989. Les livres de Fukuoka sont une bible pour les personnes qui s'intéressent à la permaculture. Son approche est assez radicale.

GAGNON, Yves. *Introduction au jardinage écologique,* Québec, Éd. Auteur, 1984. Ce premier ouvrage du célèbre auteur est mon livre préféré de ce dernier. Court, concis et illustratif, ce livre offre une belle marche à suivre pour jardiner biologiquement. Malheureusement épuisé depuis longtemps.

GAGNON, Yves. *Le jardin écologique,* Saint-Didace, Éditions Colloïdales, 2008. Ce livre fait le tour du jardin et présente l'ensemble de l'information pertinente pour la culture des légumes biologiques.

GAGNON, Yves. *La culture écologique des plantes légumières,* Saint-Didace, Éditions Colloïdales,

BIBLIOGRAPHIE COMMENTÉE

1998. Très bon livre de référence pour découvrir une foule d'informations sur chaque légume du potager.

GERST, Jean-Jacques. *Légumes sous bâches. Guide pratique*, Paris, Centre technique interprofessionnel des fruits et légumes, 1993. Un livre qui donne des recommandations techniques sur les couvertures flottantes, filets anti-insectes, paillis et abris pour le maraîchage.

HENDERSON, Elizabeth et Karl NORTH. *Whole Farm Planning: Ecological Imperatives, Personal Values and Economics,* Barre, Northeast Organic Farming Association, 2004. Ce livre emprunte beaucoup à la théorie de la gestion holistique pour l'adapter à la réalité d'une ferme maraîchère diversifiée. Utile, entre autres, pour comprendre l'importance d'établir ses objectifs financiers au tout début d'une planification culturale.

HOLZER, Sepp. *Sepp Holzer's Permaculture. A Practical Guide to Small-Scale, Integrative Farming and Gardening.* White River Junction, Chelsea Green Publishing, 2011. Sepp Holzer est une légende vivante de la permaculture. Les idées qu'il propose sont fondées sur sa propre expérience, ce qui n'est pas souvent le cas de ceux qui parlent de permaculture...

HOPKINS, Rob. *Manuel de transition. De la dépendance au pétrole à la résilience locale,* Montréal, Éditions Écosociété, 2010. Enfin traduit en français, ce livre explique comment organiser nos communautés pour la fin du pétrole bon marché. Il ne fait pas l'apologie de la catastrophe, mais indique les changements positifs qu'il nous faudra mettre en œuvre à l'échelle locale. À lire.

HUNT, Marjorie et Brenda BORTZ. *High-Yield Gardening. How to Get More from Your Garden Space and More from Your Gardening Season,* Emmaus, Rodale Books, 1986. L'un des premiers livres que nous avons consultés sur la méthode bio-intensive. Fait le tour de la question pour une échelle non commerciale.

JEAVONS, John. *Comment faire pousser plus de légumes que vous ne l'auriez cru possible sur moins de terrain que vous ne puissiez l'imaginer,* Palo Alto, Ecology Action of the Mid-Peninsula, 1982. Bien que ce livre soit souvent célébré, il n'est pas mon préféré en ce qui a trait à la méthode bio-intensive, surtout en raison de l'importance accordée au double bêchage que je ne crois pas essentiel. Il existe une version plus « moderne » de l'ouvrage en anglais, dans lequel plusieurs bonnes idées ressortent.

JUTRAS, Ghislain. *Guide pour l'interprétation d'une analyse de sol,* document présenté dans le cours « Fertilisation des sols en agriculture biologique », Victoriaville, Cégep de Victoriaville, 2011. Petit document de référence simple qui explique chaque indicateur d'une analyse de sol. Disponible en ligne sur le site du *Jardinier-maraîcher*.

KIMBALL, Kristin. *Une vie pleine. Mon histoire d'amour avec un homme et une ferme,* Paris, Éditions Fleuve Noir, 2011. Essex Farm est une des fermes les plus intéressantes que j'ai visitées à ce jour et, dans ce livre, l'auteure, qui est copropriétaire de l'entreprise, raconte la genèse de leur projet d'ASC. La dure réalité des premières années d'établissement y est bien décrite et plusieurs leçons peuvent en être tirées.

KURODA, Tatsuo. *EM : Les micro-organismes efficaces pour le jardin,* Paris, Le Courrier du Livre, 2010. Ce livre n'est pas le meilleur ouvrage de jardinage, mais c'est l'un des seuls qui, pour l'instant, donne des recommandations de doses concernant les EM, un sujet qui m'intéresse.

LA FRANCE, Denis. *La culture biologique des légumes,* Austin, Éditions Berger, 2010. Ce gros volume est un ouvrage de référence incomparable sur le maraîchage biologique. Bien qu'il s'adresse davantage au maraîcher mécanisé, l'auteur fait un survol très complet des techniques et pratiques culturales propres à plusieurs légumes spécifiques. À avoir dans sa bibliothèque.

LAPALME, Robert. *Comment créer un lac ou un étang,* Boucherville, Éditions de Mortagne,

1999. Comme son titre l'indique, ce guide présente tous les aspects et toutes les étapes pour aménager une réserve d'eau avec l'idée d'en faire un habitat écologique. L'auteur est considéré comme la référence au Québec sur le sujet et le livre est bien fait.

LECLERC, Blaise. *Les jardiniers de l'ombre. Vers de terre et autres artisans de la fertilité*, Mens, Éditions Terre vivante, 2002. Ce livre nous fait découvrir l'univers fascinant des sols en détaillant la vie qui les compose ; bactéries, champignons, protozoaires, nématodes, lombrics, etc., sont à l'honneur et l'ouvrage a beaucoup de mérite.

LOWENFELS, Jeff et Wayne LEWIS. *Collaborer avec les bactéries et autres micro-organismes. Guide du réseau alimentaire du sol à destination des jardiniers*, Arles, Éditions du Rouergue, 2008. Ce livre explique bien pourquoi l'on gagne à s'intéresser à l'écologie en production légumière et décrit comment miser sur l'activité biologique (et ne plus retourner la terre) pour faire les travaux de sol au jardin. À lire.

Manuel d'agriculture par les professeurs de l'École supérieure d'agriculture de Sainte-Anne-de-la-Pocatière, Sainte-Anne-de-la-Pocatière, 1947. Un grand classique de l'agriculture du Québec, écrit avant que la révolution verte n'efface le savoir-faire de nos anciens. On y apprend beaucoup, et notamment que les techniques horticoles de l'époque sont toujours valables aujourd'hui. Épuisé, mais disponible dans Google Books.

MOLLISON, Bill et David HOLMGREN. *Permaculture 1. Une agriculture pérenne pour l'autosuffisance et les exploitations de toutes tailles*, Paris, Éditions Debard, 1986. Ce livre est une véritable encyclopédie de la permaculture. Même si les idées présentées sont davantage pertinentes pour un climat subtropical, les concepts sont universels.

MOREAU, J. G. et J. J. DAVERNE. *Manuel pratique de la culture maraîchère de Paris*, Paris, Imprimerie Bouchard-Huzard, 1845. Extraordinaire document de référence qui explique la méthode des premiers maraîchers du XIXe siècle. Probablement l'agriculture la plus intensive de l'histoire. Épuisé, mais disponible dans Google Books.

NEARING, Helen et Scott. *The Good Life. Sixty Years of Self-Sufficient Living*, White River Junction, Chelsea Green Publishing, 1989. Publié pour la première fois en 1970, ce livre est un classique états-unien du retour à la terre. Il raconte l'aventure d'un éminent professeur communiste et de sa jeune femme théosophe qui, dans les années 1930, s'établissent en ruralité profonde pour y vivre en autosuffisance. Leur philosophie de vie présentée dans le contexte de l'époque en fait un livre unique.

PÉPIN, Denis et Georges CHAUVIN. *Coccinelles, primevères, mésanges… La nature au service du jardin*, Mens, Éditions Terre Vivante, 2008. Ce livre décrit bien les interactions entre la faune et la flore sauvage au jardin. Il donne des suggestions d'implantations spécifiques pour lutter contre plusieurs ravageurs.

RAYMOND, Hélène et Jacques MATHÉ. *Une agriculture qui goûte autrement. Histoires de productions locales de l'Amérique du Nord à l'Europe*, Québec, Éditions MultiMondes, 2011. Ce recueil d'histoires agricoles inspirantes cherche à cartographier la petite agriculture qui émerge tant en Europe qu'en Amérique. Les fermiers sont mis de l'avant, ce qui rend le livre inspirant.

SOLTNER, Dominique. *Les bases de la production végétale. Tome 1 : le sol et son amélioration*, 24e édition, Bressuire, Sciences et techniques agricoles, 2005. Ce livre est probablement le plus complet en ce qui a trait à la biologie des sols et à la fertilisation organique des cultures. Un document de référence technique et complexe, mais écrit dans un format schématique qui le rend tout de même accessible.

Sustainable Agriculture Network (SAN) Outreach. Managing Cover Crop Profitably, 3e édition, San Jose, SAN, 2007. Un des documents les plus complets et pertinents au sujet des engrais verts. Mis à jour régulièrement et disponible gratuitement en ligne sur le site web de l'organisme : <**www.sare.org**>.

THÉRIAULT, Frédéric et Daniel BRISEBOIS. *Crop Planning for Organic Vegetable Growers. COG Practical Skills Handbook*, Ottawa, Canadian Organic Growers, 2010. Probablement le meilleur livre pour expliquer comment procéder lors de la planification de ses cultures. Tout en présentant une méthode, le livre suit l'exemple d'un jeune couple en processus d'établissement, ce qui rend l'approche très pratique.

THICKELL, Joshua. *From the Fryer to the Fuel Tank. The Complete Guide to Using Vegetable Oil As an Alternative Fuel,* Kalamazoo, TEC Publishing, 2000. Nous faisons rouler nos véhicules à l'huile végétale recyclée depuis maintenant 10 ans, un sujet dont ce livre traite bien. Il montre, étape par étape, comment convertir soi-même son véhicule diesel.

TOMPKINS, Peter et Christopher BIRD. *Secret of the Soil. New Solutions for Restoring Our Planet*, Anchorage, Earthpulse Press, 1998. Un de mes ouvrages préférés. Quoiqu'un peu ésotérique, ce livre nous invite à imaginer dans quelle direction la science agricole pourrait s'orienter. Fascinant.

VALLÉE, Claude et Gilbert BILODEAU. *Les techniques de culture en multicellules*, Québec, Presses de l'Université Laval, 1999. Document de référence rigoureux et complet. Le titre dit tout.

WALTERS, Charles. *Eco-farm : An Acres U.S.A. Primer,* Austin, Acres U.S.A, 2003. L'auteur est le fondateur de Acres U.S.A., l'une des premières organisations à défendre une approche écologique de l'agriculture d'un point de vue scientifique. Bien que ce livre ne soit pas d'une lecture facile, il permet d'approfondir sa compréhension des sols en relation avec la fertilisation.

WARIDEL, Laure. *L'envers de l'assiette. Et quelques idées pour la remettre à l'endroit*. Montréal, Éditions Écosociété, 2010. Ce livre fait l'éloge d'une agriculture locale et biologique de manière convaincante. De quoi valoriser le métier de fermier de famille.

WISWALL, Richard. *The Organic Farmer's Business Handbook. A Complete Guide to Managing Finances, Crop, and Staff – and Making a Profit*, White River Junction, Chelsea Green Publishing, 2009. Écrit par un maraîcher états-unien qui gagne très bien sa vie en faisant de l'ASC, ce livre explique comment maximiser les profits dans le contexte d'une petite ferme maraîchère. Le chapitre portant sur la planification de la retraite est plus que pertinent.

Quelques organismes et leur site web

Agri-Réseau est le lieu virtuel où l'ensemble de l'information au sujet de la production agricole au Québec est conservé. L'abonnement au Réseau d'avertissements phytosanitaires (RAP) passe par leur site. <**www.agrireseau.qc.ca**>

ACORN (Atlantic Canadian Organic Regional Network) est une association très dynamique qui propose de nombreux évènements à ses membres. C'est en quelque sorte une version d'Équiterre pour l'est du Canada. Leur site est rempli d'informations intéressantes pour les petits producteurs biologiques. Cette association organise également une conférence annuelle qui vaut le détour. <**www.acornorganic.org**>

Le COG (Canadian Organic Growers) est une association pancanadienne qui publie, entre autres, une excellente revue trimestrielle remplie d'articles écrits par des petits producteurs. Ces articles sont toujours bien documentés et intéressants. Être membre du COG permet de profiter de leur système de prêt de livres gratuit par courrier. Leur site vaut également la visite. <**www.cog.ca**>

Le CRAAQ (Centre de référence en agriculture et agroalimentaire du Québec) est l'agence qui documente et publie l'innovation agricole conventionnelle et biologique au Québec. Le CRAAQ organise annuellement des conférences et des colloques. De plus, il publie régulièrement des petits fascicules de production. <www.craaq.qc.ca>

Le CETAB+ (Centre d'expertise et de transfert en agriculture biologique et de proximité) pilote plusieurs projets de recherche appliquée liés à l'agriculture biologique et de proximité. Leur personnel est composé de quelques-unes des personnes les plus reconnues au Québec pour leur expertise en bio. Cet organisme offre également des services-conseils, de la formation et des activités de réseautage entre les conseillers et les producteurs. Leur site est très riche en informations et donne accès à une base de données gratuite qui passe en revue l'ensemble des avancées technologiques et scientifiques de l'agriculture biologique. Et en français ! Une mine d'or. <www.cetab.org>

Growing for Market. Selon moi, cette revue mensuelle est LA source d'information la plus pertinente pour un jardinier-maraîcher. Les articles sont écrits par des maraîchers états-uniens qui dévoilent leurs pratiques, leurs trucs et leurs conseils de production. Une version électronique est disponible en ligne. <www.growingformarket.com>

Équiterre coordonne le plus important réseau des projets d'Agriculture soutenue par la communauté (ASC) du Québec. Cet organisme publie des outils d'information, organise des visites de fermes et bien d'autres activités. Leur appui pour une petite ferme en démarrage est concret et fort utile. <www.equiterre.org>

L'Avis Bio est l'organisme qui diffuse la revue *Bio-bulle*, une publication qui traite de l'agriculture à échelle humaine, de l'alimentation et de la santé. Un incontournable au Québec. <www.lavisbio.org>

La Terre de Chez Nous est un journal auquel je ne suis pas abonné, surtout en raison des publicités de pesticides qui y occupent trop d'espace à mon goût. Par contre, lorsque l'on cherche une terre à acheter, cet hebdomadaire est une ressource incontournable. <www.laterre.ca>

Le RJME (Réseau des jeunes maraîchers écologiques) est, à mon avis, le meilleur forum de discussion auquel un jardinier-maraîcher peut s'inscrire. Les questions posées sont pertinentes et l'échange se déroule sans aucun filtre d'un producteur à l'autre. Les discussions passées sont répertoriées, ce qui en fait un outil d'information de première ligne. Pour s'inscrire au forum, il suffit d'envoyer le courriel suivant à partir de l'adresse courriel par laquelle on désire être abonné :

de : *votre courriel*

à : listserv@listes.ulaval.ca

sujet : *aucun*

message : subscribe RESEAU_JME *votre nom*

Index

A

abri temporaire 44
accès à l'eau 42
accès au marché (voir également « ventes totales ») 35
aération 38, 57, 64, 94-95
agriculture conventionnelle 66, 214
agriculture soutenue par la communauté (ASC) 9, 11-12, 17, 25-28, 30, 32, 34, 36, 146-147, 159, 165, 169, 175, 211, 215-216, 218, 219
agronome 9, 69, 77, 91, 215
aide bénévole (voir également « stagiaire ») 143
aide gouvernementale 27
ail 30, 68, 79-81, 90, 123, 129, 148-149, 154, 159-160, 181, 196-197
algue 73, 75, 102
allée 50-51, 54, 57-59, 89, 118, 124, 171, 188-189, 211
altise 132, 163, 168, 174, 178-179, 186-187, 190, 206
aménagement (d'un jardin maraîcher) 34, 43, 45, 47-50, 53, 59, 78, 80, 98
amendement du sol (voir également « fertilisation organique ») 27, 37, 38, 50-51, 57-59, 61, 66-73, 75-76, 83, 86, 92, 103, 159, 188
analyse de sol 39, 66, 69-71, 92, 216
arséniate de plomb 45
aubergine 11, 30, 102, 104-105, 124, 148-149, 150, 153-154, 161-162, 185, 198, 213
avoine 83-85, 87-88, 90, 194, 196-197, 200, 202,
azote 69-76, 83-85, 87-88, 92, 95, 163, 165, 180, 210

B

bac d'entreposage 141, 142, 145, 176
bâche 25, 50, 57, 59, 61, 64, 74, 85, 89, 90, 102, 119-121, 134, 170, 179, 186, 188-189, 192, 211, 216
basilic 30, 105, 142, 148-149, 154, 191, 205
bâtiment (voir également « chambre froide », « serre ») 42-45, 47-48, 208

bâtir (le sol) 39, 57-58, 70, 73, 92
bette à carde 30, 154, 174-175, 177-179
betterave 30, 105, 111, 113, 115, 122, 137, 148-149, 154, 162, 174, 195, 201, 204, 207
binette sur roue 25, 89, 111, 118, 120, 124, 192
biodiversité 10, 42, 52, 126
biopesticide 13, 126, 130, 207, 214
bois raméal fragmenté (BRF) 91, 207, 214
bok choy (voir également « verdures asiatiques ») 190, 194
bokashi 75
bore 73, 150, 163
brassicacées 68, 190, 207
Brisebois, Dan 14, 29, 218
brise-vent 46, 52, 53, 126, 161
brocoli 11, 30, 80, 105, 136, 140-141, 148-150, 154, 163-164, 167-168, 193-194, 200, 207, 210,
Byczynski, Lynn 27, 214

C

calcium 69, 72-73, 185, 207, 212
calendrier cultural 23, 53, 87, 89, 93, 103, 112, 120, 122, 127, 147, 150-151, 152, 159, 170, 189
cantaloup 140, 176
carburants fossiles (voir également « système de chauffage ») 9, 18
carence en minéraux 67, 69, 72-73, 129, 163, 185, 207
carotte 11, 25, 28, 30, 89, 108, 110-111, 113, 115, 122, 127, 137, 148-149, 154, 164-165, 195, 197, 199, 201, 203-204, 207, 209
carte agroclimatique 33
carte de zonage bioclimatique 35
cécidomyie du chou-fleur 132, 163, 167-168
céleri et céleri-rave 105, 148-149, 154, 191
cendres de bois 71
céréale 83, 85, 88
certification biologique 46, 84, 95
chambre à semis 97-99, 188
chambre froide 25, 47, 140, 144-145

charançon de la carotte 165
chariot de récolte 25, 51, 94, 104, 142-143, 189, 193
charrue 58, 61, 192
charrue rotative Berta 59
chauffage (de la pépinière) 99-102
chaux 59, 71-72, 95, 206-207
chenille (tunnel) 136-138
chenille (insecte) 132, 163, 189-190, 206
chevreuils (protection contre les) 51-52
chicorée 149, 166, 177-178, 201, 203
chien 52
chou chinois (voir également « verdures asiatiques ») 105, 148, 190, 201, 203
chou-fleur 11, 30, 80, 105, 132, 141, 148-149, 154, 163, 167, 193-194, 200, 210
chou-rave 30, 79, 105, 148-150, 154, 168, 194, 200
chrysomèle rayée du concombre 126, 132, 169, 171, 208
circuit de distribution conventionnel 28
circulation (sur le site) 47-48
circulation de l'air 39, 145
climat et micro-climat 19, 22-23, 33, 35, 39, 52-53, 57, 99, 109, 129-130, 134, 159, 171, 207-208, 210-211, 217
clôture 25, 51-52
coccinelle 127, 129, 185, 217
Coleman, Eliot 3, 18, 56, 65, 94, 116, 118, 133, 215
communauté 9, 11, 16-17, 26, 36, 156, 216
compactage du sol 45, 57, 62
compost 22, 38, 58-59, 61, 64-66, 68, 70-81, 83-85, 90-92, 95, 102, 116, 153, 159, 165, 170, 188-189, 206, 210, 213
concombre 29-30, 51, 68, 102, 105, 130, 138, 140, 142, 148-149, 154, 168-171, 175-176, 184, 186, 204-205, 208-209
courge d'hiver 31, 148-149, 190
courgette 30, 80, 105, 126, 136, 140, 142, 148-150, 154, 170-171, 176, 186, 194, 200, 204, 208

couteau 118, 142, 166, 176, 178, 193
couverture flottante 24-25, 33, 50, 59, 98, 102-104, 106, 110, 120-121, 127, 134-137, 139, 151, 165, 167-168, 171-173, 178-181, 183, 186, 187, 190, 192, 212, 217
couverture du sol avant culture 64, 87, 120, 122
Crop Planning for Organic Vegetable Growers 29, 218
cucurbitacée 68, 78-81, 102, 129-130, 168, 170, 176, 208, 210,
culture de couverture, culture couvre-sol (voir également « couverture du sol avant culture ») 83-85, 89, 152

D

densité (semis, plantes…) 58, 85-87, 93, 105, 108, 111-112, 121, 159, 162, 164, 178, 188, 208
dépistage 13, 128, 161, 178, 185
désherbage (voir également « rotoculteur ») 13, 18, 22-24, 46, 74, 108, 111-112, 116-117, 119, 120, 123, 125, 130, 165, 180, 183
désherbage thermique (voir également « pyrodésherbage ») 121-122, 193, 213
doryphore 11, 132, 161
drainage 38-40, 49-50, 56, 62, 94-95, 139, 160,
    souterrain 34, 41, 58

E

échantillon (de sol) 39, 69
éclairage (pour les semis) 97
éclaircir 108, 112, 162, 208
écologie du sol 64, 91, 214
écran thermique 99, 102, 135
éléments mineurs (voir également « oligo-éléments ») 72
employé 9, 11, 15, 36, 44, 143-144
endurcir 103, 208
engrais vert 38, 57, 61-62, 66-68, 70, 72-73, 80, 83-90, 92, 163, 170, 194, 196-197, 200, 202, 210, 213, 218
entreposage 140-141, 144-145, 159-160, 210
épandeur à fumier 74
épinard 30, 71, 105, 110, 113, 115, 135, 139, 148-150, 154, 172, 179, 195, 199
Équiterre 11, 14, 17, 26-27, 215, 218-219
espace de travail 47
espacement (des cultures) 22, 23, 42, 51, 100, 104-106, 108, 110-114, 116, 119, 124, 148, 154, 159, 161-168, 170-190

étang 42-43, 54, 126, 217
exigence des cultures 69, 72, 76-79, 92, 167, 215

F

famille botanique 77, 79, 151, 207, 213
faux-semis 120-122, 150, 175, 178, 213
fertilisant de synthèse 45, 66
    stratégie 51, 58, 66-67, 69, 71, 73, 75, 76-77, 79, 83-84, 92, 95, 188, 206, 209-210
fertilité du sol 33, 38, 56, 58, 66-67, 69-70, 72, 77, 83, 85, 91-92, 206, 208, 217
fidélisation de la clientèle 26
filet anti-insectes 113, 161, 163, 167-168, 174, 178, 183, 187
filtre à sédiment 55
fongicide 46, 128, 130, 174, 181
forcer une culture (voir également « serre ») 31, 33, 133, 164, 209
fournaise 25, 99, 100-101
fumier (voir également « engrais vert ») 66, 71-74, 83-84, 92, 125, 165
    de volaille 68, 75-76, 153, 170, 180, 188

G

galinsoga 117, 181
gel 33-34, 40, 44, 85, 87, 93, 99, 100-101, 103, 133-135, 139, 159, 162, 165, 167-168, 171, 173-174, 179, 186, 213
génératrice 60, 101
géotextile (couvre-sol) 98, 123-124, 160-161, 193
gestion de l'arrosage (pour les semis) 94, 96-97, 101-103
gicleur (voir également « système d'irrigation ») 54-55, 89, 151, 165, 175, 192, 209
Glazer (semoir) 109, 111, 113, 193
goutte-à-goutte 53, 55, 103, 161, 170, 184-185, 193, 209
graines (stock de) 94, 96, 98, 108-112, 115, 122, 129, 178, 213
greffe 188
grelinette 8, 22, 25, 38, 57, 63-64, 103, 159, 165, 192, 209
grille d'évaluation d'un site 34

H

haricot 30, 68, 83, 110-111, 113, 115, 141-142, 148-149, 154, 173-174, 183, 197, 199, 203
herbicide 45, 46, 65, 116, 123
herse rotative 24, 57, 61-63, 75, 120, 210

houe (colinéaire, à lame oscillante…) 117, 118, 175
hybride sorgho-soudan 85

I

infestations parasitaires 126
infrastructures 9, 19, 33, 43, 47, 98
inoculer (des engrais verts) 83-84, 91, 130
insectes (bénéfiques ou nuisibles) 53, 76, 77, 91, 126-130, 132, 134, 142, 161, 163, 165, 169-171, 178-179, 181, 183, 185, 189, 206-208, 212, 214-215
insecticide 45, 128, 130-132, 161, 169, 178, 213
inversion des couches du sol 57, 61-62, 64, 116-117, 124
investissements (liés au démarrage) 12, 17-18, 21, 23-24, 27, 32, 34, 43, 53, 98, 101, 144
irrigation (voir également « gicleur » et « système d'irrigation ») 24-25, 34, 38, 42, 50, 53-55, 72, 104, 110, 112, 161, 192, 209

J

jachère 37, 78, 84, 88
Jardins de la Grelinette 11-13, 15-16, 19, 21, 26-27, 30-31, 36, 39, 56, 60, 68, 78, 87, 94, 98, 116, 145, 147, 149, 158-159

K

kale 30, 79, 105, 148-149, 154, 172, 174-175, 177-179, 194, 203
kiosque de vente 44

L

laitue 29, 30, 68, 105, 141, 148-149, 154, 172, 175-179, 193, 197, 199, 201
lavage (procédé de) 141, 166, 172, 178
légumes
    exigeants 68, 73, 77, 79, 161-164, 167, 170, 172, 177, 181, 183, 185, 189
    peu exigeants 68, 77, 79, 163, 166, 168, 173, 175-176, 179-180, 186-187, 190
    récoltés une seule fois 148
    récoltés plusieurs fois 148
légumes-feuilles 76, 78, 141, 145, 175
légumes-fruits 72, 76, 78, 145, 149
légumes-racines 31, 72, 76, 78, 90, 141, 145, 149, 179
lessivage 38, 72, 74, 85, 92, 209
liliacée 78-81, 83, 90, 105, 159, 180, 182, 202

limace 123, 132, 175
loam 38-39, 59
location (d'un terrain) 17, 24, 44, 51

M

machinerie et mécanisation 9, 12, 17-18, 23-24, 27, 37, 41, 56-58, 60
magnésium 69, 72
main-d'œuvre externe 27, 36, 88, 143, 147
maïs 45, 105, 124, 149, 190, 206
maladies 13, 72-73, 76-77, 79, 91, 93-94, 101, 126-130, 160, 165, 169, 174, 178, 182, 187-190, 208, 211, 214-215
    bactériennes 129-130, 162, 169, 171
    fongiques 40, 97, 100-101, 130, 160, 173-174, 181, 184, 206-207, 209-210
    virales 129, 160
maraîchers français 21, 133-134, 209, 217
marché fermier ou public 9, 11, 17-18, 28, 31-36, 98, 116, 146-147, 159-161, 164, 168-169, 171, 173, 178-179, 188-190, 212
marge de profit ou bénéficiaire 12, 19, 27-28
matière organique (dans le sol) 22-23, 38-39, 56, 66, 68-74, 83-85, 92, 96, 210, 213
mélange pois-avoine 84-85, 87-88, 90, 194, 196, 202
melon 30, 105, 123-124, 142, 148-149, 154, 176-177, 184, 198, 208
mesclun (voir également « verdures asiatiques » et « épinard ») 8, 25, 30-31, 68, 80, 98, 110-111, 113, 121, 142, 166, 172, 177-179, 187, 193, 195, 197, 201, 203-205
méthode ou système de production bio-intensive 17-19, 21-24, 36, 42, 51, 56-58, 66, 72, 78, 83-84, 89, 93, 109, 111, 119, 124, 151, 154, 161-164, 166-168, 170-177, 179-181, 183-190, 216-217
micro-organismes 23, 66, 76, 84-85, 121, 206-207, 210, 216-217
mildiou 130, 173, 175, 181, 210
minéralisation 22, 70-73, 210
mode de vie 8-9, 13, 18-20, 32, 147, 155
molybdène 73, 150, 163
monoculture 77, 127, 156
motoculteur 8, 18, 25, 59-63, 65, 124, 192
mouche 127, 132, 163, 165, 179, 181, 186
multicellules 94-98, 102-105, 154, 166, 169, 174, 218
mycorhizes 91, 206, 214-215

N

nappe phréatique 34, 41
navet 29-30, 113, 115, 148-149, 154, 179, 186, 195, 199, 201, 203, 207
Nearing, Scott et Helen 155, 217
nitrate 71
NPK (voir également « azote », « phosphore », « potassium ») 69, 72, 74, 76,

O

objectifs financiers (planification, réussite...) 13, 19, 21, 146-147, 216
occultation 64, 119-120
oignon 30, 68, 78, 83, 97, 105, 129, 142, 148-149, 154, 180
oiseaux 18, 43, 52, 126-127, 212
oligo-éléments 70, 72-73, 75, 92, 163
orientation 33-34, 39, 47, 50-51

P

paille 73, 122-123, 159-160, 182
paillis 22, 24, 53, 88, 103, 122-125, 159-161, 176, 216
panier (modèle ASC) 11, 25-26, 32, 34, 36, 49, 146-149, 165, 170, 173-175, 179, 186, 211, 215
parcelle 21, 24, 34, 37, 39, 47-48, 51, 54-55, 59, 61, 63, 67, 69, 74-76, 78-80, 82, 84, 86, 89, 104, 111, 116-120, 128, 150-151, 159, 163, 181, 194, 212
partage des risques 11, 26, 211
pathogène (agent) 74, 128-130, 181, 207
pente du site (voir également « topographie ») 34, 39, 40-42, 50, 212
pépinière 51, 93-94, 96, 98-103, 109, 169, 188, 190, 205, 209, 211
perlite 38, 95, 213
permis 34, 42-43
pesticide 11, 13, 17, 45-46, 126, 130, 212, 119
pH 39, 59, 67-71, 92, 94-95
phosphore 69-72, 84, 210
phytosanitaire (intervention) 27, 128-130, 150, 160, 162, 187, 218
plan d'eau (étang) 42-43, 54, 126-127, 217
plan de production (ASC) 19, 26, 28, 148
plan de rotation 67, 72, 77-80, 82-83, 89-90, 92, 151, 159, 181
planches permanentes 8, 22-23, 27, 29-30, 38-40, 50-51, 54-64, 68, 74-75, 80, 83, 85, 87, 89, 91, 103-105, 108-114, 118, 120-124, 130, 136, 138-139, 148, 150-154, 159, 161, 164-166, 169, 172-173, 177-178, 182, 184, 187-189, 191, 193-194, 211, 213
plantule 38, 53, 94-95, 97, 101-102, 104, 111, 122, 160, 165, 169, 175, 180, 182, 188, 208-209, 211-213
poireau 29-30, 68, 83, 97, 105, 143, 148, 154, 182-183, 202
pois fourragers 84
pois (mange-tout) 30, 68, 83, 111, 113, 141, 144, 148-149, 154, 173, 178, 183-184, 186, 195, 201
poivron 11, 30, 51, 72-73, 102, 104-105, 123, 128, 138, 148-149, 154, 161, 184-185, 198, 205, 209, 211, 213
polluant 34, 45, 69, 72, 156
pomme de terre 161, 190, 213
pompe 54-55, 102, 131, 193
potassium 69, 72, 75, 210, 213
poudre de sang 95
pourriture apicale 72-73, 185, 211
préparation
    du lit de semence 56, 60-61, 120, 210
    du semis 56, 94-95, 102, 111, 170, 206
    du sol 18, 56, 59-60, 64-65, 111, 170, 206
    des planches 57-58, 62, 89, 103, 111-112, 120, 122, 150, 159, 178, 193
prévention des maladies 13, 128-129
prise de force 60, 63
prise de notes 112-113, 115, 147, 152-153, 154
production (coûts, objectifs...) 11, 19, 23, 26-30, 33-34, 36-37, 50, 53, 58, 60, 69, 80, 90, 96, 103, 109, 111, 119, 122, 127, 144, 146-151, 194, 214
produits chimiques 12, 13, 45, 46, 47, 126, 212
prolongement de la saison (voir également « serre », « tunnel ») 18, 33, 51, 93, 133, 137, 187, 215
puceron 129, 132, 185
puits 41, 42, 102
pulvérisateur 25, 131, 193
pulvérisation foliaire 73, 131, 163
punaise terne 128, 132, 153, 161, 175, 185
pyrèthre 130, 132, 153, 185, 207, 212
pyrodésherbage 121-122, 213

Q

qualité du sol 21, 37, 38, 59, 85, 88

R

radis 25, 30, 98, 110-111, 113, 115, 122, 126, 148-150, 154, 168, 185-186,

199, 201, 203, 207
râteau 25, 57, 75, 104, 112, 193
ravageurs (insectes) 53, 76-77, 91, 126-129, 131, 160-161, 163, 165, 170-171, 173, 178, 181-182, 184, 189, 207-208, 212, 217
récolte 11, 18-19, 23, 25-26, 36, 39, 46-47, 49, 51, 56, 58, 61, 87, 89, 93-94, 113, 116, 117, 130, 133, 139-145, 148, 150, 152-154, 159-168, 170-191, 193-194, 209-212
rendement 12, 19, 21, 24, 27, 30, 37, 50, 52-53, 65, 67, 91, 109, 112-113, 133, 152-154, 166, 171-172, 175-176, 178, 190
rentabilité 27, 30, 32, 211
repiquage 94, 102, 169, 212
réseau
    ASC 26, 219
    RAP 130, 187, 218
réservoir 42, 100, 102, 110
résidus 84-85, 89, 124, 130, 207
    de culture 38, 56-57, 61-62, 64, 70, 73, 75, 83, 85, 89, 109, 208, 210
    de pesticide 11, 123
rhizobium 84
roquette 30, 79, 113, 115, 148-149, 154, 177, 179, 186-187, 199, 201
rotation des cultures 45, 50, 66-68, 72, 76-83, 89-90, 92, 137, 151, 159, 162-163, 181, 188, 194-201, 212-213
roténone 130, 132, 212
rotoculteur 56-58, 61-64, 71, 84, 86-87, 89, 117, 210, 212
rouleau 57, 62, 111, 115, 124
    de marquage 106
ruissellement 40, 72, 85, 209, 212

S

sarrasin 85-87, 90
seigle d'automne 85, 87, 123
semer à la volée 87-88, 105, 180
semis 13, 23, 25, 38, 42, 53, 56-57, 61-62, 64, 75-76, 78, 85-90, 93-95, 97-105, 107-113, 115, 120-122, 129, 134-135, 137, 146-148, 150-152, 154, 159-190, 194, 208-209, 211-213
semoir à plaques 98
semoir 25, 27, 108, 112, 179, 193
    à six rangs (Six Row) 110-111, 113, 164, 172, 177, 193
    EarthWay 110-111, 113, 173, 193
    Glazer 109, 111, 113, 193
    Jang JP-1 114-115
    manuel 110-111
    pneumatique 98

de précision 8, 110
serre (voir également « semis », « tomate ») 11, 25, 27, 29-31, 36, 42, 44, 47, 50-51, 53, 65, 68, 72, 94, 97-103, 115, 129-130, 133, 138-139, 154, 169, 187-189, 193, 205-206, 208, 210-213
sol
    argileux 34, 37-38, 59, 95, 160, 210
    limoneux 34, 210
    sablonneux 34, 38, 72, 210
solanacée 11, 68, 78-81, 90, 104, 129, 137, 161, 184, 187, 198, 213
solarisation 121
soufre 70, 72, 130, 181
spinosad 128, 130, 132
stade cotylédon 112, 118, 121, 208
stagiaire 20, 36, 74, 143-144
station de lavage 44, 47, 49, 142
stratégie (pour de bons prix) 31
subdivision (du jardin) 50-51, 82
succession de cultures 23, 29, 78, 84, 93, 147, 152, 173-175, 178-179, 212-213
surface (voir également « planches permanentes ») 8, 13, 15, 17-19, 21-23, 27-29, 31-32, 37, 39-41, 43, 60, 63, 65, 74, 84-85, 88-89, 93, 109-111, 114, 117, 119, 124, 139, 152, 161, 166, 175, 177, 180, 190, 191, 208, 210, 215
cultivable 19, 36, 147, 190
symptômes (de maladie des plantes) 129, 207
système d'irrigation 25, 42, 53, 55, 110, 192, 209
    de chauffage 98, 100
    par aspersion 53, 55

T

tableau de calcul de la production 148
tache cercosporéenne 162
taux de germination 108-110, 172
teigne du poireau 128, 132, 160, 182, 192
terreau 22, 74, 94-96, 101-102, 104, 180, 213
    commercial 95-96
    en multicellules 96-98, 101-102, 104
Thériault, Fred 29, 218
thermomètre 101
thrip 129, 132, 170
tomate 11-12, 30-31, 50-51, 68, 72, 97-100, 102, 105, 123, 126, 129-130, 133, 138, 142, 148-150, 154, 161, 169-170, 175, 182, 184, 187-189, 191, 193, 205-206, 209-211, 213

tondeuse à fléau 57, 61-63, 86, 89
topographie 39, 41
tourbe 38, 59, 70, 85, 95-96, 213
tracteur (voir également « motoculteur ») 18, 23, 36-37, 45, 50, 58-61, 63, 74, 192, 208, 214
transplantation 25, 38, 53, 57, 62, 93-94, 102-104, 106-109, 124, 134, 150, 152-153, 161, 163-164, 167-170, 172-177, 180-183, 190, 194, 213
table (à semis) 94, 98-100, 160
travail du sol (techniques de) 23, 56, 62, 64-65, 70, 89, 208, 212
travailleur saisonnier 27
trèfle blanc 87-88
tunnel et mini-tunnel 24-25, 33, 36, 51, 53, 56, 71, 98, 110, 121, 130, 134-139, 142, 164-165, 169-172, 177, 179, 184-185, 190, 193, 204-205, 212

U

V

valeur ajoutée 28-29
vente 19, 27, 30, 36, 96, 140, 146-147, 159, 162, 164, 167-168, 171, 180-181, 187, 190, 208-209
    directe 9, 18, 21, 28, 187
    garantie (ASC) 9, 11-12, 17, 25-28, 30, 32, 34, 36, 91, 146-147, 159, 165, 169, 175, 211, 215-216, 218-219
    totale (voir également « accès au marché ») 29-30
ventilation 39, 51, 98-100, 139
verdure 68, 71, 79, 141, 174, 178
verdure asiatique 105, 139, 149, 154, 172, 177-179, 189-190
verdure-racine 79-81, 90, 195, 197, 199, 201, 203
ver de terre 7, 56, 61, 64, 189, 217
vesce commune 84, 87-88, 213
voie d'accès (voir également « allée ») 43

W

X

Y

Z

Faites circuler nos livres.
Discutez-en avec d'autres personnes.

Si vous avez des commentaires, faites-les nous parvenir ;
nous les communiquerons avec plaisir aux auteur.e.s
et à notre comité éditorial.

écosociété

Les Éditions Écosociété
C.P. 32 052, comptoir Saint-André
Montréal (Québec) H2L 4Y5
ecosociete@ecosociete.org
www.ecosociete.org

Nos diffuseurs

Canada
Diffusion Dimedia inc.
Tél. : (514) 336-3941
general@dimedia.qc.ca

France et Belgique
DG Diffusion
Tél. : 05 61 00 09 99
dg@dgdiffusion.com

Suisse
Servidis S.A
Tél. : 022 960 95 25
commandes@servidis.ch